中国海洋大学教材建设基金资助

高等学校化学实验教材

无机及分析化学实验

（第 3 版）

主　编　范玉华

副主编　辛惠蓁　董　岩　张　霞

中国海洋大学出版社

·青岛·

图书在版编目(CIP)数据

无机及分析化学实验/范玉华主编. —3版. —青岛:中国海洋大学出版社,2018.5 (2024.8重印)

ISBN 978-7-5670-1926-3

Ⅰ.①无… Ⅱ.①范… Ⅲ.①无机化学-化学实验-高等学校-教材②分析化学-化学实验-高等学校-教材 Ⅳ.①O61-33②652.1

中国版本图书馆 CIP 数据核字(2018)第 185819 号

出版发行	中国海洋大学出版社			
社　　址	青岛市香港东路 23 号	**邮政编码**	266071	
网　　址	http://pub.ouc.edu.cn			
电子信箱	xianlimeng@gmail.com			
订购电话	0532-82032573(传真)			
丛书策划	孟显丽			
责任编辑	孟显丽	**电　　话**	0532-85901092	
印　　制	日照报业印刷有限公司			
版　　次	2018 年 8 月第 3 版			
印　　次	2024 年 8 月第 5 次印刷			
成品尺寸	170 mm×230 mm			
印　　张	17			
字　　数	332 千字			
印　　数	7001~9000			
定　　价	42.00 元			

发现印装质量问题,请致电 0633-8221365,由印刷厂负责调换。

总　序

　　化学是一门重要的基础学科,与物理、信息、生命、材料、环境、能源、地球和空间等学科有紧密的联系、交叉和渗透,在人类进步和社会发展中起到了举足轻重的作用。同时,化学又是一门典型的以实验为基础的学科。在化学教学中,思维能力、学习能力、创新能力、动手能力和专业实用技能是培养创新人才的关键。

　　随着化学教学内容和实验教学体系的不断改革,高校需要一套内容充实、体系新颖、可操作性强、实验方法先进的实验教材。

　　由中国海洋大学、曲阜师范大学、聊城大学和烟台大学等 12 所高校编写的《无机及分析化学实验》、《无机化学实验》、《分析化学实验》、《仪器分析实验》、《有机化学实验》、《物理化学实验》和《化工原理实验》7 本高等学校化学实验系列教材,现在与读者见面了。本系列教材既满足通识和专业基本知识的教育,又体现学校特色和创新思维能力的培养。纵览本套教材,有五个非常明显的特点:

　　1. 高等学校化学实验教材编写指导委员会由各校教学一线的院系领导组成,编指委成员和主编人员均由教学经验丰富的教授担当,能够准确把握目前化学实验教学的脉搏,使整套教材具有前瞻性。

　　2. 所有参编人员均来自实验教学第一线,基础实验仪器设备介绍清楚、药品用量准确;综合、设计性实验难度适中,可操作性强,使整套教材具有实用性。

　　3. 所有实验均经过不同院校相关教师的验证,具有较好的重复性。

　　4. 每本教材都由基础实验和综合实验组成,内容丰富,不同学校可以根据需要从中选取,具有广泛性。

　　5. 实验内容集各校之长,充分考虑到仪器型号的差别,介绍全面,具有可行性。

　　一本好的实验教材,是培养优秀学生的基础之一,"高等学校化学实验教材"的出版,无疑是化学实验教学的喜讯。我和大家一样,相信该系列教材对进一步提高实验教学质量、促进学生的创新思维和强化实验技能等方面将发挥积极的作用。

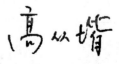

2009 年 5 月 18 日

总 前 言

实验化学贯穿于化学教育的全过程,既与理论课程密切相关又独立于理论课程,是化学教育的重要基础。

为了配合实验教学体系改革和满足创新人才培养的需要,编写一套优秀的化学实验教材是非常必要的。由中国海洋大学、曲阜师范大学、聊城大学、烟台大学、潍坊学院、泰山学院、临沂师范学院、德州学院、菏泽学院、枣庄学院、济宁学院、滨州学院12所高校组成的高等学校化学实验教材编写指导委员会于2008年4月至6月,先后在青岛、济南和曲阜召开了3次编写研讨会。以上院校以及中国海洋大学出版社的相关人员参加了会议。

本系列实验教材包括《无机及分析化学实验》、《无机化学实验》、《分析化学实验》、《仪器分析实验》、《有机化学实验》、《物理化学实验》和《化工原理实验》,涵盖了高校化学基础实验。

中国工程院高从堦院士对本套实验教材的编写给予了大力支持,对实验内容的设置提出了重要的修改意见,并欣然作序,在此表示衷心感谢。

在编写过程中,中国海洋大学对《无机及分析化学实验》、《无机化学实验》给予了教材建设基金的支持,曲阜师范大学、聊城大学、烟台大学对本套教材编写给予了支持,中国海洋大学出版社为该系列教材的出版做了大量组织工作,并对编写研讨会提供全面支持,在此一并表示衷心感谢。

由于编者水平有限,书中不妥和错误在所难免,恳请同仁和读者不吝指教。

高等学校化学实验教材编写指导委员会
2009 年 7 月 10 日

前　言

　　化学是一门以实验为基础的学科,实验教学是化学教学过程的重要环节。"无机及分析化学实验"是化学及相关专业本科生进入大学后的第一门实验课,对培养学生理论联系实际的作风、良好的实验素质及创新能力有着重要的作用,也是后续化学课及其他与之相关的交叉学科的科学实验基础。

　　一本好的实验教材,必须和授课对象、课程特色紧密结合,本教材力求体现这种结合。本书是编者在多年无机及分析化学实验教学实践和改革经验基础上编写的,内容详实、可靠。为了培养学生分析问题、解决问题的综合能力及创新思维,本教材编写了9个综合性实验和7个设计性实验,这些实验在选题和内容上充分考虑了大学一年级学生的知识结构,切实可行。

　　本教材共分8章,含56个实验。主要内容包括化学实验基础知识、实验数据处理、化学实验基本操作和技能、基本操作与制备实验、化学原理和常数测定实验、元素化学实验、分析化学实验、综合与设计实验等8个部分。绝大部分实验都设置了"预习要点"、"操作要点"、"注意事项"和"思考题"等栏目,便于学生更好地进行预习,了解实验的关键所在,更好地完成实验。

　　本教材可用作高等学校化学、化工、生命科学、药学、应用化学、材料化学、环境科学、环境工程等专业本科生的实验教材,也可作为有关科研人员的参考用书。

　　本教材在编写过程中参考了其他相关教材、文献资料、手册及专著,主要参考文献列在书后。在此向文献原作者深表谢意。

　　由于编者水平有限,书中难免有错误及不当之处,恳请读者批评指正。

编　者

2009 年 6 月

目　　次

化学元素周期表

第 1 章 化学实验基础知识

1.1 学习无机及分析化学实验的目的

化学是一门以实验为基础的学科,在化学教学中实验占有十分重要的地位。

无机及分析化学实验是化学及相关专业本科生进入大学后的第一门实验课,它不仅对无机及分析化学理论教学有着重要作用,而且是后续化学课及其他与之相关的交叉学科的科学实验基础。学习这门课程的主要目的如下:

(1)通过实验,学生可获得大量的感性知识,巩固和加深对无机及分析化学基本理论和基本知识的理解。

(2)学生经过实验的严格训练,能够规范地掌握实验的基本操作、基本技术和基本技能。

(3)通过实验训练,使学生能够正确地使用各类相关化学仪器,掌握无机物的一般制备、分离、提纯及定性和定量分析方法。

(4)通过实验训练,使学生学会获得可靠而必要的实验数据,正确处理数据和表达实验结果的方法,提高对实验现象及实验结果进行分析判断、逻辑推理,并作出正确结论的能力。

(5)通过一些综合设计性实验,使学生获得从查阅资料、设计方案、动手实验、观察现象、测定数据到分析判断、得出结论等一整套训练,从而提高学生分析问题、解决问题的能力。

(6)通过实验培养学生实事求是、严谨的科学态度及良好的实验习惯。

1.2 无机及分析化学化学实验课的学习方法

要达到以上实验目的,学生应具有正确的学习态度和学习方法。无机及分析化学实验课的学习方法大致有下面几个步骤。

1. 预习

实验前必须认真预习,明确本次实验的目的、要求和内容,理解实验原理,了解操作步骤及实验中应注意的事项,认真写出实验预习报告。预习报告的主要内容包括:实验题目、简要的操作步骤及注意事项、要记录的实验现象及测量数据的表格,简要解答教材中的有关思考题。预习报告文字要简练,切忌抄书或草率应付,尽可能用符号、方框、箭头、表格等形式表示。

2. 实验过程

实验是培养学生独立工作和思维能力的重要环节,每个学生必须认真完成。

(1)实验课上,指导老师对实验内容进行讲解、示范操作时,学生必须认真听讲和领会,对一些重点和注意事项应该做好记录,对不理解的问题可以及时提问。

(2)按照教材内容认真操作,细心观察,周密思考,科学分析,如实记录实验现象和数据。

(3)在实验中发现有反常或有疑问的现象时,应认真分析查找原因。必要时,可在教师指导下重做实验。

(4)实验过程中严格遵守实验室规则,始终保持实验室肃静、整洁。

(5)实验结束,所得的实验结果必须经指导教师认可,并在原始记录本上签字后才能离开实验室。

3. 实验报告

做完实验后必须认真、独立、及时地写出实验报告。实验报告是实验的总结,是分析问题和知识理性化的必要步骤,必须认真如实填写。实验报告要条理清楚、文字简练、书写工整、结论明确。实验报告的内容一般包括:

(1)实验目的。

(2)实验原理。简述实验原理,写出主要计算公式或反应方程式。

(3)实验步骤(或实验内容)。尽量采用符号、框图、表格等简明形式表达实验内容,避免照抄书本。

(4)实验现象或数据记录。实验现象要表达正确,数据记录要完整,不允许弄虚作假。

(5)解释、结论或数据处理。对实验现象作出简明解释,写出主要反应方程式,做出小结或最后结论。若有数据计算,要列出计算公式并将主要数据表达清楚,还要注意物理量的单位及有效数字的要求。

(6)讨论。对实验中遇到的异常现象或疑难问题进行讨论,敢于提出自己的见解,对实验提出改进的意见或建议。对定量分析实验可分析产生误差的原因。

　　无机及分析化学实验大致可分为:制备、测试、性质及分析化学实验四大类。不同类型的实验,实验报告格式有所不同,在本章的 1.7 节列出了几种实验报告格式的示例,以供参考。

1.3　化学实验规则

　　实验前要认真预习并写出预习报告,未预习者不得进行实验。

　　遵守纪律,不旷课、不迟到早退。在实验室不得大声喧哗,不得随意串走。

　　实验过程中要仔细观察,认真思考,如实记录实验现象和数据。

　　严格遵守实验操作规则,注意安全,爱护仪器,节约试剂。损坏仪器应填写仪器破损单,按规定进行赔偿。精密仪器使用后要在记录本上记录使用情况,并经教师检查认可。

　　实验过程中随时注意保持实验室的安静和整洁,纸屑、火柴梗、pH 试纸等放入废物缸内,不得随意丢在水池、地上或实验台上。废液小心倒入专用废液桶中。

　　实验完毕,清洗用过的玻璃仪器,公共仪器,并将试剂放回原处,把实验台和试剂架整理干净,经教师同意后方可离开实验室。

　　实验结束后值日生负责对整个实验室进行清扫,检查并关闭水源、电源和门窗。

1.4　实验室安全规则

　　进行有毒或有刺激性气体的操作,如 H_2S、SO_2、NO_2、卤素等,应在通风橱内进行。

　　进行易燃、易爆物质的实验都要远离火源,并严格按照操作规程操作。

　　水、电、燃气使用完毕后要立即关闭。使用电器设备,不能用湿手操作,以防触电。

　　加热试管时,不要将试管口朝向他人或自己,也不能俯视正在加热的液体,以防液体溅出伤人。闻气体的气味时,不能用鼻子直接对准瓶口或试管口,应用手把少量气体轻轻地扇向自己。

浓酸、浓碱具有强腐蚀性,切勿溅在皮肤或衣服上,尤其要特别注意眼睛的安全。

强氧化剂(如高氯酸,氯酸钾)及其混合物(如氯酸钾与硫、碳、红磷等的混合物)不能研磨,否则易发生爆炸。

有毒的药品(如铬盐、钡盐、铅盐、砷的化合物,汞和汞的化合物,氰化物等)严禁进入口内或接触伤口,剩余的废液不许倒入下水道,须回收后集中处理。

实验室内严禁饮食,吸烟或带进餐具。实验结束后必须将手洗净。

1.5 实验室意外事故处理

(1)烫伤。可用10％的高锰酸钾溶液或苦味酸溶液揩洗伤处,在烫伤处涂上烫伤膏或万花油。若起水泡,不要挑破。伤重时涂上烫伤膏包扎后,送医院治疗。

(2)割伤。若伤口内有异物应先取出,然后再涂上红药水并用纱布包扎。伤势较重时,包扎后立即送医院治疗。

(3)被强酸灼伤。先用大量水洗,然后用饱和 $NaHCO_3$ 溶液或稀氨水冲洗,再用水冲洗后敷上 ZnO 软膏。酸液溅入眼内应先用大量水冲,再用 2％ $Na_2B_4O_7$ 溶液洗眼,最后用水洗。

(4)被强碱灼伤。先用大量水洗,再用 2％HAc 溶液冲洗,最后用水冲洗后敷上硼酸软膏。碱液溅入眼内应先用大量水冲,再用 3％ H_3BO_3 溶液洗眼,最后用水洗。

(5)吸入刺激性或有毒气体。吸入 Br_2、Cl_2、HCl 等气体时,可吸入少量乙醇和乙醚的混合蒸气,然后到室外呼吸新鲜空气。如吸入 H_2S 或 CO 气体而感到不适时,应立即到室外呼吸新鲜空气。

(6)触电。应首先切断电源,必要时进行人工呼吸并迅速送医院救治。

(7)起火。实验过程中万一不慎起火,不要惊慌,应立即采取如下措施:

1)立即关闭煤气,切断电源,把易燃、易爆物移至远处,防止火势蔓延。

2)迅速采取灭火措施:一般的小火可用湿布、石棉布或沙子覆盖在着火的物体上。火势较大时使用灭火器。使用灭火器也要根据不同的情况选择不同的类型,一般失火可用泡沫灭火器扑灭;油类、有机物起火可用二氧化碳灭火器、干粉灭火器或 1211 灭火器扑灭;电器设备起火,应用二氧化碳或四氯化碳灭火器扑灭,不能用泡沫灭火器。碱金属(如金属钠)起火时,切勿用水灭火,应该用干沙土覆盖灭火。

3）如果衣服着火，千万不要惊慌乱跑，应赶快脱下衣服或就地卧倒打滚，将火扑灭。

4）火势较大，必须立刻报警。

1.6　实验室"三废"处理

（1）根据绿色化学的基本原则，化学实验室应尽可能选择对环境无毒害的实验项目。

（2）实验中要严格遵守国家环境保护条例的有关规定，不随意排放废气、废水、废物，不得污染环境。

（3）实验过程会产生有害废气的实验应在通风橱中进行。

（4）实验过程中的废液要倒入废液桶，不能直接倒入水池或下水道。实验结束后，经处理再统一倒入废液处理池。

（5）废液缸（桶）中的废酸液可先用耐酸塑料网纱或玻璃纤维过滤，酸液再加碱中和，调至 pH 为 6～8 后就可排出，少量滤渣可埋于地下。

（6）对于较多的废铬酸洗液，可以用高锰酸钾氧化法使其再生。少量的废洗液可加入废碱液或石灰使其生成 $Cr(OH)_3$ 沉淀，将沉淀埋于地下即可。

（7）含汞盐废液应先调至 pH 为 8～10 后加入过量的 Na_2S，使其生成 HgS 沉淀，并加 $FeSO_4$ 与过量 S^{2-} 生成 FeS 沉淀，从而吸附 HgS 共沉淀下来，静置后分离，再离心，过滤，清液含汞量可降到 $0.02\ mg\cdot L^{-1}$ 以下排放。少量残渣可埋于地下，大量残渣可用熔烧法回收汞，但注意一定要在通风橱内进行。

（8）氰化物是剧毒物质，含氰废液必须认真处理。少量的含氰废液可先加 NaOH 调至 pH＝10 以上，再加入几克 $KMnO_4$ 使 CN^- 氧化分解。含氰废液量较大时可用碱性氯化法处理，先用碱调至 pH＝10 以上，再加入次氯酸钠使 CN^- 氧化成氰酸盐，并进一步分解为 CO_2 和 N_2。

（9）对于含重金属离子的废液，最经济有效的方法是加碱或加 Na_2S 把重金属离子变成难溶性的氢氧化物或硫化物而沉积下来，再过滤分离，少量残渣可埋于地下。

（10）加强实验室剧毒品、危险品的使用管理，实验教师应详细指导并采用必要的安全防护措施，确保不污染环境。

1.7 实验报告格式示例

Ⅰ. 无机制备实验

粗食盐的提纯

班级_____ 姓名_____ 日期_____

一、实验目的

(1)掌握提纯粗食盐的原理和方法。

(2)学习溶解、加热、沉淀、过滤、蒸发浓缩、结晶和干燥等基本操作。

(3)学习 SO_4^{2-}，Ca^{2+}，Mg^{2+} 的定性鉴定方法。

二、实验原理

粗食盐中含有 Ca^{2+}，Mg^{2+}，K^+，SO_4^{2-} 等可溶性杂质和泥沙等不溶性杂质。首先在粗食盐溶液中加过量的 $BaCl_2$，过滤可除去 SO_4^{2-} 和不溶性杂质。然后在滤液中加 Na_2CO_3 可除去 Ca^{2+}，Mg^{2+} 和过量的 Ba^{2+}。最后用 HCl 中和。浓缩时由于 NaCl 浓度大且溶解度比 KCl 小，故首先结晶出来。

三、实验步骤

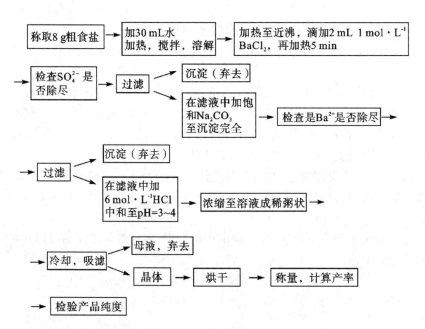

四、实验结果

(1)产量_____;产率_____。

(2)产品纯度检验表

检验项目	SO_4^{2-}	Ca^{2+}	Mg^{2+}
检验方法	加 6 mol·L^{-1}盐酸2滴和 1 mol·L^{-1} $BaCl_2$溶液2滴	加 2 mol·L^{-1} HAc使之呈酸性,再加饱和$(NH_4)_2C_2O_4$溶液2～3滴	加 2 mol·L^{-1} NaOH 5滴和镁试剂1～2滴
产品 粗食盐			

五、思考题及讨论(略)

Ⅱ.物理量测定实验

醋酸电离度与电离常数的测定

班级_____　姓名_____　日期_____

一、实验目的

(1)用 pH 法测定醋酸的解离度与标准解离常数。

(2)学习正确使用酸度计。

(3)练习溶液的配制和酸碱滴定基本操作。

二、实验步骤

1.醋酸浓度的测定

用移液管吸取未知浓度的 HAc 溶液 25.00 mL,加 2～3 滴酚酞,用标准NaOH 溶液滴定 HAc 至微红。

滴定序号	Ⅰ	Ⅱ	Ⅲ
移取 HAc 溶液的体积/mL	25.00	25.00	25.00
NaOH 标准溶液的浓度/mol·L^{-1}			
消耗 NaOH 标准溶液的体积/mL			
HAc 溶液的测定浓度/mol·L^{-1}			
HAc 溶液的平均浓度/mol·L^{-1}			

2.配制不同浓度醋酸溶液并测定 pH 值

用吸量管或移液管分别移取 2.50 mL, 5.00 mL, 25.00 mL 上述已测得准确浓度的 HAc 溶液于 3 个 50 mL 容量瓶中,用蒸馏水稀释至刻度,摇匀,并计算出它们的准确浓度。

将以上 4 种不同浓度的 HAc 溶液分别加入 4 只干燥的 50 mL 小烧杯中,按由稀到浓的次序用酸度计分别测出它们的 pH 值。

三、数据记录和结果处理

编号	$c/\text{mol} \cdot \text{L}^{-1}$	pH	$[\text{H}^+]/\text{mol} \cdot \text{L}^{-1}$	α	$K_a^{\ominus}$	
					测定值	平均值
1						
2						
3						
4						

四、讨论

与手册中查到的数据比较,求出相对误差。讨论造成误差的原因。

五、思考题(略)

Ⅲ. 元素性质实验

p 区(Ⅱ)元素:锡、铅、锑、铋

班级_____ 姓名_____ 日期_____

一、实验目的

二、实验步骤

实验内容与操作步骤	现象记录	解释与结论
1. 锡、铅、锑、铋低价态溶液的配制和水解作用		
(1) 用台秤称取 0.5 g $SnCl_2 \cdot 2H_2O$ 溶于 2 mL 浓 HCl 中,加水稀释至 20 mL,即得 0.1 mol·L⁻¹ $SnCl_2$ 溶液。		配制 $SnCl_2$ 溶液先加入 HCl,以防止水解
(2) 取少量 $SbCl_3$ 溶液逐渐加水稀释	有白色沉淀产生	$SbCl_3$ 发生水解 $SbCl_3 + H_2O \rightleftharpoons SbOCl(s) + 2HCl$

续表

实验内容与操作步骤	现象记录	解释与结论
缓慢滴加 6 mol·L^{-1} 的盐酸	白色沉淀溶解 $\xrightleftharpoons[]{H_2O}$ 白色沉淀重新出现	上述反应逆向进行
重新稀释		仍发生水解反应
BiCl$_3$ 溶液加水稀释	有白色沉淀产生	BiCl$_3$ + H$_2$O $\rightleftharpoons$ BiOCl(s) + 2HCl
⋮	⋮	⋮

三、讨论

主要说明实验中的体会,如哪些实验现象不够明显或不成功,讨论其原因。

四、思考题(略)

Ⅳ.定量分析实验

EDTA 溶液的配制与标定

班级_____　　姓名_____　　日期_____

一、实验目的(略)

二、实验原理(略)

三、实验步骤

1. 0.01 mol·L^{-1}EDTA 溶液的配制

称取 1.0 g EDTA 二钠盐于烧杯中,加水后微热并搅拌使其溶解,冷却后用蒸馏水稀释至 250 mL。

2. 0.01 mol·L^{-1}EDTA 溶液的标定

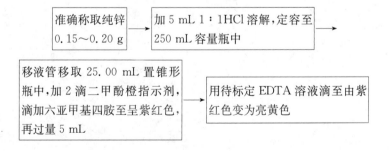

准确称取纯锌 0.15～0.20 g → 加 5 mL 1∶1HCl 溶解,定容至 250 mL 容量瓶中 →

移液管移取 25.00 mL 置锥形瓶中,加 2 滴二甲酚橙指示剂,滴加六亚甲基四胺至呈紫红色,再过量 5 mL → 用待标定 EDTA 溶液滴至由紫红色变为亮黄色

四、实验记录及结果处理

实验编号 实验项目	I	II	III
称取纯锌的质量/g			
锌标准溶液的浓度/mol·L^{-1}			
移取锌标准溶液的体积/mL	25.00	25.00	25.00
消耗 EDTA 溶液体积/mL			
c(EDTA)/mol·L^{-1}			
相对平均偏差			

五、思考题及讨论(略)

第2章　实验数据处理

2.1　有效数字及其运算规则

2.1.1　有效数字的意义

有效数字:指在分析工作中实际能测量到的数字。有效数字是由全部准确数字和最后一位(只能是一位)不确定数字组成,它们共同决定了有效数字的位数。有效数字位数的多少反映了测量的准确度,在测定准确度允许的范围内,数据中有效数字的位数越多,表明测定的准确度越高。在分析测定之中,记录实验数据和计算测定结果究竟应该保留几位数字,应该根据分析方法和分析仪器的准确度来确定。

2.1.2　有效数字位数的确定

有效数字位数的确定原则:

(1)最后结果只保留一位不确定的数字。

(2)1~9都是有效数字,但0作为定小数点位置时则不是有效数字。

例:0.005 3(二位),0.530 0(四位),0.050 3(三位),0.503 0(四位);在确定有效数字位数时要注意"0"的意义:在数字前面的"0"起定位作用,不是有效数字;数字中间的"0"都是有效数字;数字后面的"0",一般为有效数字。

(3)首位数字是8,9时,可按多一位处理,如9.83(四位)。

例:确定以下数据的有效数字位数

1.000 8　43 181　　五位;0.038 2　1.98×10^{-10}　　三位;

0.100 0　0.980%　　四位;3 600　100　　有效位数不确定。

(4)倍数、分数关系可看成无限多位有效数字。

(5)pH,pM,lg$c$,lg$K$ 等对数值,有效数字由尾数决定。

例:pM=5.00(二位)[M]=1.0×10^{-5};pH=10.34(二位);pH=0.03(二位)

2.1.3 有效数字的修约规则

(1)有效数字的修约规则:四舍六入五后有数进一,五后无数留双。

当测量值中被修约的数字是 5,而其后还有数字时,进位,如:2.451—2.5;而当测量值中被修约的数字是 5,而其后没有数字时,若"5"前为单数进一,若"5"前为双数则舍去。例如,将下列数字修约成 2 位有效数字:3.148—3.1,0.736—0.74,75.5—76。

(2)修约有效数字时要一次修约完成而不能分步修约,例如:13.4748 一次修约为两位,13.4748—13,若分步修约为:13.4748—13.475—13.48—13.5—14,后者的结果是错误的。

2.1.4 有效数字的运算规则

(1)加减法:以小数点后位数最少的数字为标准,即绝对误差最大的数字为准。

例:0.0121+25.64+1.05782=26.71;50.1+1.45+0.5812=52.1

(2)乘除法:以有效数字位数最少的数字为准,即相对误差最大的数字为标准。

例:0.0121×25.64×1.05782=0.328

可以先修约再计算,也可以计算后再修约。(用计算器运算)

2.2 准确度和精密度

准确度与精密度是用来评价测定结果优劣的重要参数。

2.2.1 准确度与误差

(1)准确度:真值是试样中某组分客观存在的真实含量。测定值 X 与真值 X_T 相接近的程度称为准确度。测定值与真值愈接近,测定结果的准确度愈高。

准确度的高低可用误差来表示。测定值 X 与真值 X_T 之间的差值称为误差。误差(绝对值)愈小,准确度愈高。

(2)误差的表示方法

绝对误差:$Ea=X-X_T$(如果进行了数次平行测定,X 为平均值)

相对误差:$E_r = \dfrac{Ea}{X_T} \times 100\%$

(3)误差有正、负之分。

当测定值大于真值时误差为正值,表示测定结果偏高。当测定值小于真值时误差为负值,表示测定结果偏低。

2.2.2　精密度与偏差

(1)精密度:一组平行测定结果相互接近的程度称为精密度。

精密度用偏差来表示。如果测定数据彼此接近,则偏差小,测定的精密度高。如果测定数据分散,则偏差大,测定的精密度低。

(2)偏差的表示方法:

1)绝对偏差、平均偏差和相对平均偏差。

绝对偏差:$d_i = x_i - \overline{x}(i = 1, 2, \cdots, n)$

其中 x_i 为任何一次测定结果的数据,$\overline{x}$ 为 n 次测定结果的平均值,d_i 为任一次测定值的绝对偏差。

平均偏差:$\overline{d} = \dfrac{|d_1| + |d_2| + \cdots + |d_n|}{n} = \dfrac{1}{n}\sum\limits_{i=1}^{n}|d_i|$

相对平均偏差:$\overline{d}_r = \dfrac{\overline{d}}{\overline{x}} \times 100\%$

2)标准偏差和相对标准偏差。

标准偏差是一种用统计概念表示测定精密度的方法;当重复测定的次数 $n \to \infty$ 时,标准偏差用 σ 表示;当重复测量次数 $n < 20$ 时,用 s 表示标准偏差。

总体:一定条件下无限多次测定数据的全体。

样本:随机从总体中抽出的一组测定值称为样本。

样本容量:样本中所含测定值的数目称为样本的大小或样本容量。

若样本容量为 n,平行测定数据为 $x_1, x_2, \cdots, x_n$,则此为样本平均值 $\overline{x} = \dfrac{1}{n}\sum x_i$。

当测定次数无限多时,所得的平均值即总体平均值 $\mu = \lim\limits_{n \to \infty} x$。

当测定次数趋于无限时,总体标准偏差 σ 表示了各测定值 x 对总体平均值 μ 的偏离程度:

$$\sigma = \sqrt{\dfrac{\sum(x_i - \mu)^2}{n}}$$

σ^2 称为方差。

但一般情况下 μ 是不知道的,故只有采用样本标准偏差来衡量该组数据的精密度,从而表示各测定值对样本平均值的偏离程度。

样本的标准偏差:

$$s = \sqrt{\dfrac{\sum(x_i - \overline{x})^2}{n-1}} = \sqrt{\dfrac{\sum d_i^2}{n-1}}$$

式中,$n-1$ 称为自由度,用 f 表示。

标准偏差比平均偏差能更灵敏地反映数据的精密度。

样本的相对标准偏差(变异系数): $s_r = \dfrac{s}{\bar{x}} \times 100\%$

3)平均值的标准偏差

多个样本测定,平均值的精密度比单次测定值的更高。用平均值的标准偏差来衡量。

平均值的标准偏差:

$$\sigma_x = \frac{\sigma}{\sqrt{n}} \, (n \to \infty)$$

对于有限次数的测定则:

$s_x = \dfrac{s}{\sqrt{n}}$ 样本平均值的标准偏差

由上式可知:增加测定次数可以减小随机误差的影响,提高测定的精密度。

(4)极差又称全距,是测定数据中的最大值与最小值之差。

$R = x_{\max} - x_{\min}$ 其值愈大表明测定值愈分散。

2.2.3 准确度与精密度的关系

系统误差影响测定的准确度,而随机误差对精密度和准确度均有影响。评价测定结果的优劣,要同时衡量其准确度和精密度。精密度高,准确度不一定高;准确度高,精密度必须高。

2.3 分析结果的数据处理

在分析工作中最后处理分析数据时,一般要求在消除(或校正)了测定误差后,计算出分析结果可能达到的准确范围,即要求计算出分析结果中所包含的随机误差。在这些计算中,首先必须将所得实验数据进行整理,凡是由于明显的原因而引起与其他数据相差很大的数据,先要除去。一些可疑的数据或精密度不高的数据,依照一定的方法,先进行检验,然后决定取舍。只有作了上述处理后,才能计算出分析结果实验所包含的随机误差大小。

2.3.1 置信度与平均值的置信区间

由有限次测定所得到的算术平均值总带有一定的不确定性,如何用有限次测量的结果来估计样品的真实值呢？由统计学可知,在有限次测定中,平均值($\bar{x}$)和总体平均值(μ)之间存在如下关系:

$$\mu = \bar{x} \pm t \frac{s}{\sqrt{n}}$$

式中,s 为标准偏差,n 为测量次数,t 是一个统计因子(与测定的自由度和置信度有关)。

在一定的置信度下,以平均值为中心,包括总体平均值 μ 在内的区间范围就称为平均值的置信区间。

总体平均值落在 $\overline{x} \pm \dfrac{ts}{\sqrt{n}}$ 或测量值落在 $\mu \pm \mu\sigma$ 范围内的概率称为置信度,用 P 表示。

只要选定置信度 P,根据 P 与 $f(n-1)$ 即可从表 2-1 中查出 t 值。再根据测定的 $\overline{x}, s, n$ 值就可用上面公式求出相应的置信区间。

表 2-1　不同测定次数及不同置信度下的 t 值

自由度	置信度				自由度	置信度			
f	50%	90%	95%	99%	f	50%	90%	95%	99%
2	0.816	2.920	4.303	9.925	8	0.706	1.860	2.306	3.355
3	0.765	2.353	3.182	5.841	9	0.703	1.833	2.262	3.250
4	0.741	2.132	2.776	4.604	10	0.700	1.812	2.228	3.169
5	0.727	2.015	2.571	4.032	15	0.691	1.753	2.131	2.947
6	0.718	1.943	2.447	3.707	25	0.684	1.708	2.060	2.787
7	0.711	1.895	2.365	3.500	∞	0.547	1.645	1.960	2.576

例 2-1　分析某固体废物中铁含量时,得到如下结果:$\overline{x}=15.78\%$,$s=0.03\%$,$n=4$,求:

(1)置信度为 95% 时平均值的置信区间。

(2)置信度为 99% 时平均值的置信区间。

解:当 $n=4$,$f=3$,置信度为 95% 时,查表得 $t=3.18$,则

$$\mu = \overline{x} \pm t\,\frac{s}{\sqrt{n}} = (15.78 \pm 3.18 \times \frac{0.03}{\sqrt{4}})\% = (15.78 \pm 0.05)\%$$

置信度为 99% 时,查表得 $t=5.84$。所以

$$\mu = \overline{x} \pm t\,\frac{s}{\sqrt{n}} = (15.78 \pm 5.84 \times \frac{0.03}{\sqrt{4}})\% = (15.78 \pm 0.09)\%$$

从计算可知,在 $(15.78 \pm 0.05)\%$ 的区间内,包括总体平均值的 μ 的概率为 95%,在 $(15.78 \pm 0.09)\%$ 的区间内,包括总体平均值的 μ 的概率为 99%。置信度越高,置信区间越大。

2.3.2 可疑值的取舍

可疑值:在平行测定的数据中,有时会出现一两个与其他结果相差较大的测定值,称为可疑值(或异常值、离群值、极端值)。在有限次测量中,可疑值会影响结果的平均值和精密度,必须判断此可疑值是保留还是弃去。可疑值的取舍方法有几种,这里只介绍常用的 Q 检验法。

Q 检验法的基本步骤如下:

(1)数据由小到大排列:$x_1,x_2,\cdots,x_n$。

(2)计算统计量:$Q=\dfrac{x_n-x_{n-1}}{x_n-x_1}$($x_n$ 为可疑值),$Q=\dfrac{x_2-x_1}{x_n-x_1}$($x_1$ 为可疑值),

($Q_{计算}=\dfrac{|x_{可疑}-x_{邻近}|}{x_{\max}-x_{\min}}$)。

(3)比较 $Q_{计算}$ 和 $Q_{表}(Q_{P,n})$,若 $Q_{计算}>Q_{表}$,舍去,反之保留。

表 2-2　不同置信度下的 Q 值

测定次数(n)	置信度		
	$90\%(Q_{0.90})$	$96\%(Q_{0.96})$	$99\%(Q_{0.99})$
3	0.94	0.98	0.99
4	0.76	0.85	0.93
5	0.64	0.73	0.82
6	0.56	0.64	0.74
7	0.51	0.59	0.63
8	0.47	0.54	0.63
9	0.44	0.51	0.60
10	0.41	0.48	0.57

例 2-2　测定某矿物中 MgO 的含量,测得结果为 35.99%,36.00%,36.02%,36.06% 和 36.13%。试用 Q 检验判断可疑值 36.13% 应保留还是舍弃?

解:根据 Q 检验法,将上述实验数据依递增顺序排列,并求出 x_n-x_{n-1} 和全距,即最大值和最小值之差(x_n-x_1),若置信度取 90%,则

$$Q_{计算}=\frac{x_n-x_{n-1}}{x_n-x_1}=\frac{36.13-36.06}{36.13-35.99}=0.50$$

查表 2-2,当 $n=5$,$P=90\%$ 时,$Q_{表}=0.64$,$Q_{计算}<Q_{表}$,故 36.13 这个数据有 90% 的把握不能舍去。应当用五次测定的平均值报告分析结果。

Q 检验方法在使用时选择合适的置信度相当重要,选择过大的置信度,易将可疑值保留下来,反之,可能将数据错当作可疑值而舍弃,均会造成分析结果不科学。

2.3.3　显著性检验

当用不同的方法分析同一种样品,或同一种样品经不同人员分析时,所得结果往往不完全相同,这就需要去分析这些差异产生的原因,并判断差异的属性。一般采用统计学上的显著性检验方法解决上述问题。通过显著性检验,若发现分析结果存在显著性差异,则可判断分析结果存在系统误差;若无显著性差异,则表明分析结果的差异来自于偶然误差。具体的检验方法有 t 检验和 F 检验。在此仅介绍分析化学中用于判断平均值与真实值之间是否存在显著差异的 t 检验法。

作 t 检验时,先将实验结果(平均值 $\bar{x}$、实验次数 n、标准偏差 s)及 μ 代入下式计算统计量 t 值:

$$t = \frac{|\bar{x} - \mu|}{s}\sqrt{n}$$

再根据置信度(通常按 95%)及自由度 f,从表 2-1 中查出相应的 $t_{表}$ 值。将 $t_{计算}$ 与 $t_{表}$ 比较,若 $t_{计算} > t_{表}$,则表明 $\bar{x}$ 与 μ 有显著性差异,存在系统误差。反之,则无显著性差异,不存在系统误差。

用 t 检验法还可判断两组平均值之间是否有显著性差异。

2.4　实验数据的表达方式

实验的数据经归纳、处理,才能合理表达,得出满意的结果,结果处理一般有列表法、作图法、数学方程法和计算机数据处理等方法。

(1)列表法:这是表达实验数据最常用的方法之一。把实验数据按自变量与因变量,一一对应列表把相应计算结果填入表格中,本法简单清楚。列表时要求如下:

1)表格必须写明名称。

2)自变量与因变量应一一对应列表。

3)表格中记录数据应符合有效数字规则。

4)表格亦可表达实验方法、现象与反应方程式。

(2)作图法:这是实验结果表达的一种重要方法。利用图形表达实验结果可更直观地显示数据的特点及变化规律。作图法的要求如下:

1)作图应使用坐标纸,坐标应取得适当,要与测量精度相符,使作图的曲线充分利用图纸面积,分布合理。

2)曲线绘制,首先把测得的数据在坐标上绘制代表点(即测得的各数据在图上的点),依据代表点描画曲线(或直线),所描曲线应尽可能接近大多数的代表点,使各代表点均匀分布在曲线(或直线)两侧,所有代表点离曲线的距离的平方和为最小,符合最小二乘法原理。同一坐标上可用不同颜色或不同符号表达几种组分的曲线。画曲线时,先用淡铅笔轻轻地循各代表点的变化趋势手绘一条曲线,然后用曲线尺逐段吻合手描线,作出光滑的曲线。曲线作好应在图上注图名、标明坐标轴代表的物理量。

(3)数学方程和计算机数据处理:按一定的数学方程式,编制计算程序,由计算机完成数据的处理和图表的制作。

第3章 化学实验基本操作和技能

3.1 化学实验基本仪器的介绍

化学实验中常用基本仪器的介绍见表3-1。

表 3-1 化学实验基本仪器的介绍

名称	仪器示意图	规格	用途	注意事项
试管		玻璃质,分硬质和软质,普通试管(无刻度)以管口外径(mm)×管长(mm)表示,有 12×150,15×100,30×200 等规格。离心试管以容积(mL)表示,有 5 mL,10 mL,15 mL 等规格	用于少量试剂的反应器,便于操作和观察。也可用于少量气体的收集;离心试管主要用于少量沉淀与溶液的分离	普通试管可直接用火加热,硬质试管可加热到高温,加热时要用试管夹夹持,加热后不能骤冷,反应试液一般不超过试管容积的1/2,加热时要不停地摇荡,试管口不要对着别人和自己,以防发生意外
烧杯		玻璃质,分硬质和软质,分普通型和高型,有刻度和无刻度。规格以容量(mL)表示,1 mL,5 mL,10 mL 微型烧杯,还有 25 mL,50 mL,100 mL,250 mL,500 mL,1 000 mL 等规格	用作反应物较多时的反应容器,可搅拌,也可用作配制溶液时的容器,或简易水浴的盛水器	加热时外壁不能有水,要放在石棉网上,先加入溶液后再加热,并且加热后不可放在湿物上

续表

名称	仪器示意图	规格	用途	注意事项
锥形瓶		玻璃质,规格以容量(mL)表示,常见的有 100 mL,250 mL,500 mL等	用作反应容器,震荡方便,适用于滴定操作	加热时外壁不能有水,要放在石棉网上,加热后也应放在石棉网上,不要与湿物接触,不可干加热
平底(圆底)烧瓶		玻璃质,有普通型、标准磨口型,并有圆底、平底之分。规格以容量(mL)表示。磨口烧瓶是以标号表示其口径大小的,如 10,14,19 等	反应物较多且需较长时间加热时用做反应器	加热时应放在石棉网上,加热前外壁应擦干,圆底烧瓶竖放桌上时,应垫一合适的器具,以防滚动、打坏
蒸馏烧瓶		玻璃质,规格以容量(mL)表示	用于液体蒸馏,也可用做少量气体的发生装置	加热时应放在石棉网上,加热前外壁应擦干,圆底烧瓶竖放桌上时,应垫一合适的器具,以防滚动、打坏
漏斗		一般为玻璃质或塑料质。规格以口径大小表示	用于过滤等操作,长颈漏斗特别适用于定量分析中的过滤操作	不能用火加热
量筒和量杯		玻璃质,规格以刻度所能量度的最大容积(mL)表示,有 5 mL,10 mL,25 mL,50 mL,100 mL,250 mL,500 mL,1 000 mL 等规格	用以量度一定体积的溶液	不能加热,不能量热的液体,不能用作反应容器

续表

名称	仪器示意图	规格	用途	注意事项
吸量管和移液管		玻璃质,以容积(mL)表示。有 1 mL, 2 mL, 5 mL, 10 mL, 25 mL, 50 mL 等规格	用以较准确移取一定体积的溶液	不能加热或移取热溶液,管壁未标明"吹"字的,使用时末端的溶液不允许吹出
酸式(碱式)滴定管		玻璃质,规格以容积(mL)表示。有酸式、碱式之分。酸式下端以玻璃旋塞控制流出液速度,碱式下端连接一装有玻璃球的乳胶管来控制流液量	用于滴定操作或较精确移取一定体积的溶液	不能加热,不能量取较热的液体使用前应排除其尖端的气泡,并检漏,酸碱式不可互换使用
容量瓶		玻璃质,以容积(mL)表示,有磨口瓶塞,也有配以塑料瓶塞。有 10 mL, 25 mL, 50 mL, 100 mL, 250 mL, 500 mL, 1 000 mL 等	用以配制准确浓度的溶液	不能加热,不能用毛刷洗刷,不能在其中溶解固体,瓶的磨口与瓶塞配套使用,不能互换

续表

名称	仪器示意图	规格	用途	注意事项
分液漏斗		玻璃质,规格以容积(mL)大小和形状(球形、梨形、筒形、锥形)表示	用于互不相溶的液-液分离,也可用于少量气体发生器装置中的加液器	不能用火直接加热,漏斗塞子不能互换,活塞处不能漏液
称量瓶		玻璃质,规格以外径（mm）×高度（mm）表示,分"扁形"和"高型"两种	用于在烘箱中烘干基准物和准确称量一定量的固体样品	不能用火直接加热,瓶和塞是配套的,不能互换使用
滴瓶		玻璃质,带磨口塞或滴管,有无色或棕色,规格以容积(mL)大小表示。	滴瓶、细口瓶用于存放液体药品,广口瓶用于存放固体药品	不能直接加热,瓶塞配套,不能互换,存放碱液时要用橡皮塞,以防打不开
研钵		用瓷、玻璃、玛瑙或金属制成。规格以口径(mm)表示	用于研磨固体物质。根据固体物质的性质和硬度选用合适的坩埚	不能用火直接加热,研磨时不能敲击,只能碾压。不能研磨易爆炸物质
表面皿		玻璃质,规格以口径(mm)大小表示	盖在蒸发皿或烧杯上,防止液体进溅或其他用途	不能用火直接加热
蒸发皿		瓷质,也有玻璃、石英、金属制成的。规格以口径（mm）或容量(mL)大小表示	蒸发、浓缩液体用。随液体性质的不同选用不同材质的蒸发皿	瓷质蒸发皿加热前应擦干外壁,加热后不能骤冷,溶液不能超过2/3,可直接用火加热

续表

名称	仪器示意图	规格	用途	注意事项
坩埚		有瓷、石英、铁、镍及铂等质,规格以容积(mL)表示	用于灼烧固体,根据固体性质的不同选用不同质地的坩埚	可直接用火加热至高温,加热至灼热的坩埚应放在石棉网上,不能骤冷
微孔玻璃漏斗		又称烧结漏斗、细菌漏斗、微孔漏斗等。漏斗为玻璃质,砂芯滤板为烧结陶瓷。其规格以砂芯板孔的平均孔径(μm)和漏斗的容积(mL)表示	用于细颗粒沉淀,以至细菌的分离。也可用于气体洗涤和扩散实验	不能用于含 HF、浓碱液和活性炭等物质的分离,必须抽滤,不能骤冷骤热,用后要及时洗净
抽滤瓶和布氏漏斗		布氏漏斗为瓷质,规格以容量(mL)和口径大小表示。抽滤瓶为厚壁玻璃容器,能耐负压。以容量(mL)表示大小,有 250 mL, 500 mL, 1 000 mL 等	两者配套,用于沉淀的减压过滤	滤纸要略小于漏斗的内径才能贴紧。要先将滤瓶取出再停泵,以防滤液回流 不能用火直接加热
洗瓶		塑料质,规格以容积(mL)表示,一般为 250 mL, 500 mL	装蒸馏水或去离子水用。用于挤出少量水洗涤沉淀或仪器用	不能漏气,远离火源

续表

名称	仪器示意图	规格	用途	注意事项
干燥器		玻璃质,规格以外径(mm)大小表示,分普通干燥器和真空干燥器,有无色及棕色之分	内放干燥剂,可保持样品或产物的干燥	防止盖子滑动打碎,灼热的样品待稍冷后再放入
坩埚钳		铁质,有大小不同的规格	夹持热的坩埚、蒸发皿用	防止与酸性溶液及化学试剂接触,以防腐蚀。保持头部清洁,放置时,应将头部朝上,以免玷污。夹持高温坩埚时,钳尖需预热
三脚架		铁质,有大小、高低之分	放置较大或较重的加热容器,做石棉网及仪器的支撑物	要放平稳
点滴板		瓷质。透明玻璃质,分白釉和黑釉两种。按凹穴多少分为四穴、六穴和十二穴	用于生成少量沉淀或带色物质反应的实验,根据颜色的不同,选用不同的点滴板	不能加热,不能用于含 HF 和浓碱的反应,用后要洗净
石棉网		由细铁丝编成,中间涂有石棉。规格以铁网边长(cm)表示,如 16 cm×16 cm 等	放在受热仪器和热源之间,使受热均匀缓和	用前检查石棉是否完好,石棉脱落者不能使用。不能和水接触,不能折叠
泥三角		用铁丝拧成,套以瓷管。有大小之分	加热时,坩埚或蒸发皿放在其上直接用火加热	灼热的泥三角避冷水,以免炸裂。灼烧后的泥三角应放在石棉网上

续表

名称	仪器示意图	规格	用途	注意事项
漏斗架		木质或者塑料质	过滤时,用于放置漏斗	
试管夹		由木料、钢丝或塑料制成	用于夹持试管	防止烧损和腐蚀铁
架台		铁质	用于固定反应容器,与双顶丝及万能夹配合使用	调至适当高度,使之牢固后再进行实验
试管架		有木质、铝质和塑料质等,有大小不同、形状各异的多种规格	盛放试管用	加热后的试管应以试管夹夹好悬放在架上,以防烫坏木质或塑料质的试管架
玻璃棒和滴管		玻璃质,滴管(或吸管)由尖嘴玻璃管和胶头组成	玻璃棒作搅拌用滴管用于吸取或滴加少量液体	除吸取溶液外,滴管管尖不可触及其他器物,以免玷污
毛刷		用动物毛(或化学纤维)和铁丝制成,以大小和用途表示,如试管刷、烧杯刷、滴定管刷等	洗刷玻璃仪器用	避免刷子顶端的铁丝将仪器顶破

续表

名称	仪器示意图	规格	用途	注意事项
药匙		用牛角、塑料或金属制成	用来取固体(粉末或小颗粒)药品用	选择药匙的大小,应以能伸入接收容器口为宜。用前擦净。

3.2 玻璃仪器的洗涤和干燥

3.2.1 玻璃仪器的洗涤

无机化学实验中经常使用到各种玻璃仪器,而这些玻璃仪器是否干净,常常会影响到实验结果的准确性。为了得到准确的实验结果,每次实验前和实验后必须要保持实验仪器的洁净,这就需要对玻璃仪器进行洗涤。

化学实验中使用的玻璃仪器常黏附有化学药品,它们既可能为可溶性物质,也可能为尘土和其他不溶物质,还可能为有机物和油污等。因此,仪器的洗涤应根据实验要求、污物的性质和玷污程度选用合适的洗涤方法。

1.一般污物的洗涤方法

1)用水刷洗。借助于毛刷等工具用水洗涤,可除去附在仪器上的可溶物、尘土和一些脱落下来的不溶物,但不能洗去油污和有机物质。洗涤方法:在要洗的仪器中加入少量的水,用毛刷轻轻刷洗,再分别用自来水和蒸馏水冲洗几次。注意刷洗时不能用力过猛,更不能用秃顶的毛刷,否则会戳破仪器。

2)用去污粉、肥皂粉或洗涤剂洗。去污粉是由碳酸钠、白土、细砂等组成,它与肥皂粉、合成洗涤剂一样,能除去油污和一些有机物。洗涤时,先用少量水将要洗的仪器润湿,然后用蘸有去污粉、肥皂粉或洗涤剂的毛刷刷洗仪器的内外壁,最后用自来水冲洗干净,必要时使用去离子水或蒸馏水润洗。(注意:用于分析化学实验的定量容器如容量瓶、滴定管、移液管等不能用去污粉洗涤)。

3)用铬酸洗液洗涤。铬酸洗液是由浓硫酸和重铬酸钾配制而成的,它实际上就是重铬酸钾在浓硫酸中的饱和溶液,具有极强的氧化性和酸性,能彻底除去油污和有机物质等。用铬酸洗涤时,可往仪器内加入少量洗液,使仪器倾斜并慢慢转动,尽量让仪器内壁全部被洗液湿润,再转动仪器,使洗液在内壁流动,经流动几圈后,把洗液倒回原瓶,最后用自来水将仪器壁上的洗液洗去。对玷污严重的仪器可用洗液浸泡一段时间,或用热的洗液洗,效果更佳。

用铬酸洗液洗涤时,应注意以下几点:使用前最好先用水或去污粉将仪器预洗一下;使用洗液前,应尽量把容器内的水去掉,以防把洗液稀释;洗液具有很强的腐蚀性,会灼伤皮肤和损坏衣服,使用时要特别小心,尤其不要溅到眼睛内;使用时最好戴橡皮手套和防护眼罩,万一不小心溅到皮肤和衣服上,要立刻用大量水冲洗;洗液为深棕色,某些还原性污物能使洗液中的 Cr(Ⅴ)还原为绿色的 Cr(Ⅲ),所以洗液一旦变成绿色就不能再使用,未变色的洗液应倒回原瓶继续使用;Cr(Ⅴ)的化合物有毒,清洗残留在仪器上的洗液时,第一、二遍洗涤水不要倒入下水道,以免锈蚀管道和污染环境,应回收处理;用洗液洗涤应遵守少量多次的原则,这样既节约,又可提高洗涤效率。

一些具有精确刻度、形状特殊的仪器不宜用上述方法进行洗涤,如容量瓶、移液管等,若这些仪器的内壁黏附油污等物质,则可视其油污的程度,选择合适的洗涤剂进行清洗。

对于滴定管的洗涤,应先用自来水冲洗,使水流净。酸式滴定管关闭旋塞,碱式滴定管除去乳胶管,并用滴瓶塑料帽将管口堵住。加入约 15 mL 铬酸洗液,双手平托滴定管的两端,不断转动滴定管并向管口倾斜,使洗液流遍全管,(注意:管口对准洗液瓶,以免洗液外溢!)可反复操作几次。洗完后,碱式滴定管由上口将洗液倒出,酸式滴定管可将洗液分别从两端放出。随后,再依次用自来水和纯水洗净。

对于容量瓶的洗涤,先用自来水冲洗,使水流净后,加入适量的铬酸洗液(15～20 mL),盖上瓶塞,转动容量瓶,使洗液流遍瓶内壁,反复几次后,将洗液倒回原瓶,最后依次用自来水和纯水洗净。

对于移液管和吸量管的洗涤,先用自来水冲洗,用吸耳球吹出管中残留的水,然后将移液管或吸量管插入铬酸洗液瓶内,按照移液管的操作,吸入约 1/4 容积的洗液,用右手食指堵住移液管上口,将移液管横置过来,左手托住没沾洗液的下端,然后右手食指松开,转动移液管,使洗液润洗内壁,随后放出洗液于瓶内,最后依次用自来水和纯水洗净。

2.特殊物质的洗涤方法

某些污物不能用通常的方法洗涤,此时,我们可以通过发生化学反应将黏附在器壁上的物质除去。例如,由铁盐引起的黄色污物可用盐酸或硝酸浸泡片刻便可洗去;接触、盛放高锰酸钾的容器可用草酸溶液清洗(沾在手上的高锰酸钾也可同样清洗);沾在器壁上的二氧化锰用浓盐酸处理使之溶解;沾有碘时,可用碘化钾溶液浸泡片刻,或加入稀的氢氧化钠溶液湿热之,或用硫代硫酸钠溶液除去;银镜反应后黏附的银或有铜附着时,可加入稀硝酸,必要时可稍微加热,促进溶解;由金属硫化物玷污的颜色可用硝酸除去,必要时可加热。以上操作结束后,用自来水清洗玻璃仪器,再用蒸馏水或去离子水淋洗2~3次,洗净的玻璃仪器上不能挂有水珠。

凡洗净的仪器,不要用布或软纸擦干,以免使布或纸上的少量纤维留在器壁上反而玷污了仪器。已经干净的仪器应清洁透明,当把仪器倒置时,可观察到器壁上只留下一层均匀的水膜而不挂水珠。

3.2.2 玻璃仪器的干燥

玻璃仪器的干燥方法主要有以下几种:

(1)晾干。不急用的仪器,洗净后倒置于仪器架上,让其自然干燥。不能倒置的仪器将水倒净后,平放,任其干燥。

(2)吹干。用压缩空气机或吹风机把洗净的仪器吹干。

(3)烤干。一些仪器可置于石棉网上用小火烤干。试管可直接用火烤,但必须使试管口稍微向下倾斜,以防水珠倒流,引起试管炸裂。

(4)烘干。洗净后的玻璃仪器可放在电烘箱内烘干,温度控制在105℃~110℃。仪器放进烘箱之前,应尽可能把水甩净。放置的仪器应使仪器口向上。木塞、塑料塞和橡皮塞不能与仪器一起干燥。玻璃塞应从仪器上取下,单独干燥。

(5)有机溶剂干燥。带有刻度的计量仪器,既不易晾干或吹干,又不能用加热的方法进行干燥,因此,我们可以选用有机溶剂进行干燥。方法是:向仪器内倒入少量酒精或酒精与丙酮的混合溶液(体积比1:1),将仪器倾斜,转动,使壁上的水和有机溶剂混溶,随后倒出。少量残留在仪器内的混合溶液,很快挥发而干燥。假如用压缩空气机或吹风机向仪器重吹风,则仪器干得更快。

3.3 加 热 方 法

3.3.1. 加热的器具及其使用

在化学实验室中常用酒精灯、酒精喷灯或煤气灯进行加热,现分别予以介绍。

(1)煤气灯。煤气灯是实验室常用的一种加热工具,它是利用煤气或天然气作为燃料。煤气和天然气一般是由 CO、H_2、CH_4 和不饱和烃等组成。煤气灯的样式很多,但是构造原理都是相同的。它是由灯管和灯座组成(见图3-1),灯管的下部有螺旋,与灯座相连。灯管下部还有几个圆孔,为空气的入口。旋转灯管,即可完全关闭或不同程度地开启圆孔,以调节空气的进入量。灯座的侧面有煤气的入口,可接上橡皮管把煤气导入灯内。灯座下面有一个螺旋针阀,用以调节煤气的进入量。

使用煤气灯的正确步骤为:首先按照顺时针方向转动灯管,以关闭空气入口;随后点燃火柴,从下斜方向靠近灯管口;稍开煤气开关,将灯点燃;最后调节煤气开关,使火焰保持适当高度,此时火焰的颜色为黄色,火焰的温度并不高。逆时针转动灯管,加大空气进入量,此时火焰颜色为淡紫色火焰,称为正常火焰。

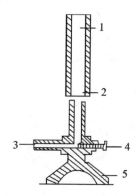

1.灯管;2.空气入口;3.煤气入口;
4.螺旋针;5.灯座

图 3-1　煤气灯的构造

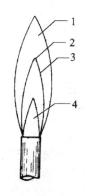

1.氧化焰;2.最高温区;
3.还原焰;4.焰心

图 3-2　火焰的组成

煤气灯的正常火焰分为三层(见图 3-2):

1)焰心(内层):煤气和空气的混合物并未燃烧,温度低,约为 300℃。

2)还原焰(中层):煤气不完全燃烧,并分解为含碳的产物,因此,该部分火焰具有还原性,称为“还原焰”。温度比焰心高,火焰为淡蓝色。

3)氧化焰(外焰):煤气完全燃烧。过剩的空气使这部分火焰具有氧化性,称为“氧化焰”。氧化焰的温度最高,800℃～900℃,火焰为淡紫色。实验时,一般都用氧化焰来加热。

若空气和煤气的进入量调节不合适,点燃时会产生不正常的火焰(见图 3-3)。当空气和煤气的进入量都很大时,火焰就临空燃烧,称为“临空火焰”。待引燃的火柴熄灭时,它会自行熄灭。当空气进入量过大而煤气量较小时,则会在灯管内燃烧,这时能听见一种特殊的嘶嘶声,灯管口一侧会有细长的淡紫色的火焰,这种火焰称为“侵入火焰”。在煤气灯的使用过程中,如果煤气量突然减少,这时就会产生侵入火焰,这种现象称为“回火”。遇到临空火焰或侵入火焰时,应关闭煤气开关,待灯管冷却后,重新点燃和调节。

煤气中含有有毒的 CO,且当煤气和空气混合到一定比例时,遇火源即可发生爆炸,因此,在使用煤气灯时一定要注意安全。煤气灯不用时,一定要确保煤气灯处于关闭状态,决不能让煤气逸到室内,以免中毒和引起火灾。

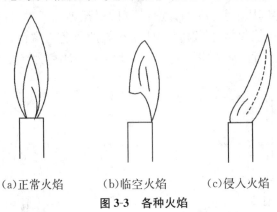

(a)正常火焰　　　(b)临空火焰　　　(c)侵入火焰

图 3-3　各种火焰

(2)酒精灯和酒精喷灯。在没有煤气的地方常使用酒精灯和酒精喷灯加热。前者用于温度在 400℃～500℃ 的实验,后者则用于温度在 700℃～900℃ 的实验。

酒精灯为玻璃制品,正确的使用方法如下:

1)检查灯芯并修整:灯芯不要过紧,最好松些。灯芯不齐或烧焦时,可用剪刀剪齐或把烧焦处剪掉。

2)添加酒精:用漏斗将酒精加入酒精壶中

图 3-4　向酒精灯内添加酒精

(见图 3-4),加入量为壶的 1/2～2/3。

3)点燃:取下灯帽,直放在台面上,不要让它滚动。擦燃火柴,从侧面移向灯芯点燃。燃烧时火焰不发嘶嘶声,并且火焰较暗时火力较强,一般用外焰加热。

4)加热:加热盛放液体的试管时,要用试管夹夹住试管的中上部,试管与台面成 60°角倾斜。试管口不要对着他人或自己。先使液体均匀受热,然后集中在液体的下部加热。加热过程中,不时移动或震荡试管,使液体各部分受热均匀,避免试管因局部受热而发生迸溅,引起烫伤。烧杯、烧瓶加热一般要放在石棉网上。

5)熄灭:灭火时不能用口吹灭,而是要把灯帽从火焰侧面轻轻罩上。切不可从高处将灯帽扣下,以免损坏灯帽。灯帽和灯身都是配套的,不可搞混。若灯帽不合适,不但酒精会挥发,而且酒精由于吸水而变稀。因此,若灯口破损或有裂痕则不能再使用。

酒精为易燃品,其蒸气易燃易爆。酒精蒸气与空气混合气体的爆炸范围为$3.5\% \sim 20\%$,无论是在酒精灯内还是在酒精桶中都可能会形成达到爆炸极限的混合气体,因此使用时一定要小心。使用酒精灯时必须注意补充酒精,以免形成爆炸极限的酒精蒸气与空气的混合气体。燃着的酒精灯不能添加酒精,更不能用燃着的酒精灯对点。酒精易溶于水,着火时可用水灭火。

常用的酒精喷灯有座式和挂式两种,座式喷灯的构造如 3-5 图。座式喷灯的酒精贮存在灯座内,挂式喷灯的酒精贮存罐悬挂于高处。酒精喷灯的火焰温度可达 1 000 ℃左右。使用前,要先给喷灯储罐加酒精,然后在预热盆中注入酒精并点燃使铜质灯管受热。待盆中酒精将近燃完时,开启灯管上的空气调节器开关(逆时针转),来自贮罐的酒精在灯管内受热气化,与来自气孔的空气混合,这时用火点燃管口气体,就会产生高温火焰。调节开关阀来控制火焰的大小。用毕后,挂式喷灯关紧灯管开关,同时关闭酒精贮罐下口的开关,就能使火焰熄灭。座式喷灯火焰的熄灭方法是用石棉网盖住管口,同时用湿抹布盖在灯座上,使它降温。

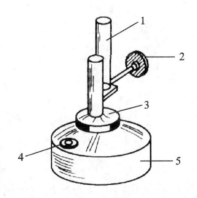

1.灯管;2.空气调节器;3.预热盆;4.螺旋盖;5.酒精贮罐

图 3-5　座式喷灯结构示意图

使用酒精喷灯时需要注意以下几点:

1)在开启开关、点燃管口气体前必须充分灼热灯管,否则酒精不能全部气化,会有液态酒精从管口喷出,形成"火雨",甚至引起火灾。

2)喷灯工作时,灯座下绝不能有任何热源,周围不要有易燃物。

3)座式喷灯壶内酒精贮量不能超过容积的 2/3。当罐内酒精耗剩 20 mL 左右时,应停止使用,如需继续工作,要把喷灯熄灭、冷却后再增添酒精,不能在喷灯燃着时向罐内加注酒精,以免引燃罐内的酒精蒸气。

4)灯管内的酒精蒸气喷口容易被灰粒等堵塞,所以每次使用前要检查喷口,如发现堵塞,就应该用通针或细钢针把喷口扎通。

5)座式喷灯每次连续使用的时间不要过长。如发现灯身温度升高或罐内酒精沸腾(有气泡破裂声)时,要立即停用,避免由于罐内压强增大导致罐身崩裂。

3.3.2 加热方法

1.直接加热

当被加热的液体在较高温度下稳定而不分解,又无着火危险时,可以把盛有液体的器皿放在石棉网上用灯直接加热[见图 3-6(a)]。对于少量的液体可以放在试管(硬质试管)中加热[见图 3-6(b)]。对于少量固体的加热可以小心地将固体试样顺着试管壁或者用长纸条装入试管底部,铺平,管口略微向下倾斜[见图 3-6(c)],以免管口冷凝的水珠倒流到试管的灼烧处而使试管炸裂。先来回加热试管,然后固定在固体物质的部位加热。

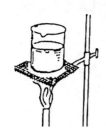 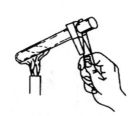 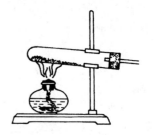

(a)盛液体的烧杯加热　　(b)盛液体的试管加热　　(c)盛固体的试管加热

图 3-6　加热方法

2.间接加热

当被加热的固体物质需要受热均匀又不能超过一定温度时,可以用特定的热浴间接加热。

(1)水浴:当加热温度不超过 100℃时,可以选用水浴加热。水浴锅中的存水量不能超过总体积的 2/3,因此加热过程中要注意补充水。受热的玻璃器皿不能触及锅壁或锅底。水浴不能做油浴或沙浴使用。

(2)油浴:适用于 100℃~250℃,优点是使反应物受热均匀,反应物的温度一般应低于油浴液 20℃左右。常用的油浴液有:①甘油:可以加热到 140℃~150℃,温度过高时则会分解。②植物油:如菜油蓖麻油和花生油等,可以加热到 220℃,常加入 1%对苯二酚等抗氧化剂,便于使用。若温度过高时会分解,达到闪点时可能燃烧起来,所以,使用时要小心。③石蜡:能加热到 200℃ 左右,冷到室温时凝成固体,保存方便。④石蜡油:可以加热到 200℃ 左右,温度稍高并不分解。但较易燃烧。用油浴加热时,要特别小心,防止着火,当油受热冒烟时,应立即停止加热。油浴中应挂一支温度计,可以观察油浴的温度和有无过热现象,便于调节火焰控制温度。油量不能过多,否则,受热后有溢出而引起火灾的危险。使用油浴时要极力防止产生可能引起油浴燃烧的因素。⑤硅油:硅油在 250℃ 时仍较稳定,透明度高,安全,是目前实验室中较为常用的油浴之一。

以上油浴加热完毕后,取出反应器,用铁夹夹住反应器离开液面悬置片刻,待容器壁上的油滴完后,用纸或干布擦干。

(3)砂浴:一般是用铁盆装干燥的细海砂或河砂。把反应器半埋砂中,加热沸点 80℃ 以上的液体时可以采用,特别适用于加热温度在 220℃ 以上者。但是砂浴传热慢,并且不易控制,因此,砂层要薄一些。砂浴中应插入温度计,温度计的水银球要靠近反应器。

3.固体物质的灼烧

需要在高温下加热固体时,可以把固体放在坩埚中。将坩埚置于泥三角上,用氧化焰加热(见图 3-7),不要让还原焰接触坩埚底部,以免坩埚底部结上炭黑。灼烧开始时,先用小火烘烧坩埚,使坩埚均匀受热。然后加大火焰,根据实验要求控制灼烧温度和时间。停止加热时,要首先关闭煤气开关或熄灭酒精灯。要夹取高温下的坩埚时,必须用干净的坩埚钳。用前先在火焰上预

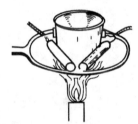

图 3-7　固体物质的灼烧

热钳的尖端,再去夹取。坩埚钳用后平放在桌上或石棉网上,尖端向上,保证坩埚钳的尖端洁净。

3.4　试剂与试剂的取用

3.4.1　试剂的分类

化学试剂是用以研究其他物质的组成、性质及其质量优劣的纯度较高的化学物质。我国化学试剂的纯度标准有国家标准(GB)、化工部标准(HG)及企业标准(QB)。目前部级标准已归纳为行业标准(ZB)。根据化学试剂中杂质含量的多少,通常把试剂分为以下几种级别:

表 3-2　　化学试剂的级别与适用范围

级别	一级品（优级纯）	二级品（分析纯）	三级品（化学纯）	四级品（实验试剂）	生物试剂
英文名称	Guaranteed reagent	Analytical reagent	Chemical pure	Laboratory reagent	Biological reagent
英文缩写	GR	AR	CP	LR	BR
适用范围	纯度很高，适用于精密分析工作与科学研究	纯度仅次于一级品，适用于分析工作与科学研究	纯度仅次于二级品，适用于一般化学实验	纯度较低，适用于工业或一般化学制备	用于生物化学实验
标签颜色	深绿色	红色	蓝色	黄色或棕色	棕黄或其他颜色

实验中应根据实验的不同要求选用不同级别的试剂。在一般的无机化学实验中，化学纯试剂就基本符合要求，但在有些实验中则要用分析纯试剂。

化学试剂在分装时，一般把固体试剂放在广口瓶中，把液体试剂或配制的溶液盛放在细口瓶或带有滴管的滴瓶中，而把见光易分解的试剂或溶液（如硝酸银等）盛放在棕色瓶中。每一试剂瓶上都要贴有标签，并注明试剂的名称、规格或浓度以及日期。在标签外面涂上一层蜡或蒙上一层透明胶纸来保护它。

3.4.2　试剂取用规则

取用试剂前应看清标签。取用时，先打开瓶塞，倒放在实验台上。如果瓶塞上端不是平顶而是扁平的，可用食指和中指将瓶塞夹住（或放在清洁的表面皿上），绝不可将它横置桌上以免玷污。不能用手接触化学试剂。应根据用量取用试剂，这样既能节约药品，又能取得好的实验结果。取完试剂后，一定要把瓶塞盖严，绝不允许将瓶塞张冠李戴。最后要将试剂瓶放回原处，以保持实验台的整齐干净。

1. 固体试剂的取用规则

（1）要用清洁、干燥的药匙取用试剂。应专匙专用。用过的药匙必须洗净晾干后才能再使用。

（2）不要超过指定用量取药，多取的不能倒回原瓶，可放在指定的容器中供他人使用。

（3）要求取用一定质量的固体时，可把固体放在干燥的硫酸称量纸上称量。具有腐蚀性或以潮解的固体应放在表面皿上或玻璃容器内称量。

 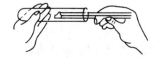

（a）用药匙　　　　　　　　　　　　　（b）用纸槽

图 3-8　向试管中加入固体试剂的方法

（4）往试管（特别是湿试管）中加入固体试剂时，可用药匙或将取出的药品放在对折的纸片上，伸进试管的 2/3 处。加入块状固体试剂时，应将试管倾斜，使其沿管壁慢慢滑下，以免碰破管底（见图 3-8）。

（5）固体试剂的颗粒较大时，可在清洁而干燥的研钵中研碎。研钵中所盛固体的量不要超过研钵容量的 1/3。

（6）有毒物品要在教师指导下取用。

2. 液体试剂的取用规则

（1）从滴瓶中取用液体试剂时，要用滴瓶中的滴管，滴管决不能伸入到所用的容器中，以免接触器壁而玷污药品（见图 3-9）。如果用滴管从试剂瓶中取少量液体试剂时，则需要用附于该试剂瓶的专用滴管取用。装有药品的滴管不能横置或滴管口向上斜放，以免液体流入滴管的橡皮头中。

（a）正确　　（b）不正确

图 3-9　往试管中滴加溶液　　　　　**图 3-10　从试剂瓶中倾出液体**

（2）从细口瓶中取用液体试剂时，用倾注法。先将瓶塞取下，反放在桌面上，手握住试剂瓶上贴标签的一面，将试剂瓶逐渐倾斜，让试剂沿着洁净的试管壁流入试管或沿着洁净的玻璃棒注入烧杯中（见图 3-10）。注出所需量后，将试剂瓶口在容器上靠一下，再逐渐竖起瓶子，以免遗留在瓶口的液滴流到瓶的外壁。

（3）在试管中进行某些实验时，取试剂不需要准确用量。只要学会估计取用液体的量即可。例如用滴管取用液体，1 mL 相当于多少滴，5 mL 液体占一个试管容量的几分之几等。

倒入试管中液体的量,一般不超过其容积的 1/3。

(4)定量取用液体时,用量筒或移液管。量筒用于量度一定体积的液体,可根据需要选择不同容量的量筒。量取液体时,使视线与量筒内液体的弯月面的最低处保持水平,偏高或者偏低都会因读不准而造成较大的误差。

3.5 基本度量仪器的使用方法

3.5.1 液体体积的度量仪器

1. 量筒和量杯

量筒(图 3-11)和量杯(图 3-12)都是外壁有容积刻度的准确度不高的玻璃仪器。量筒分为量出式和量入式两种。量出式在基础化学实验中普遍使用。它有各种不同的容量,可根据不同需要选用。例如需要量取 8.0 mL 的液体时,为了提高测量的准确度,应选用 10 mL 的量筒(测量误差为 ±0.1 mL)。如果选用了 100 mL 的量筒量取液体体积,则至少有 ±1 mL 的误差。量入式有磨口塞子,其用途和用法与容量瓶相似,其精确度介于容量瓶和量出式量筒之间,在实验中用的不多。量杯为圆锥形,其精度不及筒形量筒。量筒和量杯都不能用作精密测量,只能用来测量液体的大致体积。

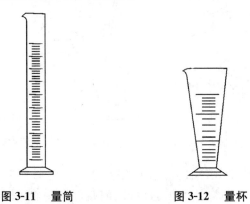

图 3-11　量筒　　　　　　　　　图 3-12　量杯

市售的量筒(杯)有 5 mL,10 mL,25 mL,50 mL,100 mL,250 mL,500 mL,1 000 mL,2 000 mL 等容积。

量取液体时,应以左手持量筒(杯),并以大拇指指示所需体积的刻度处,右手持试剂瓶,将液体小心导入量筒(杯)内。读取刻度时,眼睛要与液面取平,即眼睛置于液面最凹处(弯月面底部)同一水平面上进行观察,读取弯月面底部的刻度(见图 3-13)。

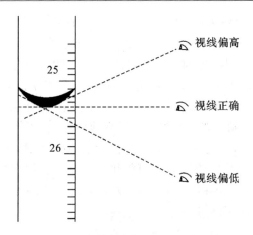

图 3-13　量筒内液体体积的正确读取方法

量筒(杯)不能用以量取高温液体,也不能用来稀释溶液和配制溶液。用量筒量取不能润湿玻璃的液体(如水银)时,应读取液面最高位置。

量筒易倾倒而损坏,用时应放在桌面当中,用后应放在平稳之处。

2. 移液管和吸量管

移液管是用来准确移取一定量液体的量器[见图 3-14(a)]。它是一细长而中部膨大的玻璃管,上端刻有环形标线,膨大部分标有它的容积和标定时的温度。常用的移液管容积有 5 mL, 10 mL, 25 mL, 50 mL 等。

吸量管是具有分刻度的玻璃管,亦称分度吸量管[见图 3-14(b)]。用以吸取所需不同体积的液体。常用的吸量管有 1 mL, 2 mL, 5 mL, 10 mL 等规格。

(1)洗涤和润洗:移液管和吸量管在使用之前,依次用洗液、自来水、蒸馏水洗至内壁不挂水珠为止。吸取试液前,要用滤纸拭去管外水,并用少量待取溶液润洗内壁 3 遍。

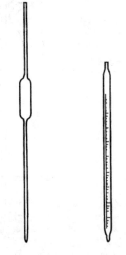

(a)移液管　(b)吸量管

图 3-14　移液管和吸量管

(2)溶液的移取:用移液管移取溶液时,右手大拇指和中指拿住管颈标线上方,将管下端插入溶液中(液面以下 1～2 cm 深度),左手拿洗耳球把溶液吸入。待液面上升到比标线稍高时,迅速用右手稍微湿润的食指压紧管口,大拇指和中指垂直拿住移液管,管尖离开液面,但仍靠在盛溶液器皿的内壁上。稍微放松食指使液面缓缓下降,至溶液弯月面与标线相切时(眼睛与标线处于同一水平上观察),立即用食指压紧管口。然后将移液管移入预先准备好的器皿(如锥形瓶)中。移液管应垂直,锥形瓶稍倾斜,管尖靠在瓶内壁上,松开食指让溶液自然沿器壁流出。待溶液流毕,等 15 s 后,取出移液管。残留在管尖的溶液切勿吹出,因校准移液管时已将此考虑在内。移液管移取溶液的正确操作见图 3-15。

吸量管的用法与移液管基本相同。使用吸量管时,通常是使液面从它的最高刻度降至另一刻度,使两刻度间的体积恰为所需的体积。在同一实验中尽可能使用同一吸量管的同一部位,且尽可能用上面部分。如果吸量管的分刻度一直刻到管尖,而且又要用到末端收缩部分时,则要把残留在管尖的液体吹出。若用非吹入式的吸量管,则不能吹出管尖的残留液体。

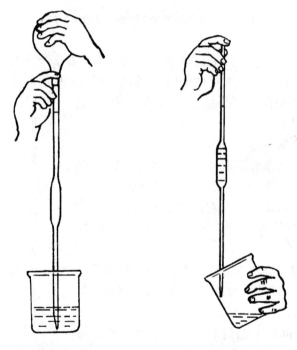

(a)用移液管吸取溶液　　　　　　(b)放出溶液

图 3-15　移液管的使用方法

移液管和吸量管用毕,应立即用水洗净,放在管架上。

(3)容量瓶:容量瓶是一种细颈梨形的平底瓶,带有磨口塞(见图 3-16),主要用来把精密称量的物质配制成准确浓度的溶液或是将准确体积及浓度的浓溶液稀释成准确浓度及体积的稀溶液。容量瓶颈上刻有环形标线,瓶上标有它的容积和标定时的温度(一般为 20℃),通常有 10 mL,25 mL,50 mL,100 mL,

200 mL,250 mL,500 mL,1 000 mL 等规格。当液体充满到标线时,液体体积恰好与瓶子上所注明的容积相等。

　　容量瓶使用前应洗到不挂水珠。使用时,瓶塞与瓶口应配套。

　　为避免它们不配套引起漏水或打破塞子,可用橡皮筋或细绳将瓶塞系在瓶颈上。检查容量瓶是否漏水的方法是:注入自来水至标线附近,盖好瓶塞,左手按住塞子,右手托住瓶底,将其倒立 2 min,观察瓶塞周围是否有水渗出。如不漏水,将瓶直立,把塞子旋转 180° 后再塞紧,再倒置,如仍不漏水,则可使用。

　　当用固体配制一定体积的准确浓度的溶液时,通常将准确称量的固体放入小烧杯中,先用少量纯水溶解,然后定量转移到容量瓶内。转移时,烧杯嘴紧靠玻璃棒,玻璃棒下端靠着瓶颈内壁,慢慢倾斜烧杯,使溶液沿玻璃棒顺瓶壁流下。溶液流完以后,将烧杯沿玻璃棒轻轻上提,同时将烧杯直立,使附在玻璃棒与烧杯之间的液滴回到烧杯中。用纯水冲洗烧杯壁几次,每次洗涤液如上法转入容量瓶中。然后用水稀释,并注意将瓶颈附着的溶液冲下。当水加至容积的 3/4 时,摇荡容量瓶使溶液初步混合均匀,但注意不要让溶液接触瓶塞及瓶颈磨口部分。继续加水至接近标线。稍停,待瓶颈上附着的液体流下后,用滴管仔细地加蒸馏水至弯月面下沿与环形标线相切(也可用洗瓶加水至刻度)。用左手的食指压住瓶塞,右手指尖顶住瓶底边缘,将容量瓶倒转并振荡,再倒转过来,如此重复十次以上,使溶液充分混合均匀。容量瓶的使用方法见图 3-17。

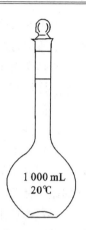

图 3-16　容量瓶

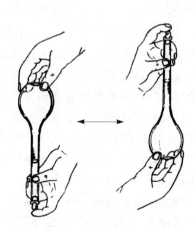

图 3-17　容量瓶的使用方法

当用浓溶液配制稀溶液时,则用移液管或吸量管移取准确体积的浓溶液放入容量瓶中,按上述方法冲稀至标线,摇匀。

若操作失误,使液面超过标线但又要使用该溶液时,可用透明胶布在瓶颈上另作一标记与弯月面相切。摇匀后把溶液转移。加水至刻度,再用滴定管加水至所作标记处,则此溶液的真实体积应为容量瓶体积与另加入的水的体积之和。这只是一种补救措施,在正常操作下应避免出现这种情况。

容量瓶不可在烘箱中烘烤,也不能用任何加热的办法来加速瓶中试剂的溶解。长期使用的溶液不要放置于容量瓶内,应转移到干净或经该溶液润洗过的试剂瓶中保存。

容量器皿上常标有符号 E 或 A。E 表示"量入式"容器,即溶液充满至标线后,量器内溶液的体积与量器上所标明的体积相等。A 表示"量出式"容器,即溶液充满至刻度线后,将溶液自量器中倾出,体积正好与量器上标明的体积相等,有些容量瓶用符号"In"表示"量入","Ex"表示"量出"。量器按其容积的准确度分为 A,A_2,B 三种等级。A 级的准确度比 B 级高一倍,A_2介于 A 级和 B 级之间。过去量器的等级用"一等"、"二等"、"I"、"II"或<1>、<2>表示,分别相当于 A,B 级。

3.滴定管

滴定管是滴定分析时用以准确测量标准溶液体积的量器。常用的滴定管容积有 25 mL 和 50 mL,其最小刻度为 0.1 mL,读数可估计到 0.01 mL,一般读数误差为±0.02 mL。除此之外,还有 10 mL 及容积更小的微量滴定管。

根据控制溶液流速的装置不同,滴定管可分为酸式滴定管和碱式滴定管两种(见图 3-18)。酸式滴定管下端有一个玻璃旋塞,用于盛放酸类溶液或氧化性溶液,但不能盛放碱类溶液及其对玻璃有腐蚀性的溶液。开启旋塞时,溶液即从管内流出。碱式滴定管下端用乳胶管连接一个带尖嘴的小玻璃管,乳胶管内有一玻璃珠用以控制溶液的流出。碱式滴定管用来盛碱性溶液,不能用来盛放对乳胶有侵蚀作用的酸性溶液和氧化性溶液。

(1)滴定管的洗涤、涂油与试漏:滴定管在使用前依次用配好的合成洗涤剂或洗液(若滴定管内没有明显的污染时可不用洗涤剂或洗液,碱式滴定管需要洗液洗涤时,可除去橡皮管,用滴瓶塑料帽堵塞滴定管下口进行洗涤)、自来水、蒸馏水洗涤至内壁不挂水珠为止。

为使活塞转动灵活并防止漏水,需将活塞涂油(凡士林或真空活塞脂),涂油的方法如下:先擦干活塞和活塞槽内壁,用手指取少量的凡士林擦在活塞粗的一端[见图 3-19(a)],沿圆周涂一薄层,尤其在孔的近旁,不能涂多。另把凡士林均匀地涂在活塞槽细端的内壁上。涂完以后将活塞插入活塞槽中,插入时活塞孔应与滴定管平行[见图 3-19(b)]。然后向同一个方向转动活塞[见图 3-19(c)]，直到从活塞外面观察全部呈现透明为止。若转动仍不灵活，或活塞内油层出现纹路，表示涂油不够。如果有油从活塞隙缝溢出或挤入活塞孔，表示涂油太多。遇到这种情况，都必须重新涂油。活塞装好后套上小橡皮圈。

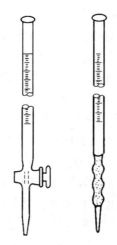

图 3-18　酸、碱式滴定管

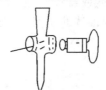

（a）活塞涂油　　　（b）内壁涂油及活塞安装　　　（c）转动活塞

图 3-19　旋塞涂油的方法

　涂好油的滴定管需要检查是否漏水。其方法是：用水充满滴定管，置于滴定管架上静置 2 min，观察有无水滴下。然后将活塞旋转 180℃，再如前检查。如漏水应重新涂油，至不漏水为止。碱式滴定管如漏水应更换玻璃珠或乳胶管。

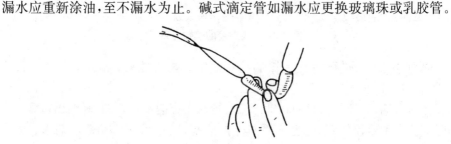

图 3-20　碱式滴定管排出气泡

(2)操作溶液的装入:在装入操作溶液时,先用该溶液润洗滴定管内壁三次,每次 5~10 mL,然后装入溶液至 0 刻度以上为止。装满溶液的滴定管,应检查出口管是否充满溶液,如出口管还没有充满溶液,此时将酸式滴定管倾斜约30°,左手迅速打开活塞使溶液冲出,下面用烧杯承接溶液,此时溶液将充满全部出口管。假如使用碱式滴定管,则把橡皮管向上弯曲,玻璃尖嘴斜向上方。用两指捏挤玻璃珠,使溶液从出口管喷出,即可排除气泡(见图 3-20)。

(3)滴定管的读数:读数时滴定管必须保持垂直。注入或放出溶液后稍等1~2 min,待附着在内壁的溶液流下后再进行读数。常量滴定管读数应读到小数点后第二位,如 25.93 mL,22.10 mL 等。

读数时视线必须与液面保持在同一水平。对于无色或浅色溶液,读它们的弯月面下缘最低点的刻度[见图 3-21(a)];对于深色溶液如高锰酸钾、碘水等,可读两侧最高点的刻度[见图 3-21(b)]。为了帮助准确地读出弯月面下缘的刻度,可在滴定管后面衬一张"读数卡"。所谓的读数卡就是一张黑色或深色纸。读数时将它放在滴定管背后,使黑色边缘在弯月面下方约 1 mm 左右,此时看到的弯月面反射层呈黑色,读出黑色弯月面下缘最低点的刻度即可[见图 3-21(c)]。

若滴定管的背后有一条蓝线或蓝带,无色溶液这时就形成了两个弯月面,并且相交于蓝线的中线上,读数时即读此交点的刻度;若为深色溶液,则仍读液面两侧最高点的刻度。

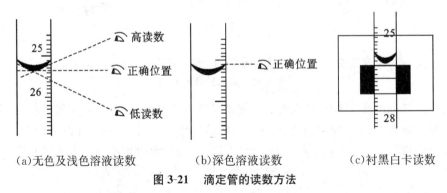

(a)无色及浅色溶液读数　　　(b)深色溶液读数　　　(c)衬黑白卡读数

图 3-21　滴定管的读数方法

(4)滴定操作:进行滴定操作时,应将滴定管垂直地夹在滴定管架上。使用酸式滴定管时,必须用左手控制滴定管活塞,大拇指在前,食指和中指在管后,三指握住活塞柄,以控制活塞的转动。无名指和小指向手心弯曲,轻贴出口管。操作时应注意不要顶住活塞,也不要向外拉活塞,以免活塞松动造成漏水。滴定时,右手持锥形瓶,将滴定管下端伸入锥形瓶口约 1 cm,然后边滴加溶液边摇动锥形瓶(应向同一方向转动)。滴定速度在前期可稍快,但不能滴成"水线"。接近终点时改为逐滴加入,即每加 1 滴,摇动后再加,最后应控制半滴加入:将活塞稍稍转动,使半滴悬于管口,用锥形瓶内壁将其粘落,再用洗瓶吹洗内壁。握塞方式及滴定操作见图 3-22。

每次滴定最好都是将溶液装至滴定管 0.00 mL 刻度或稍微下一点的整数刻度,以减少因上下刻度不均匀引起的误差。应注意:滴定前在记录了初读数之后,还要将滴定管尖端悬挂的残余液滴去掉,才能开始滴定。

图 3-22　滴定操作

使用碱式滴定管时,左手拇指在前,食指在后,其余三指辅助夹住出口管。用拇指和食指捏住玻璃珠所在部位,向右边挤压乳胶管,使溶液从玻璃珠旁空隙流出。注意不要捏玻璃珠下部胶管处,否则松手后容易使空气进入而形成气泡,造成读数误差。避免用力捏玻璃珠,也不能使玻璃珠上下移动。

3.5.2　温度计

物质的物理性质和化学性质,如折射率、黏度、蒸气压、密度、表面张力、化学反应平衡常数、反应速率常数、电导率等都与温度有关。许多实验不仅要测量温度,还要精确地控制温度,因而,掌握温度的测量与控制技术是非常重要的。

温度计是实验中用来测量温度的仪器,其种类很多。一般玻璃温度计可精确到 1℃,精密温度计可精确到 0.1℃,分度为 1/10℃ 的温度计可估计到 0.01℃ 的读数。根据测温范围和对精密度的要求选择使用温度计。

测量溶液的温度一般应将温度计悬挂起来,并使水银球处于溶液中一定的位置,不要靠在容器上或插到容器底部。不可把温度计当搅拌棒使用。刚测过高温的温度计不可立即用于测量低温或用自来水冲洗,以免温度计炸裂。

将温度计穿过塞子时,其操作方法与玻璃棒或玻璃管穿塞的方法一样。

使用温度计要轻拿轻放,用后要及时洗净、擦干,并放回原处。

3.5.3　比重计

比重计是用来测定溶液相对密度的仪器。它是一支中空的玻璃浮柱,上部有标线,下部为一重锤,内装铅粒。根据溶液相对密度的不同而选用相适应的比重计。通常将比重计分为两种,一种是测量相对密度大于 1 的液体,称作重表。另一种是测量相对密度小于 1 的液体,称作轻表。

测定液体相对密度时,将欲测液体注入大量筒中,然后将清洁干燥的比重计慢慢放入液体中。为了避免比重计在液体中上下沉浮和左右摇动与量筒壁接触以至打破,故在浸入时,应该用手扶住比重计的上端,并让它浮在液面上,待比重计不再摇动而且不与器壁相碰时,即可读数。读数时视线要与凹液面最低处相切。用完比重计要洗净、擦干,放回盒内。由于液体相对密度的不同,可选用不同量程的比重计。

3.6　溶液及其配制

在化学实验中,经常需要配制各种溶液来满足不同的实验要求。如果实验对溶液浓度的准确性要求不高,一般利用台秤、量筒、带刻度的烧杯等低准确度的仪器配制就能满足要求。如果实验对溶液浓度的准确性要求较高,如定量分析实验,则必须使用分析天平、移液管、容量瓶等高准确度的仪器配制溶液。无论是粗略配制还是准确配制一定体积、一定浓度的溶液,首先要计算所需试剂的用量,包括固体试剂的质量或液体试剂的体积,然后再进行配制。

3.6.1　由固体试剂配制溶液

1.粗略配制

算出配制一定体积溶液所需固体试样质量,用台秤称取所需固体试剂,倒入带刻度的烧杯中,加入少量蒸馏水搅拌使固体完全溶解后,用蒸馏水稀释至刻度,即得所需的溶液。然后将溶液移入试剂瓶中,贴上标签,备用。

一些易水解的盐,如 $SnCl_2$,$SbCl_3$,$Bi(NO_3)_3$ 等,配制它们的溶液时,需加入适量相应的酸,再用水或稀酸稀释。

配制易氧化的盐的溶液时,不仅需要酸化溶液,还需加入相应的纯金属,使溶液稳定。例如配制 $SnCl_2$,$FeSO_4$ 溶液时,需分别加入金属锡、铁。

2.准确配制

先算出配制给定体积准确浓度溶液所需固体试剂的用量,并在分析天平上准确称出它的质量,放在干净烧杯中,加适量蒸馏水使其完全溶解。将溶液转移到容量瓶(与所配溶液体积相应的)中,用少量蒸馏水洗涤烧杯 2~3 次,冲洗液也移入容量瓶中,再加蒸馏水至标线处,盖上塞子,将溶液摇匀即成所配溶液,然后将溶液移入试剂瓶中,贴上标签,备用。

3.6.2　由液体(或浓溶液)试剂配制溶液

1. 粗略配制

先计算出配制一定物质的量浓度的溶液所需液体(或浓溶液)用量,用量筒量取所需的液体(或浓溶液),倒入装有少量水的有刻度的烧杯中混合,如果溶液放热,需冷却至室温后,再用水稀释至刻度。搅拌使其均匀,然后移入试剂瓶中,贴上标签备用。

2. 准确配制

当用较浓的准确浓度的溶液配制较稀准确浓度的溶液时,先计算所需浓溶液的体积,然后用移液管(或吸量管)吸取所需体积的浓溶液注入适当体积的洁净的容量瓶中,再加蒸馏水稀释至刻度,摇匀备用。

3.7　溶解、蒸发、结晶和固液分离

在无机制备、固体物质提纯过程中,经常用到溶解、蒸发、结晶和固液分离等基本操作,现分述如下。

3.7.1　溶解

将一种固体物质溶解于某一溶剂时,除了要考虑取用适量的溶剂外,还必须考虑温度对物质溶解度的影响。

一般来讲,加热能加速物质的溶解过程,应根据物质对热的稳定性选用直接加热或间接加热。

搅拌也可以加速溶解过程。用搅拌棒搅拌时,应手持搅拌棒并转动手腕使搅拌棒在溶液中均匀地旋转,不要用力过猛,不要使搅拌棒碰到器壁上,以免发出响声、损坏容器。如果固体颗粒太大,应预先研细。

固体物质称出后,按其性质选用合适溶剂如水、酸、碱等溶解。溶解时,溶剂需要慢慢地沿玻璃棒或容器壁倾入,防止试样溅失。如有气体产生,容器需用表面皿盖好。需要加热时,应在水浴或石棉网上小火加热。待试样溶解后,表面皿上溅着的液滴必须洗入该容器中。

3.7.2　蒸发

当溶液很稀而欲制备的无机固体溶解度又较大时,为了能从溶液中析出该物质的晶体,常采用加热的方法使水分不断蒸发,此时溶液不断浓缩而析出晶体。蒸发通常在蒸发皿中进行,因为它的表面积较大,有利于加速蒸发。蒸发皿

中所盛放的液体体积不能超过其容积的 2/3,以防液体溅出。如果液体量较多,蒸发皿一次盛不下,可随水分的不断蒸发而继续添加液体。注意不要使瓷蒸发皿骤冷,以防炸裂。在石棉网上或直接加热前应把外壁水揩干,水分不断蒸发,溶液逐渐浓缩,当蒸发到一定程度后冷却,就可以析出晶体。蒸发浓缩的程度与溶质溶解度的大小和对晶体大小的要求以及有无结晶水有关。溶质的溶解度越大,要求的晶粒越小,晶体又不含结晶水,蒸发、浓缩的时间要长些,蒸的要干些。反之,则短些、稀些。

在定量分析中,常通过蒸发以减少溶液的体积,而又保持不挥发组分不致损失。蒸发时,容器上要加表面皿,容器与表面皿之间应垫以玻璃钩,以便蒸气逸出。应当尽量小心控制加热温度,避免因剧沸而溅出试样。

用蒸发的方法还可以除去溶液中的某些组分。例如加入硫酸并加热至产生大量的 SO_3 白烟时,可除去 Cl^-,NO_3^- 等。若要除去溶液中的有机物,可加硫酸蒸发至产生白烟,这时再加入硝酸使最后微量的有机物氧化。

3.7.3　结晶

结晶是提纯固态物质的重要方法之一。晶体从溶液中析出的过程称为结晶。结晶时要求固体的浓度达到饱和。通常有两种方法,一种是蒸发法,即通过蒸发或气化,减少一部分溶剂使溶液达到饱和而析出晶体。此法主要用于溶解度随温度改变而变化不大的物质,如氯化钠。另一种方法是冷却法,即通过降低温度使溶液冷却达到饱和而析出晶体,这种方法主要用于溶解度随温度的下降而明显减少的物质,如硝酸钾。有时候需要将两种方法结合使用。

晶体颗粒的大小与结晶条件有关。如果溶质的溶解度小,或溶液的浓度高,或溶剂的蒸发速度快,或溶液冷却快,析出的晶粒就细小。反之,就可以得到较大的晶体颗粒。实际操作中,常根据需要,控制适宜的结晶条件,以得到大小合适的晶体颗粒。

当溶液发生过饱和现象时,可以震荡容器,用玻璃棒搅动或轻轻地摩擦器壁,或投入几粒晶体(晶种),促使晶体析出。

假如第一次得到的晶体纯度不合乎要求,可将所得晶体溶于少量溶剂中,然后进行蒸发、冷却、分离,如此反复的操作称为重结晶。重结晶是提纯固体物质常用的重要方法之一。有些物质的纯化,需要经过几次重结晶才能完成。由于每次母液中都含有一些物质,所以应收集起来,加以适当处理,以提高产率。

3.7.4　固液分离

固体与液体的分离方法有三种:倾析法、过滤法、离心分离法。

1.倾析法

倾析法是指将沉淀上部的溶液倾入另一容器中而使沉淀与溶液分离的一种方法。当沉淀的相对密度较大或晶体的颗粒较大,静置后能很快沉淀到容器的底部时,常用倾析法进行分离或洗涤。如需洗涤沉淀时,只要向盛有沉淀的容器中加入少量的洗涤液,将沉淀与洗涤液充分搅拌均匀。待沉淀沉降到容器的底部后,再用倾析法倾去溶液。如此反复操作 2~3 次,即能将沉淀洗净。倾析法操作如图 3-23 所示。

图 3-23　倾析法分离沉淀

2.过滤法

过滤是固液分离最常用的方法之一。当沉淀和溶液经过过滤器时,沉淀留在过滤器上,溶液通过过滤器而进入容器中,所得的溶液称为滤液。

过滤时,应根据沉淀颗粒的大小、状态及溶液的性质而选用合适的过滤器和采取相应的措施。黏度小的溶液比黏度大的过滤快,热的溶液比冷的溶液过滤快,减压过滤因产生压强比常压过滤快。如果沉淀是胶状的,可在滤前加热破坏,以免胶状沉淀透过滤纸。过滤器的孔隙大小有不同规格,应根据沉淀颗粒的大小和状态选择使用。孔隙太大,小颗粒沉淀易透过;孔隙太小,又易被小颗粒沉淀堵塞,使过滤难以继续进行。

常用的过滤方法有常压过滤(普通过滤)、减压过滤(吸滤)和热过滤三种。

(1)常压过滤:常压过滤最为简单,也是最常用的固液分离方法,尤其是沉淀为微细的结晶时,用此法过滤较好。

1)用玻璃漏斗和滤纸过滤:选用的漏斗大小应以能容纳沉淀为宜。滤纸有定性滤纸和定量滤纸两种,根据需要加以选择使用。在无机定性实验中常用定性滤纸。

a.滤纸的选择:滤纸按孔隙大小分为快速、中速和慢速三种;按直径大小分 7 cm,9 cm,11 cm 等几种。应根据沉淀的性质选择滤纸的类型,如 $BaSO_4$ 细晶形沉淀,宜选用中速滤纸;$Fe_2O_3 \cdot nH_2O$ 为胶状沉淀,需选用快速滤纸过滤。根据沉淀量的多少选择滤纸的大小,一般要求沉淀的总体积不得超过滤纸锥体高度的 1/3。滤纸的大小还应与漏斗的大小相适应,一般滤纸上沿应低于漏斗上沿约 1 cm。

b.漏斗的选择:普通漏斗大多是玻璃做的,但也有搪瓷做的。通常分为长颈和短颈两种。在热过滤中,必须用短颈漏斗;在重量分析中,必须用长颈漏斗。

普通漏斗的规格按斗径划分,常用的有 30 mm,40 mm,60 mm,100 mm,120 mm 等几种。过滤后欲获取滤液时,应先按过滤溶液的体积选择斗径大小适当的漏斗,然后选择合适容量的滤液接收器。

c.滤纸的折叠:滤纸一般按四折法折叠,折叠时应先把手洗净擦干,以免弄脏滤纸。滤纸的折叠方法是先将滤纸整齐地对折,然后再对折。如图 3-24,为保证滤纸与漏斗密合,第二次对折时不要折死,先把锥体打开,放入漏斗。漏斗内壁应干净且干燥,如果上边缘不十分密合,可以稍微改变滤纸的折叠角度,使滤纸与漏斗密合,此时可以把第二次的折叠边折死。滤纸的折叠方法见图 3-24。

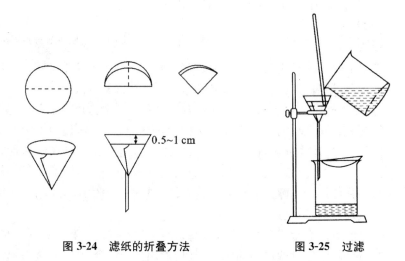

图 3-24　滤纸的折叠方法　　　　　图 3-25　过滤

将折叠好的滤纸放在准备好(与滤纸大小相适应)的漏斗中,打开三层的一边对准漏斗出口短的一边。用食指按紧三层的一边(为使滤纸和漏斗内壁贴紧而无气泡,常在三层厚的外层滤纸折角处撕下一小块并保留,以备擦拭烧杯中的残留沉淀用),用洗瓶吹入少量的去离子水或蒸馏水将滤纸润湿,然后轻轻地按滤纸,使滤纸的锥体上部与漏斗间无气泡,而下部与漏斗内壁形成缝隙。按好后加水至滤纸边缘。这时漏斗颈内应全部充满水,形成水柱。由于液柱的重力可起抽滤作用,故可加快过滤速度。若未形成水柱,可用手指堵住漏斗下口,稍掀起滤纸的一边,用洗瓶向滤纸和漏斗的空隙处加水,使漏斗充满水,压紧滤纸边,慢慢松开堵住下口的手指,此时应形成水柱。如仍不能形成水柱,可能是漏斗形状不规范。漏斗颈不干净也影响水柱的形成,这时重新清洗。

将准备好的漏斗放在漏斗架上,漏斗下面放一承接滤液的洁净烧杯,其容积应为滤液总量的 5~10 倍,应斜盖以表面皿。漏斗颈口长的一边紧贴杯壁,使滤液沿烧杯壁流下。漏斗放置位置的高低,以漏斗颈下口不接触滤液为度。

d.过滤和转移:过滤时,先转移溶液,后转移沉淀。转移时溶液应沿着玻璃棒流入漏斗中,而玻璃棒的下端对着三层滤纸处,但不要接触滤纸。一次倾入溶液的量不得超过滤纸锥体高度的 2/3,以免少量沉淀因毛细作用越过滤纸上沿而损失。如果沉淀需要洗涤,应待溶液转移完毕,再将少量洗涤剂加入盛有沉淀的烧杯中,然后用玻璃棒充分搅动,静止放置一段时间,待沉淀下沉后,将上层清液倒入漏斗。如此洗涤 2~3 遍,最后把沉淀转移到滤纸上。

为了把沉淀转移到滤纸上,先用少量洗涤液把沉淀搅起,如此重复几次,一般可将绝大部分沉淀转移到滤纸上。残留的少量沉淀可按下面方法将其全部转移干净:左手持烧杯倾斜着拿在漏斗上方,烧杯嘴对着漏斗。用食指将玻璃棒架在烧杯口上,玻璃棒的下端向着滤纸的三层处,用洗瓶中的水冲洗烧杯内壁,使沉淀连同溶液沿玻璃棒流入漏斗中。

图 3-26　洗涤沉淀方法

e. 洗涤:沉淀全部转移到滤纸上后,如仍需在滤纸上洗涤,可按图 3-26 所示方法进行:从滤纸边缘稍下部位开始,用洗瓶吹出的水流,按螺旋形向下移动,并借此将沉淀集中到滤纸锥体的下部。洗涤时应注意,切勿使洗涤液突然冲在沉淀上,这样容易溅失。

为了提高洗涤效率,每次使用少量的洗涤液,洗后尽量沥干,多洗几次,通常称为"少量多次"的原则。

沉淀洗涤至最后,用干净的试管接取几滴滤液,选择灵敏的定性反应来检验共存离子,判断洗涤是否干净。

图 3-27　微孔玻璃漏斗

图 3-28　微孔玻璃坩埚

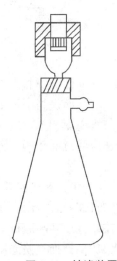

图 3-29　抽滤装置

2)用微孔玻璃漏斗或微孔坩埚过滤:对于烘干后即可称量的沉淀可用微孔玻璃漏斗(见图 3-27)或微孔玻璃坩埚过滤(见图 3-28)。此种过滤器的滤板使用玻璃粉末在高温熔接而成。按照微孔的孔径,由大到小分为六级:$G_1 \sim G_6$(或称 1 号到 6 号)。1 号的孔径最大($80 \sim 120~\mu m$),6 号孔径最小($2~\mu m$ 以下)。在定量分析中一般用 $G_3 \sim G_5$ 规格,相当于慢速滤纸过滤细晶形沉淀。使用此类滤器时,需用抽气法过滤(见图 3-29)。不能用微孔玻璃漏斗和坩埚过滤强碱性溶液,因它会损坏漏斗或坩埚的微孔。

3)用纤维棉过滤:有些浓的强酸、强碱或强氧化性的溶液,过滤时不能用滤纸,因为溶液会和滤纸作用而破坏滤纸,可用石棉纤维来代替,但此法不适用于分析或滤液需要保留的情况。

(2)减压过滤:减压过滤又叫抽滤、吸滤或真空过滤。减压过滤可加快过滤速度,并把沉淀抽滤的比较干燥。但胶状沉淀在过滤速度很快时会透过滤纸,不能用减压过滤。颗粒很细的沉淀会因减压抽吸而在滤纸上形成一层密实的沉淀,使溶液不易透过,反而达不到加速的目的,也不宜用此法。

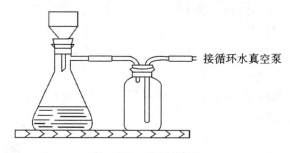

接循环水真空泵

图 3-30　减压抽滤装置

减压过滤其装置如图 3-30 所示,它是利用水泵中急速的水流不断地把空气带走,从而使吸滤瓶内的压力减少,在布氏漏斗内的液面与吸滤瓶之间造成一个压力差,从而提高了过滤速度。布氏漏斗上有许多小孔,漏斗颈插入单孔橡皮塞,与吸滤瓶相连。应注意橡皮塞插入吸滤瓶内的部分不得超过塞子高度的 2/3。还应注意漏斗颈下方的斜口要对着吸滤瓶的支管口。减压过滤的操作方法如下:

剪一张比布氏漏斗内径略小但又能把全部瓷孔都盖住的圆形滤纸,平整的放在布氏漏斗内,用少量的蒸馏水湿润。将插有布氏漏斗的橡皮塞插入抽滤瓶中(注意橡皮塞与瓶口间必须紧密不漏气),用橡皮管将抽滤瓶与水泵接好。先打水泵,稍微抽气使滤纸紧贴在漏斗的底部。

过滤时,先把上部澄清液沿着玻璃棒注入漏斗内(注意加入的溶液的量不要超过漏斗体积的 2/3),待溶液抽完后再转移沉淀,继续抽滤,直至沉淀物较干为止。抽滤完毕,用玻璃棒轻轻掀起滤纸的边缘,取出滤纸和沉淀。滤液则由吸滤瓶上口倾出。洗涤沉淀时,应关小水龙头或暂停抽滤,加入洗涤剂使与沉淀充分接触后,再将沉淀抽滤至干。

在停止抽滤时,应先从吸滤瓶上拔掉橡皮管,然后再关闭自来水龙头或水泵,以防由于吸滤瓶内压力低于外界压力而引起水倒吸进入吸滤瓶,将滤液玷污或冲稀。为了防止倒吸,在吸滤瓶和水泵之间往往要安装一个安全瓶。

(3)热过滤:当溶液在温度降低,晶体易结晶析出时,可用热过滤法进行过滤,所使用的漏斗是热滤漏斗。过滤时,把玻璃漏斗放在铜质的热滤漏斗上,热滤漏斗内装满热水(水不要太满,以免水加热至沸后溢出)以维持溶液的温度。也可以事先把玻璃漏斗在水浴上用蒸气加热,再使用。热过滤选用的玻璃漏斗颈越短越好。热过滤装置如图 3-31 所示。

3.离心分离法

当被分离的沉淀量很少时,采用一般的方法过滤后,沉淀会黏附在滤纸上,难以取下,这时我们可以采用离心分离法进行分离,其操作简单迅速。实验室常用电动离心机(见图 3-32)。

操作时,把盛有沉淀与溶液混合物的离心试管(或小试管)放入离心机的套管内,再在这个套管的相对位置上的空套管内放一个同样大小的试管,内装与混合物等体积的水,以保持转动平衡,然后盖上盖子。启动离心机时,先调到变速器的最低挡,启动后再逐渐加速,2~3 min后逐渐减速,使离心机自然停下,绝不能用外力强制它停止。在任何情况下,启动离心机都不能用力过猛或速度太快,否则会使离心机损坏,而且易发生危险,并导致已沉降的沉淀荡起。

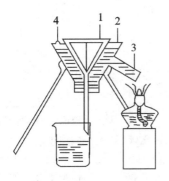

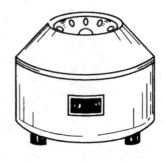

1.玻璃漏斗;2.铜制外套;3.铜支管;4.注水孔

图 3-31　热过滤　　　　　　　　图 3-32　电动离心机

离心后的沉淀紧密聚集于离心试管的尖端,可用滴管吸出上方的清液。其方法是,左手斜持离心管,右手紧捏滴管上的橡皮头,排除空气,然后将滴管伸入离心管的液面下,慢慢放松橡皮头,吸取清液。在滴管尖端接近沉淀时要特别小心,以免沉淀也被取出。如果沉淀需要洗涤,可以加入少量洗涤液,用玻璃棒充分搅动,再进行离心分离,如此重复操作 2～3 次即可。

3.8　气体的发生、净化、干燥与收集

3.8.1　气体的发生

实验室中需要少量气体时,可以在实验室中制备,常用的制备方法见表3-3。

表3-3　实验室某些气体的制备方法

气体发生的方法	实验装置图	适用气体	注意事项
加热试管中的固体制备气体		氧气、氨、氮气等	①管口略向下倾斜,以免管口的水珠倒流到试管的灼烧处而使试管炸裂;②检查气密性
利用启普发生器制备气体		氢气、二氧化碳、硫化氢等	见启普发生器的使用方法
利用蒸馏烧瓶和分液漏斗的装置制备气体		一氧化碳、二氧化硫、氯气、氯化氢等	①分液漏斗应插入液面;②根据需要可微加热;③必要时可用三通玻璃管将蒸馏烧瓶支管与分液漏斗上口相连,防止烧瓶内部压力太大

续表

气体发生的方法	实验装置图	适用气体	注意事项
从钢瓶直接获得气体		氮气、氧气、氢气、氨、二氧化碳、氯气、乙炔、空气等	见气体钢瓶的使用方法

　　如果需要大量气体或经常使用气体时,可以从气体钢瓶中直接获得气体。高压钢瓶容积一般为 40～60 L,最高工作压力为 15 MPa,最低的也在 0.6 MPa以上。为了避免各种钢瓶使用时发生混淆,常将钢瓶漆上不同的颜色,注明瓶内气体名称。

表 3-4　我国高压气体钢瓶常用的标记

气体类别	瓶身颜色	标字颜色	腰带颜色
氮	黑色	黄色	棕色
氧	天蓝色	黑色	
氢	深绿色	红色	
空气	黑色	白色	
氨	黄色	黑色	
二氧化碳	黑色	黑色	
氯	草绿色	白色	
乙炔	白色	红色	绿色
其他一切非可燃气体	黑色	黄色	
其他一切可燃气体	红色	白色	

　　高压钢瓶若使用不当,会发生极危险的爆炸故障,使用者必须注意以下事项:

　　(1)钢瓶应存放在阴凉、干燥、远离热源(如阳光、炉火)的地方。盛可燃性气体的钢瓶必须与氧气钢瓶分开存放。

　　(2)绝对不可以使油或其他易燃物、有机物沾在气体钢瓶上(特别是气门嘴和减压器处)。也不得用棉、麻等物堵漏,以防燃烧引起事故。

　　(3)使用钢瓶中的气体时,要用减压器。可燃性气体钢瓶的气门是逆时针拧紧的,即螺纹是反扣的(如氢气、乙炔气)。非燃或助燃性气体钢瓶的气门是顺时针拧紧的,即螺纹是正扣的。各种气体的气压表不得混用。

(4)钢瓶内的气体绝不能全部用完,一点要保留在 0.05 MPa 以上的残留压力。可燃性气体如乙炔应剩余 0.2～0.3 MPa,H$_2$应保留 2 MPa,以防重新充气时发生危险。

在实验室中常常利用启普发生器制备氢气、二氧化碳、硫化氢等气体。启普发生器是由一个葫芦状的玻璃容器和球形漏斗组成的。葫芦状的容器底部有一个液体出口,平常用玻璃塞塞紧。球体的上部有一个气体出口,与带有玻璃旋塞的导气管相连(见图 3-33,3-34)。

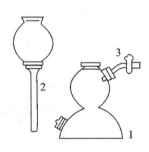

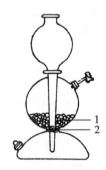

1.葫芦形容器;2.球形漏斗;3.旋塞导管

1.固体药品;2.玻璃棉(或玻璃垫圈)

图 3-33　启普发生器分布图　　　　**图 3-34　启普气体发生器装置**

移动启普发生器时,应用两手握住球体下部,切勿只握住球形漏斗,以免葫芦状容器落下而打碎。

启普发生器不能受热,装在发生器内的固体必须是颗粒较大或块状的。具体使用方法如下:

(1)装配:在球形漏斗颈和玻璃旋塞磨口涂上一薄层凡士林油,插好球形漏斗和玻璃旋塞,转动几次,使其严密。

(2)检查气密性:开启旋塞,从球形漏斗口注水至充满半球体时,关闭旋塞。继续加水,待水从漏斗管上升到漏斗球体内,停止加水。在水面处做一记号,静置片刻,如水面不下降,证明不漏气,可以使用。

(3)加试剂:在葫芦状的球体下部先放些玻璃棉或橡皮垫圈,然后由气体出口加入固体药品。玻璃棉或橡皮垫圈的作用是避免固体掉入半球体底部。加入固体的量不宜过多,以不超过中间球体容积的 1/3 为宜,否则固液反应激烈,酸液很容易被气体从导管冲出。再从球形漏斗加入适量稀酸。

(4)发生气体:使用时,打开旋塞,由于中间球体内压力降低,酸液即从底部通过狭缝进入中间球与固体接触而产生气体。停止使用时,关闭旋塞,由于中间球体内产生的气体增大压力,就会将酸液压回到球形漏斗中,使固体与酸液不再接触而停止反应。下次再用时,只要打开旋塞即可,使用非常方便。还可通过调节旋塞来控制气体的流速。

(5)添加或更换溶剂:发生器中的酸液长久使用会变稀。换酸液时,可先用塞子将球形漏斗上口塞紧,然后把液体出口的塞子拔下,让废酸慢慢流出后,将葫芦状容器洗净,再塞紧塞子,向球形漏斗中加入酸液。需要更换或添加固体时,可先把导气管旋塞关好,让酸液压入半球体后,用塞子将球形漏斗上口塞紧,再把装有玻璃旋塞的橡皮塞取下,更换或添加固体。

实验结束后,将废酸倒入废液缸内或回收,剩余固体倒出洗净回收。仪器洗涤后,在球形漏斗与球形容器相连处以及液体出口和玻璃塞之间夹一纸条,避免时间过久,磨口黏结在一起而拔不出来。

3.8.2 气体的净化、干燥

实验室制备的气体常常带有酸雾和水汽。为了得到比较纯净的气体,酸雾可用水或玻璃棉除去;水汽可用浓硫酸、无水氯化钙或硅胶吸收。通常使用洗气瓶、干燥塔、U形管、干燥管等仪器(分别见图 3-35,36,37,38)进行净化或干燥。液体(如水、浓硫酸等)装在洗气瓶内,无水氯化钙和硅胶装在干燥塔或 U 形管内,玻璃棉装在 U 形管或干燥管内。

用锌粒与酸作用制备氢气时,由于制备氢气的锌粒中含有硫、砷等杂质,所以在气体发生过程中常夹杂有硫化氢、砷化氢等气体。硫化氢、砷化氢和酸雾可通过高锰酸钾溶液、醋酸铅溶液除去,再通过装有无水氯化钙的干燥管进行干燥。其化学反应方程式为:

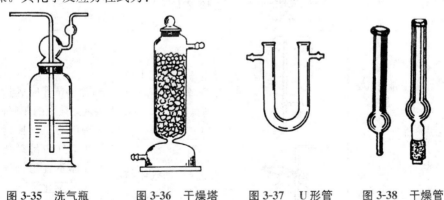

图 3-35　洗气瓶　　　图 3-36　干燥塔　　　图 3-37　U 形管　　　图 3-38　干燥管

$$H_2S+Pb(Ac)_2 = PbS(s)+2HAc$$
$$AsH_3+2KMnO_4 = K_2HAsO_4+Mn_2O_3+H_2O$$

不同性质的气体应根据具体情况,分别采用不同的洗涤液和干燥剂进行处理,列于表 3-5。

表 3-5　常用的气体干燥剂

气体	干燥剂	气体	干燥剂
H_2	$CaCl_2$,P_2O_5,H_2SO_4(浓)	H_2S	$CaCl_2$
O_2	同上	NH_3	CaO 或 CaO 与 KOH 混合物
Cl_2	$CaCl_2$	NO	$Ca(NO_3)_2$
N_2	$CaCl_2$,P_2O_5,H_2SO_4(浓)	HCl	$CaCl_2$
O_3	$CaCl_2$	HBr	$CaBr_2$
CO	$CaCl_2$,P_2O_5,H_2SO_4(浓)	HI	CaI_2
CO_2	同上	SO_2	$CaCl_2$,P_2O_5,H_2SO_4(浓)

3.8.3　气体的收集

气体的收集方法见表 3-6。

表 3-6　气体的收集方法

收集方法		实验装置	适用气体	注意事项
排水集气法			难溶于水的气体,如氢气、氧气、一氧化氮、一氧化碳、甲烷、乙烯、乙炔等	①集气瓶装满水,不应有气泡;②停止收集时,应先拔出导管(或移走水槽)后,才能移开灯具
排气集气法	向下排空气法	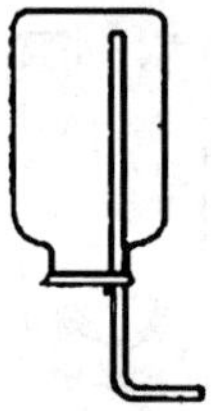	比空气轻的气体,如氨等	①集气导管应尽量接近集气瓶的瓶底;②密度与空气接近或在空气中易氧化的气体不宜用排气法,如一氧化氮等
	向上排空气法	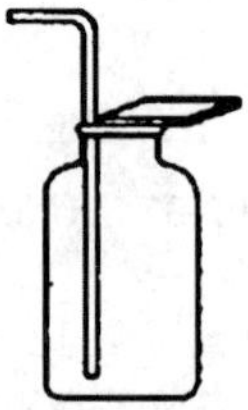	比空气重的气体,如氯化氢、氯气、二氧化碳、二氧化硫等	

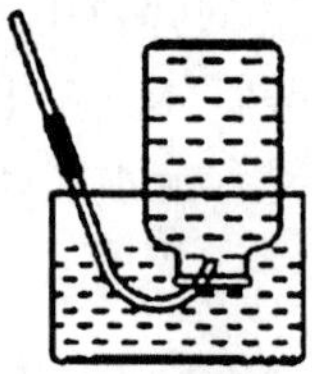

3.8.4 实验装置气密性的检查

可按 3-39 所示方法检查装置是否漏气,可把导管的一端浸入水中,用手掌紧贴烧瓶或试管的外壁。如果装置不漏气,则由于烧瓶里的空气受热膨胀,导管口就有气泡冒出。把手移开,过一会烧瓶或试管冷却,水就会沿管上升,形成一段水柱。若此法现象不明显,可改用热水浸湿的毛巾温热烧瓶或试管的外壁,试验装置是否漏气。

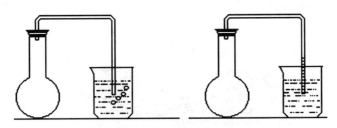

图 3-39 检查装置的气密性

附表:

可燃性气体的燃点和混合气体的爆炸范围(在 101.325 kPa 下)

气体(蒸气)	燃点/℃	混合物中爆炸限度(气体的体积分数%)	
		与空气混合	与氧气混合
一氧化碳(CO)	650	12.5~75	13~96
氢气(H$_2$)	585	4.1~75	4.5~9.5
硫化氢(H$_2$S)	260	4.3~45.4	
氨(NH$_3$)	650	15.7~27.4	14.8~79
甲烷(CH$_4$)	537	5.0~15	5~60
乙醇(CH$_3$CH$_2$OH)	558	4.0~18	

3.9 分析天平的使用

物质的称量是基础化学实验最基本的操作之一。合理的使用称量仪器、正确的称量物质是实验取得成功的有利保证。对于称量精度要求不高的情况,可选用台秤和低精度的电子天平,对于分析实验等要求高精度称量的情况,需使用电光分析天平或电子分析天平。现分别讲述以下几种称量仪器的使用方法。

3.9.1 台秤

台秤(又叫托盘天平)常用于一般称量。是实验室常备仪器之一。它用于粗略的称量,能迅速地称量物体的质量,但精确度不高,能准称至 0.1 g。

1.台秤的构造

台秤的构造如图 3-40 所示。台秤的横梁架在台秤座上。横梁的左右有两个托盘。在横梁中部的上方有指针与刻度盘相对,根据指针在刻度盘左右摆动的情况,可以判断台秤是否处于平衡状态。

1.横梁;2.托盘;3.指针;4.刻度盘;5.游码标尺;6.游码;7.平衡调节螺丝

图 3-40　台秤结构示意图

2.台秤的使用

(1)检查:两托盘要洁净;游码放在最左端;指针在刻度盘中间;台秤处于备用状态。

(2)调零:如果指针不是停在刻度盘的中间位置或指针在刻度盘的中间左右摆动不相等,则需调整平衡调节螺丝,使其处于零点;若指针在刻度盘的中间左右摆动大致相等时,则可认为台秤处于平衡状态。

(3)称量:称量时,左盘放称量物,右盘放砝码,10 g 或 5 g 以下质量的砝码,可移动游码添加;当游码移到某一位置时,台秤的指针停在刻度盘的零点,开始读数。

$$m_{质量}=m_{砝码}+m_{游码}$$

或当游码移动到某一位置时,指针在零点左右摆动的幅度大致相等时,也可读数。这样可以节省称量时间。

3.注意事项

(1)不能称量热的物品。

(2)化学药品不能直接放在托盘上,应根据情况放在光洁的纸上、干净的烧杯、表面皿或其他容器中。

（3）称量完毕，砝码放入盒中，游码归位，并将托盘并入一侧，或用橡皮圈将托盘架起，以免天平摆动。

（4）保持台秤整洁。

3.9.2　电子分析天平

电子天平是最新一代的天平，它利用电子装置完成电磁力补偿的调节，使物体在重力场中实现力的平衡，或通过电磁力矩的调节，使物体在重力场中实现力矩的平衡。电子天平由于称量方便、迅速、读数稳定，已经逐渐进入化学实验室为教学和科研所用。电子天平的最基本功能是：自动调零，自动校准，自动扣除空白和自动显示称量结果。

1. 电子天平的构造（以梅特勒 AL204 型电子天平为例）

该电子天平的外形构造图见图 3-41。其最大载荷为 210 g，读数精度为 0.1 mg。

2. 梅特勒 AL204 型电子天平的使用方法

（1）水平调节：调整水平调节脚，使水平仪内气泡位于水平仪中心（圆环中央）。

（2）开机：接通电源，按"on/off"键，当显示器显示"0.000 0 g"时，电子秤量系统自检过程结束。

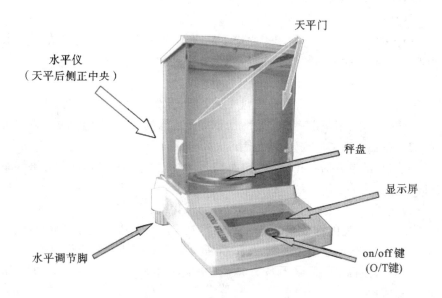

图 3-41　梅特勒 AL204 型电子天平的外形构造图

(3)称量:将称量物放入盘中央,并关闭天平侧门,待读数稳定后,该数字即为称物体的质量。

(4)去皮称量:将空容器放在盘中央,按 O/T 键清零,即去皮。将称量物放入容器中,待读数稳定后,此时天平所示读数即为所称物体的质量。

(5)关机:称量完毕,长按"on/off"键,关闭显示器,此时天平处于待机状态,若当天不再使用,应拔下电源插头。

3.电子天平的维护

(1)天平室应避免阳光照射,保持干燥,防止腐蚀性气体的侵袭。天平应放在牢固的台上,避免震动。

(2)天平箱内应保持清洁,要放置并定期烘干吸湿用的干燥剂(变色硅胶),以保持干燥。

(3)称量物体不得超过天平的最大载重。

(4)不得在天平上称量过热、过冷或散发腐蚀性气体的物质。

(5)称量时,侧门应轻开轻关。

(6)称量的样品,必须放在适当的容器中。不得直接放在天平盘上。

(7)称量完毕,检查天平内外清洁,关好天平门,切断电源,罩上天平罩。在天平使用登记本上填写使用情况。

(8)称量的数据应及时写在记录本上,不得记在纸片或其他地方。

4.称量方法

(1)指定质量称量法:适用于称量不易吸潮,在空气中能稳定存在的粉末状或小颗粒样品。称量步骤如下:

①开机:显示器显示"0.000 0 g"称量模式。

②天平清零:将接受容器放入盘中央,待读数稳定,按"O/T"键去皮。

③样品称量:用角匙将试样缓缓加到接受容器的中央,直到天平读数与所需样品的质量要求基本一致(误差范围≤0.2 mg)。

④读数,记录数据:关闭天平侧门,待显示数值稳定后读数,即为称得样品的实际质量。

(2)差减称量法:适用于称量易吸水、易氧化或易与 CO_2 反应的物质。

先在一个干燥的称量瓶中装一些试样,在电子分析天平上准确称量,设称得的质量为 m_1。然后取出称量瓶,从称量瓶中倾倒出一部分试样于容器内,然后再准确称量,设称得的质量为 m_2。前后两次称量的质量之差 m_1-m_2,即为所取出的试样质量。

用差减法称量时应注意:取放称量瓶用叠好的纸条夹持,拿称量瓶盖时用纸片裹住盖柄。如图 3-42 所示,从称量瓶向外倾倒试样时,将称量瓶拿到接受容器上方,称量瓶口向下倾斜,用盖子轻轻敲击瓶口上方,使试样轻轻倾出。当估计倾出的试样已接近所要求的质量时,慢慢将称量瓶竖起,并用盖轻轻敲瓶口,使黏附在瓶口上部的试样落入称量瓶或容器内,盖好瓶盖,将称量瓶放回天平再次称量。

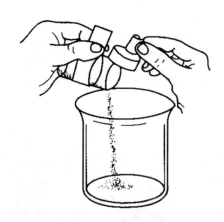

图 3-42　倾倒样品的正确操作方法

5.注意事项

(1)天平长时间断电之后再使用时,接通电源后至少需预热 30 min。

(2)工作天平必须处于完好待用状态。不称量过冷过热物体,被称量物的温度应与天平箱内的温度一致。试样应盛放在洁净器皿内,必要时加盖。取放被称物时用纸条,不得徒手操作,要始终保持称量容器内外均是干净的,以免污染秤盘。

(3)同一实验中,所有的称量应使用同一台天平,称量的原始数据必须随时记录在报告本上。称量完毕,一定要检查天平是否一切复原(即称量前天平的完好状态,将天平罩罩好),是否清洁。并在登记本上记录使用情况。

(4)要保证天平室的整洁与安静,不必要的东西不得带入天平室。

3.9.3　电光分析天平

1.原理

根据电光分析天平的构造,可分为半自动电光分析天平、全自动电光分析天平、单盘电光分析天平等。它们的结构虽然不同,但都是根据杠杆原理设计而制成的,是用已知质量的砝码来衡量被称物体的质量。

2.构造(以半自动电光分析天平为例)

半自动电光分析天平的构造如图 3-43 所示。

（1）天平梁：通常称横梁，是天平的主要部件，在梁的中下方装有细长而垂直的指针，梁的中间和等距离的两端分别装有三个玛瑙三棱体，中间三棱体刀口向下，用来支承天平横梁，称支点刀。两端三棱体刀口向上，称为承重刀。三个刀口的棱边完全平行且位于同一水平面上。梁的两边装有两个平衡调节螺丝，用来调整梁的平衡位置（也即调节零点）。

（2）吊耳和秤盘：两个承重刀上各挂一吊耳，吊耳钩上挂着秤盘，在秤盘和吊耳之间装有空气阻尼器。空气阻尼器的内筒比外筒略小，两圆筒间有均匀的空隙，内筒能自由地上下移动。当天平启动时，利用筒内空气的阻力产生阻尼作用，使天平很快达到平衡。

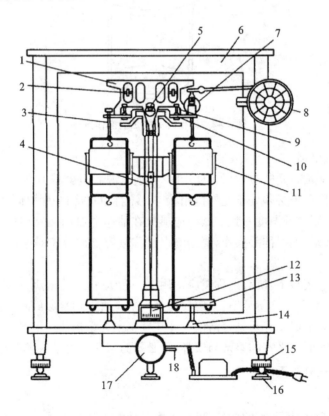

1.横梁；2.平衡螺丝；3.吊耳；4.指针；5.支点刀；6.框罩；7.圈码；8.圈码指示盘；9.支柱；10.托梁架；11.空气阻尼器；12.光屏；13.秤盘；14.盘托；15.螺旋足；16.垫足；17.升降旋钮；18.调零杆

图3-43　半自动电光分析天平结构示意图

（3）开关旋钮（升降枢）和盘托：升降枢用来启动和关闭天平。启动时，顺时针旋转开关旋钮(注意一定要旋转到底),电源即接通,与升降枢连接的盘托下降,天平梁放下,刀口与刀承相承接,天平处于工作状态。关闭时,逆时针旋转开关旋钮,盘托即升起,天平梁被托起,刀口与刀承脱离,电源切断,天平处于关闭状态。

盘托:安装在秤盘下方的底板上,受开关旋钮控制。关闭时,盘托支持着秤盘,防止秤盘摆动,可保护刀口。

(4)机械加码装置:通过转动指数盘加减环形码(亦称圈码)。环码分别挂在码钩上。称量时,转动指数盘旋钮将环码加到承受架上。环码的质量可以直接在指数盘上读出。指数盘转动时可使右盘增加 $10 \sim 990$ mg 环码的质量,内层由 $10 \sim 90$ mg 组合,外层由 $100 \sim 900$ mg 组合。大于 1 g 的砝码则要从与天平配套的砝码盒中取用(用镊子夹取)。由于数值相同的砝码间的质量仍有微小的差别,因此通常在数值相同的砝码上打有标记以示区别。砝码按一定次序在盒中排列,一般是采用 5,2,2′,1(也有 5,2,1,1′,1)的组合排列,即 50 g,20 g,20′ g,10 g,5 g,2g,2′g,1 g 等。

(5)光学读数装置:固定在支柱的前方。称量时,固定在天平指针上微分刻度标尺的平衡位置,可以通过光学系统放大投影到光屏上。从投影屏上可直接读出 $0.1 \sim 10$ mg 范围的数值。

(6)天平箱:能保证天平在稳定气流中称量,并能防尘、防潮。

天平箱的前门一般在清理或修理天平时使用,左右两侧的门分别供取放样品和加减砝码用。箱座下装有三个螺旋足,后面的一只足固定不动,前面的两只足上装有螺旋,可以上下调节,通过观察天平箱内的气泡水平仪,使天平调节到水平状态。

3.电光分析天平的使用方法

(1)掀开天平罩,叠放在天平箱上方。检查天平是否正常:天平是否水平;秤盘是否洁净;指数盘是否在"000"位;环码有无脱落;吊耳是否错位等。

(2)调节零点。接通电源,轻轻顺时针旋转升降枢,启动天平,待光屏上标尺停稳后,其中间的刻度线若与标尺中的"0"线重合,即为零点(天平空载时平衡点)。如不在零点,差距较小时,可调节调零杆,移动光屏的位置,调至零点。如差距较大时,则要关闭天平,调节横梁上的平衡螺丝,再开启天平,反复调节,直至零点。

(3)称量。零点调好后,关闭天平。把称量物放在左盘中央,关闭左门。打开右门,根据估计的称量物的质量,把相应质量的砝码放入右盘中央,轻轻转动升降枢组,如果指针偏左,表示砝码过重,指针偏右,则表示砝码太轻。关闭天平,调换砝码,直至称量物比砝码质量大不超过 1 g 时,再转动指数盘加减圈码,直至光屏上的刻线与标尺投影上某一个读数重合为止。所称物体的质量＝右盘砝码读数＋指数盘读数＋投影屏上的刻度。

称量完毕,关闭天平。将物体取出,砝码和镊子依次放回盒中原来位置,盖好盒盖,并使指数盘读数恢复为"0"。用软毛刷轻扫天平内部,关好天平门。切断电源,罩好天平罩,填写使用记录本。

4.半自动电光分析天平的使用规则

(1)分析天平应放在干燥、平稳、没有振动的固定台面上,防止太阳光直射。天平箱内要保持干燥、清洁。

(2)称量未知物的质量时,一般要在台秤上粗称。这样即可以加快称量速度,又可保护分析天平的刀口。称取具有腐蚀性、易挥发物体时,必须放在密闭容器内称量。

(3)不可把过冷或过热的物体放在天平盘上称量。称量前应放在天平室的干燥器内 15～30 min,使其温度与室温一致后再称量。

(4)称量物和砝码必须放在秤盘中央,避免秤盘左右摆动。取放称量物或加减砝码(包括环码)时 ,必须关闭天平,以免损坏刀口。

(5)加减砝码必须用镊子夹取,不可用手直接拿取,以免沾污砝码。砝码只能放在天平秤盘上或砝码盒内,不得随意乱放。

(6)启动开关旋钮或旋转指数盘时,动作要缓慢均匀,避免使天平剧烈摆动,以保护天平刀口不受损伤。

(7)同一实验中,所有的称量要使用同一台天平,以减少称量的系统误差。

(8)天平如遇有障碍时,应及时向指导教师报告,不可擅自修理。

3.10 pH 计(酸度计)的使用

pH 计即酸度计,是测定溶液 pH 的常用仪器。它主要是利用一对电极在不同 pH 溶液中产生不同的直流毫伏电动势。这对电极中的一支称为指示电极(通常使用玻璃电极,见图 3-44),其电极电位随着被测溶液的 pH 值而变化。另一支称为参比电极,其电极电位与被测溶液的 pH 无关,通常使用甘汞电极(见图 3-45)。酸度计把测得的电动势用 pH 值表示出来,因而从酸度计上可以直接读出溶液的 pH。

酸度计种类较多,现以 25 型酸度计和 pHS-3C 型酸度计为例,来说明其使用方法。

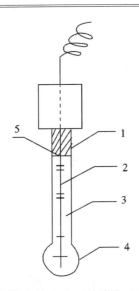

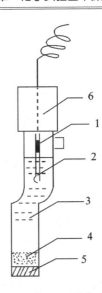

1. 玻璃管；2. 铂丝；3. 缓冲溶液；4. 玻璃膜；
5. Ag＋AgCl

1. Hg；2. Hg＋Hg_2Cl_2；3. KCl 饱和溶液；
4. KCl 晶体；5. 素瓷塞；6. 导线

图 3-44 玻璃电极

图 3-45 甘汞电极

3.10.1 25 型酸度计

1. pH 的测定

(1) 玻璃电极在使用前要提前 24 h 浸泡在去离子水或蒸馏水中。

(2) 甘汞电极接正极(＋)，玻璃电极接负极(－)。安装时先把甘汞电极上的橡皮套取下，再将甘汞电极固定在电极夹上，玻璃电极插入负极插孔，并旋紧螺丝固定好。注意把甘汞电极的位置装得低一些，以防电极下落损坏玻璃电极。

(3) 接通电源，打开电源开关，此时指示灯亮，预热 10 min。

(4) 定位(校准)：①电极用去离子水冲洗后，用滤纸吸干，插入定位用的标准缓冲溶液中(酸性溶液常用 pH＝4.00 的邻苯二甲酸氢钾标准缓冲溶液，碱性溶液用 pH＝9.18 的标准缓冲溶液)。②将测量旋钮扳至 pH 挡。③温度补偿器旋至被测溶液的温度。④量程开关置于与标准缓冲溶液相应的 pH 范围(酸性 0~7，碱性 7~14)。⑤调节零点调节器，使电表指针在 7 处(通电前表针不在 7 处，可调节表上螺丝)。⑥按下读数开关，调节定位调节器，使指针的读数与标准缓冲溶液的 pH 相同。⑦放开读数开关，指针回到 7 处。如有变动，可重复⑤和⑥的操作。定位结束后，不得再动定位调节器。

(5) 测量：①电极用去离子水冲洗后，用滤纸吸干水后插入被测溶液中。②

按下读数开关,指针所指的数值就是被测溶液的 pH 值。③在测量过程中,零点可能发生变化,应随时加以调整。④测量完毕,放开读数开关,移走溶液,冲洗电极,取下甘汞电极,冲洗擦干后套上橡皮套,放回盒中。玻璃电极可不取下,但是要浸泡在新鲜去离子水中。切断电源。

2.原电池电动势的测定

酸度计还可用来测量原电池的电动势,步骤如下:

(1)接通电源,打开电源开关,预热 10 min。

(2)把 pH-mV 旋钮置于+mV(或−mV)挡处,此时温度补偿旋钮和定位旋钮均不起作用。

(3)量程开关置于"0"处,此时电表指针应指 7 处。再将量程开关置于7~0处,指针所示范围 700~0 mV,调节零点调节器,使电表指针在"0"mV 处。

(4)将待测电池的电极接在电极接线柱上。

(5)按下读数开关,电表指针所指读数即为所测的端电压(电势差)。若指针偏转范围超过刻度时,量程开关由"7~0"扳回到"0",再扳到"7~14",指示所示范围为 700~1 400 mV。

(6)读数完毕,先将量程开关扳向"0",再放开读数开关,以免打弯指针。

(7)切断电源,拆除电极。

3.10.2 pHS-3C 型酸度型计

pHS-3C 型酸度计是一种精密数字显示的 pH 计,其测量范围宽,重复性误差小。它是实验室较常用的酸度计。使用方法如下:

1.pH 值的测量

(1)开机:将电源线插头插入仪器后面板上的电源插孔,按下电源开关,预热30 min。

(2)电极安装:取下仪器电极插口上的短路插头,插上电极。固定好复合电极,拔下电极下端的电极套并露出上面的加液孔,用蒸馏水清洗电极,再用滤纸吸干。

(3)标定:在测量未知溶液的 pH 之前,首先需要对仪器进行标定。为取得精确的测量结果,标定时所用标准缓冲溶液应保证准确可靠。该仪器使用4.00,6.86,9.18 三种标准缓冲溶液标定。

将选择旋钮调到 pH 挡,调节温度旋钮与溶液温度一致,将斜率调节旋钮顺时针旋到底,把清洗过的电极插入 pH=6.86 的标准缓冲溶液中,调节定位旋钮,使仪器显示的读数与该标准缓冲溶液的 pH 一致。用蒸馏水清洗电极,再用pH=4.00 或 9.18 的标准缓冲溶液调节斜率旋钮到 pH=4.00 或 9.18,重复上面操作直至仪器稳定为止。

注意:经标定的仪器,一般在 24 h 内不需再标定。除非遇到下列情况:

电极干燥过久;更换了新电极(此时最好关机后再开机,对仪器重新进行标定);测量过 pH<2 或 pH>12 的样品溶液之后;测量含有氟化物而酸度在 pH<7 的溶液之后和较浓的有机溶液之后。经标定的仪器定位及斜率调节旋钮不应再有变动。

(4)测量溶液的 pH:用蒸馏水清洗电极,用滤纸吸干。将电极浸入被测溶液中,轻轻摇动盛液器皿,使电极与溶液接触均匀,在显示屏上读出溶液的 pH。

2.注意事项

(1)仪器的电极插头和插口必须保持清洁干燥,不使用时应将短路插头插上,以防止灰尘及湿气浸入而降低仪器的输入阻抗,影响测定准确性。

(2)配制标准溶液必须使用二次蒸馏水或去离子水,其电导率应小于 $2\ \mu S \cdot cm^{-1}$,最好煮沸使用。

(3)要保证标准缓冲溶液的准确可靠,碱性溶液应装在聚乙烯瓶中密封盖紧。标准缓冲溶液应存放在冰箱(低温 5℃~10℃)中保存,一般可保存 2~3 个月。如发现有浑浊、发霉或沉淀等现象时,不能继续使用。

(4)标定时,尽可能用接近样品 pH 值的标准缓冲溶液,且标定溶液的温度尽可能与样品溶液的温度一致。

(5)复合电极不应长期浸泡在蒸馏水中,不用时,应将电极插入装有电极保护液(3 mol·L^{-1}KCl 溶液)的瓶内,以使电极球泡保持活性状态。

(6)保持电极内参比溶液不少于 1/2 容积。

(7)应避免电极内参比液中有气泡隔断,否则排除。

3.11　分光光度计的使用

分光光度计是利用物质对单色光的选择性吸收来测量物质含量的仪器。实验室常用的可见分光光度计有 72 型、721 型、722 型和 723 型等。这些仪器的型号和结构虽然不同,但工作原理基本相同。下面主要介绍 721 型、722 型分光光度计及 S-54 型紫外可见分光光度计的使用。

3.11.1　基本原理

当一束波长一定的单色光通过均匀的有色溶液时,光的一部分被溶液吸收,另一部分则透过溶液,溶液对光的吸收程度越大,透过溶液的光就越少。如果入射光强度用 I_0 表示,透射光强度用 I_t 表示,定义透光率 T 为:

$$T = \frac{I_t}{I_0}$$

有色溶液对光的吸收程度还可用吸光度 A 表示：

$$A = \lg(I_0/I_t) = -\lg T$$

显然，T 越小，A 越大，即溶液对光的吸收程度越大。

当一束单色光通过一定浓度范围的有色溶液时，溶液的吸光度与溶液浓度 c 及液层厚度 b 成正比。这就是朗伯-比耳(Lambert-Beer)定律：

$$A = \kappa bc$$

式中，κ 称为摩尔吸光系数，是吸光物质在一定波长和溶剂条件下的特征常数，其单位为 $L \cdot mol^{-1} \cdot cm^{-1}$。

由上式可以看出，当入射光波长和液层厚度一定时，溶液的吸光度 A 只与溶液的浓度 c 成正比。这就是分光光度法测定物质含量的理论基础。

3.11.2　721 型分光光度计

721 型分光光度计允许的测定波长范围在 $360 \sim 800$ nm，其构造比较简单，测定的灵敏度和精密度较高。因此应用比较广泛。

1. 基本结构

721 型分光光度计的外形结构和结构示意图分别见图 3-46 和图 3-47。该仪器的内部主要是由光源灯、单色光器、比色皿座、光电转换器、电源稳压器及微电计等几部分组成。

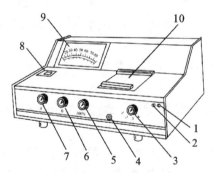

1.电源指示灯；2.电源开关；3.灵敏度选择旋钮；4.比色皿定位拉杆；5."100%"调节旋钮；6."0"调节旋钮；7.波长调节旋钮；8.波长读数盘；9.读数电表；10.比色皿暗箱盖

图 3-46　721 型分光光度计的外形构造图

从光源灯发出的连续辐射光线，射到聚光透镜上，会聚后，再经过平面镜转角 $90°$，反射至入射狭缝。由此入射到单色光器内，狭缝正好位于球面准直物镜的焦面上，当入射光经过准直物镜反射后，就以一束平行光射向棱镜。光线进入棱镜后，进行色散。色散后回来的光线，再经过准直镜反射，就会聚在光狭缝上，再经过聚光镜后进入比色皿，光线一部分被吸收，透过的光进入光电管，产生相应的光电流,经过放大后在微安表上读出。

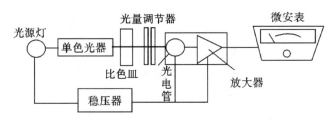

图 3-47　721 型分光光度计的基本结构示意图

2.使用方法

(1)仪器在接通电源之前,应检查微安表指针是否指透光率"0"位,不在零位可调节零点校正螺丝,使指针位于透光率"0"位。

(2)打开电源开关,指示灯亮,打开比色皿暗箱盖,预热 20 min。

(3)旋转波长调节器旋钮,选择所需的单色光波长。

(4)选择适当的灵敏度挡(以能调节透光率为 100%,挡次越小越好)。调节"0"透光率调节旋钮使电表指针指向透光率"0"位。

(5)将盛有比色溶液的比色皿放在比色皿架上,第一格放参比溶液(去离子水或其他溶剂),将挡板卡紧。

(6)盖上比色皿暗箱盖,推进比色皿拉杆,使参比溶液处于光路,旋转"100%"透光率调节旋钮,使光 100%透过(指针指在右边"100"处)。打开比色皿暗箱盖,光路自动切断,旋转"0"调节旋钮调零(使电表指针处在左边"零线"上)。

(7)重复调节"0"点和"100%",稳定后,将比色皿架拉杆拉出,测定被测溶液的吸光度。

(8)改变波长后必须重新调节。

(9)测定完毕后,取出比色皿,洗净擦干,放入盒内,切断电源,关闭仪器。

3.注意事项

(1)连续使用时间不应超过 2 h,最好是间歇半小时再使用。

(2)仪器在预热、间歇期间,要将比色皿暗箱盖打开,以防光电管受光时间过长"疲劳"。

(3)根据溶液含量的不同可以酌情选用不同厚度的比色皿,使吸光度读数处于 0.2~0.8 之内。

(4)手持比色皿时要接触"毛面",切勿触及透光面,以免透光面被玷污或磨损。擦拭比色皿的透光面要用高级镜头纸。

(5)在测定一系列溶液的吸光度时,通常都是按由稀到浓的顺序进行。使用的比色皿必须先用待测溶液润洗 2~3 次。

(6)待测液加至比色皿约 3/4 高度处为宜。比色皿外壁的液体用吸水纸吸干。

(7)清洗比色皿时,一般用蒸馏水冲洗。如比色皿被有机物玷污,可用盐酸-乙醇混合液(1∶2)浸泡片刻,再用蒸馏水冲洗。不能用碱液或强氧化性洗涤剂清洗,也不能用毛刷刷洗,以免损伤比色皿。比色皿洗干净后,倒置晾干,将其放入比色皿盒内。

(8)在搬动或移动仪器时,注意小心轻放。

3.11.3 722 型分光光度计

1.仪器的使用方法

(1)将灵敏度旋钮调至"1"挡(信号放大倍率最小)。

(2)开启电源,指示灯亮,选择开关置于"T",波长调至测试用的波长。仪器预热 20 min。

(3)打开试样室(光门自动关闭),调节透光率零点旋钮,使数字显示为 0.000。盖上试样室盖,将比色皿架处于蒸馏水校正位置,使光电管受光,调节透光率 100% 旋钮,使数字显示 100.0。如显示不到 100.0,则可适当增加微电流放大的倍数。但换挡改变灵敏度后,需重新校正"0"和"100%"。选好的灵敏度,实验过程中不要再变动。

(4)预热后,按(3)连续几次调整透光率的"0"位和"100%"的位置,待稳定后仪器可进行测定工作。

(5)吸光度的测定按(3)调整仪器的"000.0"和"100.0",将选择开关置于"A",盖上试样室盖子,将空白液置于光路中,调节吸光度调节旋钮,使数字显示为"0.000"。将盛有待测溶液的比色皿放入比色皿座架中的其他格内,盖上试样室盖,轻轻拉动试样架拉手,使待测溶液进入光路,此时数字显示值即为该待测溶液的吸光度值。读数后,打开试样室盖,切断光路。

重复上述测定操作 1~2 次,读取相应的吸光度值,取平均值。

(6)浓度的测定。选择开关由"A"旋至"C",将已标定浓度的样品放入光路,调节浓度旋钮,使得数字显示为标定值,将被测样品放入光路,此时数字显示值即为该待测溶液的浓度值。

(7)关机。实验完毕,切断电源,将比色皿取出洗净,晾干,将其放入比色皿盒内。

2.注意事项

每台仪器所配套的比色皿不可与其他仪器上的比色皿单个调换。

分光光度计类型很多,其操作步骤各有不同,因而分光光度计的操作应严格按照其使用说明书正确进行。

3.11.4　S-54 型紫外可见分光光度计

S-54 型紫外可见分光光度计能从 200～1 000 nm 波长范围内执行透射比、吸光度和浓度的直接测定及结果打印。即可手动操作,也可以与计算机连接后,运行专用软件包,可完成波长、时间扫描、打印化合物吸收曲线等功能。该仪器自动化程度较高,可自动调零、自动调 $100\%T$ 和开机后波长自动校正。具有浓度因子设定及浓度直读功能。

溶液吸光度测定操作步骤如下:

(1)开机自检与自校:开机后显示窗两侧指示灯全亮,进入自检与自校状态。当 TRANS 灯亮时,自检与自校结束,进入待机状态。

(2)设定波长:按 λ_{para} 进入 λ_{now} 灯亮,按"▲"或"▼"钮至所需波长,再按"λ_{para}"确认,显示窗改变波长至设定值。

(3)放入参比溶液:将盛有参比溶液的比色皿放入仪器比色室,拉动拉杆,使参比溶液对准光路。

(4)调 $0\%T$ 和 $100\%T$:按"$0\%T$"键,自动调节零位。按"$100\%T$",自动调整 $100\%T$。再次按"$0\%T$"键。

(5)设置吸光度标尺:如需要在吸光度、透光率、浓度直读等标尺间进行转换,请按"Mode"键后,再按相应键(透光率:TRANS;吸光度:ABS;浓度因子:FACT;浓度直读:CONC)。

(6)测量待测溶液的吸光度:拉动拉杆,使待测溶液对准光路。

(7)读数:读取纪录数据,也可以打印数据。

3.12　电导率仪的使用

电导率仪在实验室中可用于溶液总电导率的测定,也可用于生产过程的动态跟踪,如去离子水制备过程中电导率的连续监测,还可用于电导滴定等。

3.12.1　基本原理

导体导电能力的大小,通常用电阻(R)或电导(G)表示。电导是电阻的倒数,关系式为:

$$G=\frac{1}{R}$$

电阻、电导的 SI 单位分别是欧姆(Ω)、西门子(S),显然 $1\ S=1\ \Omega^{-1}$。

导体的电阻与导体的长度 l 成正比,与面积 A 成反比:

$$R = \rho \frac{l}{A}$$

式中，ρ 为电阻率，表示长度为 1 cm，截面积为 1 cm^2 时的电阻，单位为 $\Omega \cdot$ cm。

和金属导体一样，电解质水溶液体系也符合欧姆定律。当温度一定时，两极间溶液的电阻与两极间距离 l 成正比，与电极面积 A 成反比。对于电解质水溶液体系，常用电导和电导率来表示其导电能力。

$$G = \frac{1}{\rho} \cdot \frac{A}{l},$$

令

$$\frac{1}{\rho} = \kappa$$

则

$$G = \kappa \cdot \frac{A}{l}$$

式中，κ 是电阻率的倒数，称为电导率。它表示在相距 1 cm、面积为 1 cm^2 的两极之间溶液的电导，其单位为 S $\cdot$ cm^{-1}。

在电导池中，电极距离和面积是一定的，所以对某一电极来说，是常数，$\frac{l}{A}$ 常称其为电极常数或电导池常数。

令

$$K = \frac{l}{A}$$

则

$$G = \kappa \frac{1}{K}$$

即

$$\kappa = K \cdot G$$

不同的电极，其电极常数 K 不同，因此测出同一溶液的电导 G 也就不同。通过上式换算成电导率 κ，由于 κ 的值与电极本身无关，因此用电导率可以比较溶液电导的大小。而电解质水溶液导电能力的大小正比于溶液中电解质的含量。通过对电解质水溶液电导率的测定可以测定水溶液中电解质的含量。

3.12.2 DDS-11A 型电导率仪

DDS-11A 型电导率仪是常用的电导率测量仪器。它除能测量一般液体的电导率外，还能测量高纯水的电导率，被广泛用于水质检测、水中含盐量、大气中 SO$_2$ 含量等的测定和电导滴定等方面。国产 DDS-11A 型电导率仪的外观结构如图 3-48 所示，该仪器具有测量范围广（从 0~00 S $\cdot$ m^{-1}，共分 12 挡）、快速直读和操作简单等特点。具体使用方法如下：

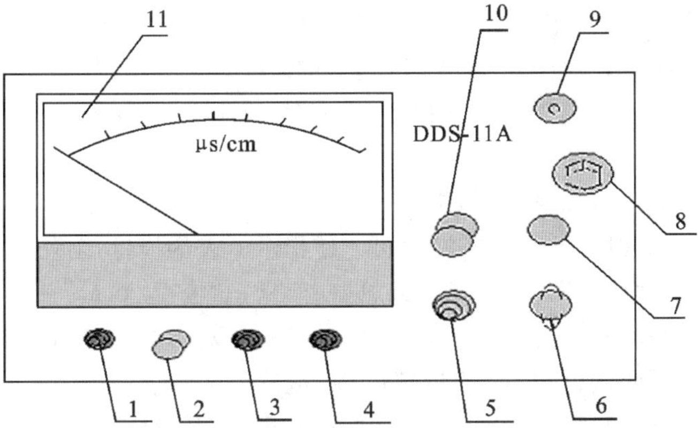

1.电源开关；2.电源指示灯；3.高低周开关；4.校正测量开关；5.校正调节；6.量程选择开关；7.电容补偿；8.电极插口；9.10 mV 输出；10.电极常数调节；11.读数表头

图 3-48   DDS-11A 型电导率仪

(1)按电导率仪使用说明书的规定选用电极,浸入盛有待测溶液的烧杯中数分钟。若被测液体的电导率很低($<10^{-3}$ S·m^{-1}),如去离子水或极稀的溶液,选用 DJS-1 型光亮电极,并把电极常数补偿调节到配套电极的常数值上,如电极常数为 0.95,则将电极常数补偿调节到 0.95 的常数值上。若被测液体的电导率在 10^{-3}~1 S·m^{-1} 之间,宜选用 DJS-1 型铂黑电极,并把电极常数补偿调节到配套电极的常数值上;若被测液体的电导率很高(>1 S·m^{-1}),以致用 DJS-1 型铂黑电极测不出来,则选用 DJS-10 型铂黑电极,这时应将电极常数补偿调节到配套电极的常数值的 1/10 位置,测量时,测得的读数乘以 10,即为被测溶液的电导率。

(2)在打开电源开关前,观察表头指针是否指零。若不指零,否则可调整表头螺丝。

(3)将"校正/测量"开关扳在"校正"位置。

(4)打开电源开关,预热 5 min,调节"调正"旋钮使指针满刻度指示。

(5)将"高周/低周"开关扳向低周位置。

(6)"量程"扳到最大挡,"校正/测量"开关扳到"测量"位置,选择量程由大至小,至可读出数值。

(7)将电极夹夹紧电极胶木帽,固定在电极杆上。选取电极后,调节与之对应的电极常数。

(8)将电极插头插入电极插口内,紧固螺丝,将电极插入待测液中。

(9)再调节"调正"调节器旋钮使指针满刻度,然后将"校正/测量"开关扳至

"测量"位置。读取表针指示数,再乘上量程选择开关所指的倍率,即为被测溶液的实际电导率。将"校正、/测量"开关再扳回"校正"位置,看指针是否满刻度。再扳回"测量"位置,重复测定一次,取其平均值。

(10)将"校正/测量"开关扳回"校正"位置,取出电极,用蒸馏水冲洗后,放回盒中。

(11)最后关闭电源,拔下插头。

为了保证读数精确,测量时应尽可能使指示电表的指针接近于满刻度;在使用过程中要检查"校正"是否调整准确,即应经常把"校正/测量"开关扳向"校正"位置,检查指示电表指针是否仍为满刻度。尤其是对高电导率溶液进行测量时,每次应在校正后读数,以提高测量精度;测量溶液的容器应洁净,外表勿受潮。当测量电阻很高(即电导很低)的溶液时,需选用由溶解度极小的中性玻璃、石英或塑料制成的容器。

3.12.3　DDSJ-308A 型电导率仪

DDSJ-308A 型电导率仪是一台智能型的实验室常规分析仪器,其外形见图 3-49。它适用于实验室中精确测量水溶液的电导率及温度、总溶解固态量(TDS)及温度,也可用于测量纯水的纯度与温度,以及海水淡化处理中的含盐量的测定。

1. 测量范围

DDSJ-308A 型电导率的测量范围

图 3-49　DDSJ-308A 型电导率仪

为 $(0 \sim 1.999 \times 10^5) \mu S \cdot cm^{-1}$,共分为六挡量程,六挡量程间自动切换。具体如下: $(0 \sim 1.999) \mu S \cdot cm^{-1}$, $(2.00 \sim 19.99) \mu S \cdot cm^{-1}$, $(20.0 \sim 199.9) \mu S \cdot cm^{-1}$, $(200 \sim 1999) \mu S \cdot cm^{-1}$, $(2.00 \sim 19.99) mS \cdot cm^{-1}$ 和 $(20.00 \sim 199.9) mS \cdot cm^{-1}$。测量高电导率时,一般采用大常数的电导电极,当电导率 $\geqslant 20.00$ mS $\cdot$ cm^{-1} 时,可采用电极常数为 5 或 10 的电极,当电导率 $\geqslant 100.00$ mS $\cdot cm^{-1}$ 时,必须采用电极常数为 10 的电极。

2. 仪器结构

仪器的正面、后面及键盘结构图分别见图 3-50、图 3-51 及图 3-52。

仪器面板上共有 15 个操作键,各键功能分别定义如下:

"模式"键:用于电导、TDS 及盐度测量工作状态之间的转换;"打印 1":用于打印当前的测量数据;"打印 2":用于打印贮存的测量数据;"查阅"键:用于查阅仪器所贮存的测量数据;"删除"键:用于删除贮存的测量数据;"标定"键:用于标定电极常数或 TDS 转换系数;"电极标定"键:用于设置电极常数或 TDS 转换系数;"▲▼"键:用于调节参数;"保持"键:用于锁定本次测量数据;"确认"键:用于确认仪器当前的操作数据或操作状态;"取消"键:用于从各种工作状态返回测量状态;"On/Off"键:用于仪器的开机或关机。

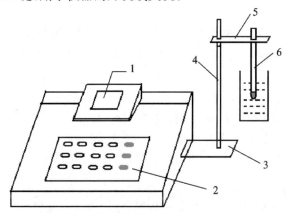

1.显示屏;2.键盘;3.电极梗座;4.电极梗;5.电极架;6.电极

图 3-50　仪器的正面图

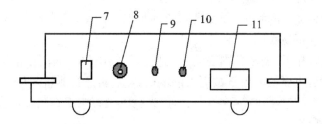

7.电极插座;8.测量电极插座;9.接地接线柱;10.温度传感器插座;11.RS-232(九针)插座

图 3-51　仪器后面板结构

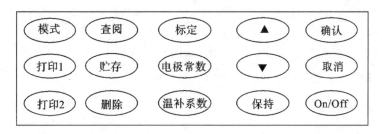

图 3-52　键盘

3.仪器的使用方法

(1)根据电导率的范围,选择常数合适的电极。

(2)将多功能电极架插入电极梗座内。

(3)将电导电极和温度传感器夹在多功能电极架上。

(4)分别将电极电导和温度传感器的插头插入测量电极插座和温度传感器插座内。

(5)用蒸馏水清洗电导电极和温度传感器,再用被测液清洗一次,然后将电导电极和温度传感器侵入被测液中,接通电源,所测的读数即为被测液的电导率。

4.仪器的维护

(1)电极的连接须可靠,防止腐蚀性气体侵入。

(2)开机前,需检查电源是否接妥。

(3)接通电源后,按"On/Off"键,若显示屏不亮,应检查电源器是否有电输出。

(4)在仪器的测量状态下,如果使用者按"取消"键,仪器将显示选择中英文,这是正常现象。使用者可根据实际情况选择中文或英文菜单。

(5)电极的不正确使用常引起仪器工作不正常。应使电极完全浸入溶液中。电极安装地点应注意,要避免安装在"死角",而要安装在水流循环良好的地方。

(6)对于高纯水的测量,须在密闭流动状态下测量,且水流方向应使水能进入开口处,流速不易太高。

(7)如仪器显示"溢出",则说明所测值已经超出仪器的测量范围,此时使用者应马上关机,应更换电极常数更大的电极,然后再进行测量。

(8)电导率超过 $1\ 000\ \mu S \cdot cm^{-1}$ 时,光亮电极不能正确测量,此时应换用铂黑电极进行测量。

第4章　基本操作与制备实验

实验1　简单玻璃工操作

【实验目的】

(1)了解酒精喷灯或煤气灯的构造,掌握正确的使用方法。

(2)学会玻璃管的截断、拉伸和弯曲操作技术。

【预习要点】

(1)预习本实验教材 3.3 加热方法中酒精喷灯或煤气灯的使用方法及注意事项。

(2)预习本实验内容中玻璃管(棒)的截断、拉伸及弯曲操作方法。

【仪器和试剂】

酒精喷灯(或煤气灯);石棉网;玻璃管;玻璃棒;三角锉刀;砂轮;火柴;尺子。

【实验内容】

1.玻璃管(棒)的截断

将玻璃管(棒)平放在桌面上,依需要的长度左手按住要切割的部位,右手用锉刀的棱边(或薄片小砂轮)在要切割的部位按一个方向(不要来回锯)用力挫出一道凹痕。挫出的凹痕应与玻璃管(棒)垂直,这样才能保证截断后的玻璃管(棒)截面是平整的。然后双手持玻璃管(棒),两拇指齐放在凹痕背面,并轻轻地由凹痕背面向外推折,同时两食指和拇指将玻璃管(棒)向两边拉,如此将玻璃管(棒)截断(见图 4-1)。

2.熔光

切割的玻璃管,其截断面的边缘很锋利,容易割破皮肤、橡皮管或塞子,所以必须放在火焰中熔烧,使之平滑,这个操作称为熔光(或圆口)。将刚切割的玻璃管的一头插入火焰中熔烧(熔烧时,角度一般与水平面呈 45°,并不断来回转动玻璃管,直至管口变成红热平滑为止)。

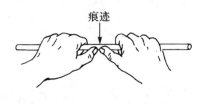

痕迹

图 4-1　玻璃管(棒)的锉割和截断

课堂练习

(1)截取 15 cm,20 cm,25 cm 的玻璃棒各一根,将棒两头熔光,留作搅拌棒。玻璃棒的直径选取 4～5 mm 为宜。

(2)截取四根玻璃管(25 cm 两根,15 cm 两根),并熔光。

3. 拉玻璃管

将玻璃管外部用干布擦净,再将玻璃管在小火上旋转预热,然后按图 4-2 握持玻璃管进行加热,同时不断地同方向转动玻璃管。当玻璃管发黄变软后,即可从火焰中取出,稍停一两秒钟,按照图 4-3 姿势,两手平稳地沿水平方向向两边拉动至所需要的细度。玻璃管拉好后两手不能马上松开,待冷却变硬后,置于石棉网上(切不可直接放在实验台上!),按需要截断。拉出来的细玻璃管应和原来的粗玻璃管在同一轴线上,不能歪斜,否则需要重新拉制。

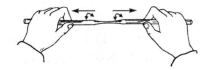

图 4-2　拉制玻璃管时的烧管　　　　　图 4-3　拉管

课堂练习

制作滴管　参考市售滴管,拉制三支滴管留用。制作时,滴管粗端管口要扩口,即将滴管粗口末端放入火焰完全烧软,然后在石棉网上垂直压一下(用力不能过大),使管口变厚略向外翻,以便套上橡皮乳头。注意熔烧滴管小口时,不能放在火焰中太久,以免管口收缩或封死。

4. 弯玻璃管

先将玻璃管在小火上旋转预热,然后双手托持玻璃管加热待弯曲的部分,同时缓慢而均匀地转动玻璃管(图 4-4),使之受热均匀。注意两手用力要均匀,转速要一致,以免玻璃管在火焰中扭曲。当玻璃管发黄变软后即从火焰中取出(不能在火焰中弯玻璃管),稍等一两秒钟,按照图 4-5 用"V"字形手法将玻璃管弯曲成所需的角度。弯好后,待其冷却变硬再把它放在石棉网上继续冷却。弯曲时用力不要过大,否则在弯的地方玻璃管要瘪陷或纠结起来。如果玻璃管要弯成较小的角度,可分几次弯,先弯成一个较大的角度,然后在第 1 次受热部位的偏左、偏右处进行再次加热和弯曲,如图 4-5 中的左右两侧直线处,直到弯成所需的角度为止。弯好的玻璃管应角度准确,里外均匀平滑,整个玻璃管处在同一平面上。

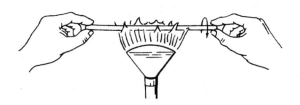

图 4-4　加热玻璃管待弯曲部分

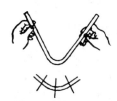

图 4-5　弯曲玻璃管的手法

课堂练习

　　将两支 25 cm 长的玻璃管分别弯曲成 120°和 60°的弯管。

【注意事项】

　　(1)使用酒精喷灯时必须注意,在开启开关、点燃管口气体前必须充分灼热灯管。若喷灯的灯管未被烧至灼热,酒精在管内就不能完全气化,会有液体酒精从管口喷出,形成"火雨",甚至引起火灾。因此,必须在点燃前保证灯管的充分预热,并在开始时可使开关开小些,待观察火焰正常或没有"火雨"之后,才可以调大。

　　(2)烧热的玻璃棒或玻璃管不能直接放在实验台上,应放在石棉网上冷却,冷却之前切勿直接用手碰触,谨防烫伤!

　　(3)截断玻璃管(棒)时,一定要小心,谨防割伤!

　　(4)熔光玻璃管时,熔烧时间不能过长或过短。加热时间过短,管口不平滑;过长,管径会变。

【思考题】

　　(1)使用酒精喷灯时应该注意哪些问题?

　　(2)截、拉、弯玻璃管时应该注意什么?

　　(3)弯玻璃管时,若玻璃管受热不均匀会出现什么情况?

实验 2　分析天平称量练习

【实验目的】

(1)学习电子分析天平称量的基本原理。

(2)掌握指定质量称量法和差减称量法的操作。

(3)培养准确、整齐、简明地记录实验原始数据的习惯。

【预习要点】

指定质量称量法和差减称量法适用的范围及操作方法。

【实验原理】

电子天平是应用现代电子控制技术进行称量的天平,是依据电磁力平衡原理直接进行称量,全量程不需要砝码,称量速度快,精度高。与机械天平相比,它用弹性簧片代替了机械天平的玛瑙刀口,用差动变压器取代了升降装置,用数字显示替代了指针刻度式显示。因此,具有性能稳定、灵敏度高、操作方便等优点。另外,电子天平还具有自动校准、自动调零、超载显示、质量电信号输出等功能。并且可连接打印机、计算机,实现称量、记录和计算的自动化。现已广泛地应用于各个领域并逐步取代机械天平。

根据不同的称量物和称量要求,可选用不同的称量方法。通常分为:加重法(直接称量法、指定质量称量法)和减重法(又称差减称量法或减量称量法)。

直接称量法适用于在空气中无吸湿的物质,如洁净干燥的器皿、无腐蚀性的金属固体试样等。

指定质量称量法用于称量指定质量的试样,如基准物质等。由于这种称量操作速度较慢,因此只适用于称量不易吸潮、在空气中性质稳定的粉末状或颗粒状样品。

差减称量法用于称量一定质量范围的样品或试剂。因为此法可减少被称物质与空气接触的机会,故适用于称量易吸水、易氧化或易与 CO_2 反应的物质。

有关分析天平的使用见本教材 3.9。

【仪器和试剂】

(1)仪器:分析天平(精度 0.1 mg);干燥器;小烧杯;称量瓶;药匙。

(2)试剂:大理石粉。

【实验内容】

1.天平使用前的准备

（1）取下天平罩，叠平后放在天平箱上方，检查天平盘是否洁净。

（2）观察天平水平仪的气泡是否位于水平仪中心。若气泡偏移，需调节水平调节脚，使天平处于水平状态。

（3）接通电源，预热 1 h 后方可开启显示器进行操作。

（4）按 ON 键开启天平，稳定后屏幕上显示称量模式 0.000 0 g。

2.用不同的称量方法进行称量

（1）直接称量法。用纸条套一干燥的小烧杯放在天平托盘上，将天平门关闭，待天平稳定后，准确记录烧杯的质量。

（2）指定质量称量法（也称固定质量称量法）。在天平盘上放一干燥洁净的小烧杯，按 TAR 键去皮，用药匙向烧杯中加入大理石粉，直至屏幕显示 0.500 0 g。要求误差范围≤0.2 mg。记录称量数据，如此练习称量 2～3 次。

（3）差减称量法。从干燥器中取出称量瓶（不能让手触及瓶和瓶盖），用纸条套住称量瓶，用药匙向称量瓶中加入一定量的大理石粉，盖好瓶盖，将称量瓶放在天平盘上，称量其准确质量，记作 m_1。然后取出称量瓶，在烧杯上方，倾斜称量瓶，用盖轻轻敲打瓶口上方，慢慢倾倒出部分大理石粉于烧杯中。当倾出的试样接近所需量时，一边继续用瓶盖轻敲瓶口，一边逐渐将瓶身竖起，使黏附在瓶口处的试样落下，然后盖好瓶盖，将称量瓶再放回天平盘中央，称其质量，直至倾出大理石粉的质量在 0.3～0.4 g 之间，将称量瓶和大理石粉的质量记作 m_2，则 m_1-m_2 为所称大理石粉的质量。按照同样的方法，练习称量 2 次，分别记录实验数据。

图 4-6　称量瓶拿法示意图　　　图 4-7　从称量瓶中倾倒试样示意图

称量结束后，关闭天平门，切断电源，盖好天平罩，填写仪器使用记录本。

3.实验数据记录和计算

将实验数据参照表 4-1 的格式记录并计算实验结果。

表 4-1　差减称量法实验数据记录和计算

称量编号 记录项目	I	II	III
称量瓶及样品质量/g	m_1	m_2	m_3
倾出部分样品后称量瓶的质量/g	m_2	m_3	m_4
倾出样品质量/g	m_1-m_2	m_2-m_3	m_3-m_4

【操作要点】

(1)称量过程中不要随便改变天平位置,否则需重新调节水平状态。

(2)读数时要关闭天平门,并等天平读数稳定后再记录数据。

(3)称量时应避免把样品撒落到天平内,实验完毕应用软毛刷清洁天平内部。

【注意事项】

(1)电子天平是精密仪器,取放物品时都要轻拿轻放,使用过程中要仔细、认真,严格遵守天平使用规则,要求做到快速完成称量而不损坏天平。

(2)取放称量瓶都应用纸条套住,倾倒样品时用纸片捏住瓶盖敲击瓶口。

(3)用电子天平称出的质量应保留至小数点之后四位。

(4)用去皮称量时,完全称量好一份样品后方可再按下去皮键。

(5)准确称量开始后,称量瓶只能放在天平托盘上,或用纸条套住拿在手中,不能再放到实验台或其他地方。

【思考题】

(1)分析天平称量的方法有哪几种? 指定质量称量法和差减称量法各有何优缺点? 各在什么情况下选用这两种方法?

(2)使用称量瓶时,如何操作才能保证试样不致损失?

实验3　滴定分析基本操作练习

【实验目的】

(1)学会酸式、碱式滴定管及移液管的正确操作和读数方法。

(2)初步掌握甲基橙、酚酞指示剂的使用和终点的确定。

(3)学习有效数字、精密度和准确度的概念。

【预习要点】

(1)酸式、碱式滴定管的构造、用途、滴定操作、读数等。

(2)移液管的规范操作。

(3)酸碱滴定中指示剂的选择原则及终点的判断。

【实验原理】

　　0.1 mol・L^{-1} HCl 溶液和 0.1 mol・L^{-1} NaOH 溶液相互滴定时，化学计量点时的 pH 为 7.0，滴定的 pH 突跃范围为 4.3～9.7。为保证测定的准确度，一般选用在突跃范围内变色的指示剂。例如甲基橙(pH 变色范围为 3.1～4.4)，酚酞(pH 变色范围为 8.0～9.6)等。

　　在指示剂不变的情况下，一定浓度的 HCl 溶液和 NaOH 溶液相互滴定时，所消耗的体积比值 V_{HCl}/V_{NaOH} 应该是一定的。即使改变被滴定溶液的体积，此比值也应该是基本不变的。由此，可以检验滴定操作技术和判断终点的能力。

【仪器和试剂】

　　(1)仪器:酸式滴定管(50 mL)；碱式滴定管(50 mL)；移液管(25 mL)；锥形瓶(250 mL)等。

　　(2)试剂:NaOH(s)；HCl 溶液(6 mol・L^{-1})；甲基橙指示剂(1 g・L^{-1}水溶液)；酚酞指示剂(2 g・L^{-1}乙醇溶液)。

【实验内容】

　　1.溶液配制

　　(1)0.1 mol・L^{-1} HCl 溶液的配制:用量筒量取 8.3 mL 6 mol・L^{-1} HCl 溶液于烧杯中，加水稀释至 500 mL，将溶液转移到试剂瓶中。

　　(2)0.1 mol・L^{-1} NaOH 溶液的配制:在台秤上称取 2 g NaOH 固体于 500 mL 烧杯中，立即加入少量蒸馏水，搅拌使其完全溶解后，加水稀释至 500 mL，将溶液转移到带橡皮塞的试剂瓶中。

　　2.酸碱溶液的互滴练习

　　(1)用 NaOH 溶液润洗已洁净的碱式滴定管 2～3 次，每次用量为 5～10 mL。然后将 NaOH 溶液装入滴定管中，排出滴定管下端气泡，调节溶液的弯月面至 0.00 刻度，置于滴定管架上。

　　(2)用 HCl 溶液润洗已洁净的酸式滴定管 2～3 次，每次用量为 5～10 mL。然后将 HCl 溶液装入滴定管中，排出滴定管尖端气泡，调节溶液的弯月面至 0.00 刻度，置于滴定管架上。

　　(3)酸滴碱的练习:在锥形瓶中加入约 20 mL NaOH 溶液，加入甲基橙指示剂 2 滴，用酸管中的 HCl 溶液以每秒 3～4 滴的速度滴定，至溶液颜色由黄色突变为橙色。然后从碱式滴定管中逐滴加入 NaOH 溶液，此时，溶液又变为黄色，再用 HCl 溶液滴定,直到当加入 1 滴或半滴 HCl 溶液后,溶液颜色由黄色突变为橙色为止。如此反复操作,直至能够熟练控制近终点的滴定速度及终点的判断。

同样操作,再练习以 NaOH 溶液滴定 HCl 溶液,改加 2~3 滴酚酞指示剂,滴定至溶液由无色变为微红色,并保持 30 s 内不褪色。

3. 酸碱溶液的相互滴定

(1)0.1 mol·L^{-1} HCl 溶液滴定 0.1 mol·L^{-1} NaOH 溶液:将 HCl 溶液注入酸式滴定管中,排气泡后,调节溶液的弯月面至 0.00 刻度。

用 NaOH 溶液润洗已洁净的移液管 2~3 次后,准确移取 25.00 mL NaOH 溶液于锥形瓶中,加入甲基橙指示剂 1~2 滴,用 HCl 溶液以每秒 3~4 滴的速度滴定。近终点时,用少量蒸馏水吹洗锥形瓶内壁,然后以逐滴甚至半滴滴入的速度,至溶液由黄色突变为橙色为止。记录滴定管内溶液的体积,至小数点后两位,如此平行滴定三份,计算其体积比 V_{HCl}/V_{NaOH}。要求相对偏差在 ±0.3% 以内,数据记录于表格中。

(2)0.1 mol·L^{-1} NaOH 溶液滴定 0.1 mol·L^{-1} HCl 溶液:将 NaOH 溶液注入碱式滴定管中,排气泡后,调节溶液的弯月面至 0.00 刻度。

用 HCl 溶液润洗已洁净的移液管 2~3 次后,准确移取 25.00 mL HCl 溶液于锥形瓶中,加入酚酞指示剂 2~3 滴,用 NaOH 溶液滴定至溶液呈微红色,并且保持 30 s 不褪色,即为终点。记录所用 NaOH 溶液体积,如此平行滴定三份,要求三份所用 NaOH 溶液体积的最大差值不得超过 0.04 mL。数据按下列表格记录。

4. 数据记录和处理

(1)0.1 mol·L^{-1} HCl 溶液滴定 0.1 mol·L^{-1} NaOH 溶液(指示剂:甲基橙):

滴定编号 / 记录项目	I	II	III
移取 NaOH 溶液的体积 V_{NaOH}/mL			
消耗 HCl 溶液的体积 V_{HCl}/mL			
V_{HCl}/V_{NaOH}			
平均值 V_{HCl}/V_{NaOH}			
相对偏差/%			
平均相对偏差/%			

（2）0.1 mol·L^{-1} NaOH 溶液滴定 0.1 mol·L^{-1} HCl 溶液（指示剂:酚酞）:

记录项目　　　　　　滴定编号	Ⅰ	Ⅱ	Ⅲ
移取 HCl 溶液的体积 V_{HCl}/mL			
消耗 NaOH 溶液的体积 V_{NaOH}/mL			
平均值 V_{NaOH}/mL			
3 次间 V_{NaOH} 最大绝对差值/mL			

【操作要点】

（1）为减少浓 HCl 挥发带给实验室环境质量的影响,提供 6 mol·L^{-1} HCl 溶液让学生配制 0.1 mol·L^{-1} HCl 溶液。若用浓 HCl 配制,则需在通风橱中操作。

（2）固体 NaOH 极易吸收空气中的 CO_2 和水分,故称量时必须迅速。由于吸收 CO_2 而产生的少量 Na_2CO_3,会给滴定结果带来误差。因此在要求严格的情况下,需配制不含 CO_3^{2-} 离子的 NaOH 溶液,这时可选用下列方法之一进行配制。

1）浓碱法:将 NaOH 配成 50% 的浓溶液,在浓碱液中 Na_2CO_3 的溶解度很小,待溶液澄清后,吸取适量上层清液,转入带橡皮塞的试剂瓶中,用不含 CO_2 的蒸馏水稀释至所需的浓度。

2）蒸馏水漂洗法:在台秤上称取比计算值稍多的固体 NaOH 于烧杯中,迅速用不含 CO_2 的蒸馏水洗去表面上的 Na_2CO_3,弃去洗涤液,重复 2~3 次,将留下的 NaOH 用蒸馏水溶解后,加水稀释至所需的体积。

另外,还有 $BaCl_2$ 沉降法和阴离子交换树脂法等。

【注意事项】

NaOH 溶液腐蚀玻璃,因此,浓碱溶液储存在聚乙烯塑料瓶中较好。

【思考题】

（1）配制 NaOH 溶液时,是否需要选择精度高的分析天平准确称量? 为什么?

（2）配制 0.1 mol·L^{-1} HCl 溶液 250 mL,是否需要用容量瓶配制? 为什么?

（3）在滴定分析中,为什么滴定管和移液管均需要用操作溶液润洗? 滴定用的锥形瓶是否也要用滴定剂润洗或烘干？为什么？

实验 4　粗食盐的提纯

【实验目的】

(1)认识无机化学实验常用仪器,学会烧杯、量筒、试管等玻璃器皿的洗涤及使用方法。

(2)掌握提纯粗食盐的原理和方法。

(3)学习溶解、加热、沉淀、过滤、蒸发浓缩、结晶和干燥等基本操作。

(4)学习 SO_4^{2-} ,Ca^{2+} ,Mg^{2+} 的定性鉴定方法。

【预习要求】

(1)预习"化学实验基本操作"中关于溶解、蒸发、结晶和固液分离的内容。

(2)复习有关碱土金属化合物性质及离子反应等内容。

【实验原理】

粗食盐中含有不溶性杂质(如尘、砂等)和可溶性杂质(主要是 Ca^{2+} ,Mg^{2+} ,K^+ ,SO_4^{2-})。不溶性杂质可经过滤除去,可溶性杂质 SO_4^{2-} ,Mg^{2+} ,Ca^{2+} 可通过加入适当的沉淀剂使它们除去。

首先在食盐溶液中加入稍过量的 $BaCl_2$ 溶液除去 SO_4^{2-}

$$Ba^{2+} + SO_4^{2-} = BaSO_4(s)(白)$$

再在过滤后的溶液中加入饱和 Na_2CO_3 溶液,除去 Mg^{2+} ,Ca^{2+} 及过量的 Ba^{2+} :

$$2Mg^{2+} + 2OH^- + CO_3^{2-} = Mg_2(OH)_2CO_3(s)(白)$$

$$Ca^{2+} + CO_3^{2-} = CaCO_3(s)(白)$$

$$Ba^{2+} + CO_3^{2-} = BaCO_3(s)(白)$$

滤液中过量的 Na_2CO_3 可加入 HCl 中和。

含量很少的可溶性杂质 KCl,由于其溶解度比 NaCl 大,在蒸发、浓缩和结晶过程中,NaCl 结晶出来,而 KCl 仍留在母液中。

【仪器和试剂】

(1)仪器:台秤;烧杯;量筒;长颈漏斗;漏斗架;循环水泵;吸滤瓶;布氏漏斗;石棉网;电炉或酒精灯;蒸发皿。

(2)试剂:$BaCl_2(1\ mol \cdot L^{-1})$;Na_2CO_3 饱和溶液;NaOH 溶液 $2\ mol \cdot L^{-1}$;HCl 溶液$(6\ mol \cdot L^{-1})$;HAc 溶液$(2\ mol \cdot L^{-1})$;$(NH_4)_2C_2O_4$ 饱和溶液;镁试

剂;粗食盐;滤纸;pH 试纸。

【实验内容】

1. 粗食盐的提纯

(1)称取 8.0 g 磨碎的粗食盐,放入小烧杯中,加 30 mL 水,加热搅拌使其溶解。继续加热溶液至近于沸腾,在搅拌下滴加 1 mol·L^{-1} $BaCl_2$ 溶液至沉淀完全(约 2 mL)。为了检验沉淀是否完全,可将烧杯从石棉网上取下,待沉淀沉降后,在上层清液中加入 1~2 滴 $BaCl_2$ 溶液,观察清液中是否有混浊现象。如无混浊现象,说明 SO_4^{2-} 已沉淀完全,如有混浊现象则需继续滴加 $BaCl_2$ 溶液,直至上层清液在加入一滴 $BaCl_2$ 后不再产生混浊为止。沉淀完全后继续加热 5 min。常压过滤,弃去沉淀。

(2)搅拌下在上述滤液中滴加饱和 Na_2CO_3 溶液,直至不再产生沉淀为止(5~6 mL)。加热至近沸,待沉淀沉降后,于上层清液中滴加 Na_2CO_3 溶液,若不再产生混浊,常压过滤。

(3)在滤液中逐滴加入 6 mol·L^{-1} HCl,直至溶液呈微酸性为止(pH 为 3~4)。

(4)将溶液倒入蒸发皿中,加热蒸发浓缩至有大量 NaCl 析出,溶液成稀粥状时为止,切不可将溶液蒸干(应注意:溶液中有 NaCl 析出时会发生迸溅,要不停地搅拌)。

(5)冷却后,减压过滤,尽量将结晶抽干,再将 NaCl 结晶转移到蒸发皿中,用小火烘干。

(6)冷却后称量,计算产率。

2. 产品纯度检验

分别取 1 g 提纯后的 NaCl 和粗食盐,分别溶于约 5 mL 蒸馏水中,用下列方法检验并比较它们的纯度。

(1)SO_4^{2-} 检验:取上面的溶液各 1 mL,分别加入 2 滴 6 mol·L^{-1} HCl 和 2~3 滴 1 mol·L^{-1} $BaCl_2$ 溶液,观察有无白色 $BaSO_4$ 沉淀产生。

(2)Ca^{2+} 的检验:取上述溶液各 1 mL,加 2 mol·L^{-1} HAc 使呈酸性,再分别加 2~3 滴饱和$(NH_4)_2C_2O_4$ 溶液,观察有无白色 CaC_2O_4 沉淀产生。

(3)Mg^{2+} 的检验:取上述溶液各 1 mL,分别加入 4~5 滴 2 mol·L^{-1} NaOH 溶液,使溶液呈碱性(用 pH 试纸检验),再分别加入 2~3 滴镁试剂,观察现象。若溶液有天蓝色沉淀生成,则表示有镁离子存在。反之,若溶液仍为紫红色,表示无镁离子存在。

注:镁试剂(对硝基偶氮间苯二酚)在碱性条件下呈紫红色,被 $Mg(OH)_2$ 吸

附后呈天蓝色。

【思考题】

(1)在除去 SO_4^{2-} 离子时,为何加入过量的 $BaCl_2$ 溶液?为什么不用 $CaCl_2$ 除去 SO_4^{2-}?

(2)在提纯氯化钠时,为什么要先除去 SO_4^{2-} 然后再除去 Ca^{2+} 和 Mg^{2+}?先后顺序能否颠倒过来?

(3)如何检验 SO_4^{2-},Ca^{2+},Mg^{2+},Ba^{2+} 等离子是否沉淀完全?

(4)为什么在蒸发 NaCl 溶液时不能蒸干?

实验 5   硫酸亚铁铵的制备

【实验目的】

(1)了解复盐的制备方法。

(2)练习水浴加热、过滤、蒸发、结晶等基本操作。

(3)了解目视比色法检验产品中微量杂质的分析方法。

【预习要求】

(1)预习实验基本操作中的水浴加热、台秤使用,试剂取用以及蒸发浓缩、结晶和固液分离等基本操作。

(2)计算实验中需称 $(NH_4)_2SO_4$ 固体的质量。

【实验原理】

硫酸亚铁铵($(NH_4)_2SO_4 \cdot FeSO_4 \cdot 6H_2O$),又称摩尔盐,为浅蓝绿色单斜晶体,它在空气中比一般的亚铁盐稳定,不易被氧化,常用来配制亚铁离子的标准溶液。

硫酸亚铁铵可由等物质量的 $FeSO_4$ 和 $(NH_4)_2SO_4$ 反应制得,其反应如下:

$$FeSO_4 + (NH_4)_2SO_4 + 6H_2O = (NH_4)_2SO_4 \cdot FeSO_4 \cdot 6H_2O$$

与其他的复盐类似,硫酸亚铁铵在水中的溶解度比组成它的每一种组分($FeSO_4$ 或 $(NH_4)_2SO_4$)的溶解度都要小。因此加热浓缩 $FeSO_4$ 和 $(NH_4)_2SO_4$ 的混合溶液,冷却后即可得到摩尔盐结晶。硫酸亚铁、硫酸铵和摩尔盐在水中的溶解度列于下表。

本实验是先将洗净的铁屑溶于稀硫酸制得硫酸亚铁溶液,再往硫酸亚铁溶液中加入硫酸铵并使全部溶解,加热浓缩混合液,冷却过程中所析出的结晶便是硫酸亚铁铵复盐。

表 4-2　硫酸亚铁、硫酸铵和摩尔盐的溶解度(g/100 g H_2O)

温度/K 盐	273.16	283.16	293.16	303.16	313.16	323.16	333.16
$FeSO_4 \cdot 7H_2O$	15.65	20.51	26.5	32.9	40.2	48.6	
$(NH_4)_2SO_4$	70.6	73.0	75.4	78.0	81.0		88.0
$(NH_4)_2SO_4 \cdot FeSO_4 \cdot 6H_2O$		12.5			33.0	40.0	

【仪器和试剂】

(1)仪器:台秤;锥形瓶(250 mL);水浴锅(或大烧杯);量筒(50 mL);普通漏斗;蒸发皿;循环水泵;布氏漏斗;吸滤瓶;表面皿;电炉;剪刀。

(2)试剂:H_2SO_4 溶液(3 mol·L^{-1});Na_2CO_3 溶液(10%);HCl 溶液(3 mol·L^{-1});KSCN 溶液(0.1 mol·L^{-1});$(NH_4)_2SO_4$(s);铁屑;滤纸。

【实验内容】

1.铁屑的净化(去油污)

称取 2 g 铁屑,置于锥形瓶中,加入 10 mL 10% Na_2CO_3 溶液,缓慢加热约 10 min,用倾析法倾出碱液,用水洗净铁屑。

2.硫酸亚铁的制备

往盛有铁屑的锥形瓶中加入 15 mL 3 mol·L^{-1} 硫酸,在通风良好的条件下水浴加热(或小火加热)至不再有明显气泡冒出为止(约 25 min)。在加热反应过程中应适当添加少量水,以补充失水。趁热常压过滤,滤液转移到蒸发皿中备用。

3.摩尔盐的制备

根据 $FeSO_4$ 的理论产量,大约按照 $FeSO_4$ 与 $(NH_4)_2SO_4$ 的质量比为 1:0.75,称取 $(NH_4)_2SO_4$ 固体,用尽量少的水溶解,加入到 $FeSO_4$ 溶液中(此时溶液的 pH 值应小于 2,若 pH 偏大,可用 H_2SO_4 溶液调节),将其蒸发浓缩至表面上出现晶体膜为止。静置冷却,即有硫酸亚铁铵晶体析出。减压过滤,弃去母液,摩尔盐晶体用滤纸吸干。观察晶体的颜色和形状。称重,计算产率。

4.产品检验

Fe^{3+} 的限量分析:称取 1 g 产品置于 25 mL 比色管中,加 15 mL 自制的不含氧的去离子水(怎样制备?为什么?)使之溶解。然后加入 2 mL HCl (3 mol·L^{-1})和 1 mL KSCN(0.1 mol·L^{-1}),继续加不含氧的去离子水至 25 mL 刻度线。摇匀,与标准色阶目视比色,确定产品级别。

【注意事项】

(1)铁屑与稀硫酸反应过程中会产生 H_2,可能还有少量有毒气体,应注意通风。同时要注意控制反应速率,防止反应过快,反应液溅出。

(2)硫酸亚铁在中性溶液中能被溶于水中的少量氧气氧化并进一步发生水解,甚至析出棕黄色的碱式硫酸铁(或氢氧化铁)沉淀,所以在制备过程中溶液应保持足够的酸度。

【思考题】

(1)硫酸亚铁铵的制备原理是什么? 如何提高其产率与质量?

(2)为什么要保持硫酸亚铁和硫酸亚铁铵溶液有较强的酸度?

(3)在蒸发浓缩过程中若发现溶液变为黄色,是什么原因?

(4)计算硫酸亚铁铵的产率是以硫酸亚铁的量为准,还是以硫酸铵的量为准? 为什么?

附注:Fe^{3+} 标准色阶的配制

往 3 支 25 mL 比色管中分别加入 5 mL,10 mL,15 mL 0.01 g/L Fe^{3+} 标准溶液,然后用处理试样相同的方法配制成 25 mL 溶液,得到 3 种颜色深浅不同的红色溶液。这 3 种溶液中 Fe^{3+} 的含量及对应级别如下:

(1)含 Fe^{3+} 0.05 mol(符合 I 级试剂);

(2)含 Fe^{3+} 0.10 mol(符合 II 级试剂);

(3)含 Fe^{3+} 0.20 mol(符合 III 级试剂)。

实验 6 硫酸铝钾的制备

【实验目的】

(1)巩固复盐的有关知识,掌握制备简单复盐的基本方法。

(2)认识金属铝和氢氧化铝的两性。

(3)掌握固体溶解、加热蒸发、减压过滤的基本操作。

(4)了解从水溶液中培养大晶体的方法,制备硫酸铝钾大晶体。

【预习要点】

(1)结合理论课教材掌握铝的两性及有关反应,熟悉实验原理。

(2)查阅有关资料,了解从水溶液中培养大晶体的方法。

【实验原理】

硫酸铝同碱金属的硫酸盐(K_2SO_4)生成硫酸铝钾复盐 $KAl(SO_4)_2 \cdot 12H_2O$

（俗称明矾）。它易溶于水并水解生成 $Al(OH)_3$ 胶状沉淀，具有较强的吸附性能。它是工业上重要的铝盐，可作为净水剂、媒染剂、造纸填充剂等。

根据金属铝的性质，使其与氢氧化钾反应生成四羟基合铝酸钾：

$$2Al+2KOH+6H_2O=2K[Al(OH)_4]+3H_2(g)$$

而铝片中的其他金属或杂质则不溶。用硫酸溶液中和 $K[Al(OH)_4]$ 溶液可制得复盐明矾 $KAl(SO_4)_2 \cdot 12H_2O$ 结晶。

$$K[Al(OH)_4]+2H_2SO_4+8H_2O=KAl(SO_4)_2 \cdot 12H_2O$$

硫酸铝钾是透明无色晶体，具有非常规整、美丽的八面体晶型。在 92℃时熔于其结晶水中，190℃时失去其结晶水，后即分解。

【仪器和试剂】

(1)仪器：温度计；保温杯；广口瓶；烧杯；研钵；台秤；减压过滤装置；量筒。

(2)试剂：H_2SO_4(6 mol·L^{-1})；乙醇(95%)；氢氧化钾(s)；铝片(屑)。

【实验内容】

1.制备四羟基合铝酸钾

称取 2 g KOH 固体，放入 100 mL 烧杯中，加入 25 mL 蒸馏水使之溶解。再称取 1 g 金属铝片，分两次加入溶液中（反应开始后很激烈，注意不要溅出）。反应完后，加 10 mL 蒸馏水，抽滤，将滤液转入烧杯中。

2.硫酸钾铝的制备

向上述滤液中慢慢滴加 6 mol·L^{-1} H_2SO_4 溶液，并不断搅拌，将中和后的溶液加热几分钟（勿沸），使沉淀完全溶解，冷却至室温后，放入冰浴中进一步冷却、结晶。减压过滤，晶体用 15 mL 95%乙醇洗涤 2 次，将晶体用滤纸吸干，称重。

3.硫酸铝钾大晶体的制备

(1)晶种的培养：将配制的比室温高出 20℃～30℃的硫酸铝钾饱和溶液注入搪瓷盘里（水与硫酸铝钾的质量比为 100：20 ），溶液高 2～3 cm，室温下自然冷却，经 24 h 左右，在盘的底部有许多晶体析出。选择晶形完整的晶体作为晶种。

(2)晶体的制备：称取 10 g 硫酸铝钾研细后放入烧杯中，加入 50 mL 蒸馏水，加热使其溶解，冷却到 45℃左右时，转移到广口瓶中。待广口瓶中溶液温度降到 40℃时，将预先用线系好的晶种吊入溶液中部位置。此时应仔细观察晶种是否有溶解现象，如果有溶解现象，应立即取出晶种，待溶液温度进一步降低，晶种不发生溶解时，再将晶种重新吊入溶液中。与此同时，在保温杯中加入比溶液温度高 1℃～3℃的热水，而后把已吊好晶种的广口瓶放入保温杯中，盖好盖子，静置到次日,观察在晶种上成长起来的大晶体的形状。

【注意事项】

(1)制备四羟基合铝酸钾时要防止溅出,可在通风橱内进行。

(2)滴加硫酸溶液时要慢慢滴,注意观察沉淀先生成,然后又溶解的现象。

(3)大晶体的培养可根据实际教学计划选作。

【思考题】

(1)为什么用碱溶解 Al?

(2)Al 屑中的杂质是如何除去的?

(3)制得 $KAl(SO_4)_2 \cdot 12H_2O$ 大晶体的条件是什么?

实验7 硝酸钾的制备

【实验目的】

(1)学习用转化法制备硝酸钾晶体。

(2)巩固溶解、加热、蒸发等基本操作。

(3)学会热过滤、重结晶等基本操作。

【预习要点】

(1)预习热过滤、重结晶等基本操作。

(2)预习本实验的基本原理和操作步骤。

【实验原理】

工业上常采用转化法制备硝酸钾晶体,其反应方程式如下:

$$NaNO_3 + KCl \rightleftharpoons NaCl + KNO_3$$

此反应是可逆的。反应体系中四种盐的溶解度随温度的变化差别较大,氯化钠的溶解度随温度变化不大,氯化钾、硝酸钠和硝酸钾在高温时具有较大或很大的溶解度,而温度降低时溶解度明显减小(如氯化钾、硝酸钠)或急剧下降(如硝酸钾)。因此,将一定浓度的硝酸钠和氯化钾混合液加热浓缩,当温度达118℃~120℃时,由于硝酸钾溶解度增加很多,达不到饱和,不析出。而氯化钠的溶解度增加甚少,随浓缩时溶剂的减少而析出。通过热过滤除去析出的氯化钠,滤液冷却至室温,即有大量硝酸钾析出,氯化钠仅有少量析出,从而得到硝酸钾粗产品。再经过重结晶提纯,可以得到纯度较高的 KNO_3 产品。4 种盐在不同温度下的溶解度数据见表 4-3,溶解度曲线见图 4-1。

表 4-3　硝酸钾等四种盐在不同温度下的溶解度(单位:g/100 g H_2O)

盐 ＼ 温度/℃	0	10	20	30	40	60	80	100
KNO_3	13.3	20.9	31.6	45.8	63.9	110.0	169	246
KCl	27.6	31.0	34.0	37.0	40.0	45.5	51.1	56.7
$NaNO_3$	73	80	88	96	104	124	148	180
NaCl	35.7	35.8	36.0	36.3	36.6	37.3	38.4	39.8

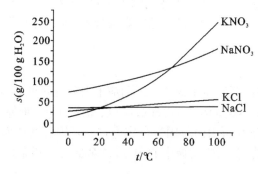

图 4-8　溶解度曲线图

【仪器和试剂】

(1)仪器:台秤;量筒;烧杯(100 mL,500 mL);石棉网;三脚架;铁架台;热滤漏斗;布氏漏斗;吸滤瓶;循环水泵;蒸发皿;坩埚钳;比色管(25 mL)或普通试管;滤纸。

(2)试剂:$AgNO_3$(0.1 mol·L^{-1});硝酸(5 mol·L^{-1});硝酸钠(工业级);氯化钾(工业级)。

【实验内容】

1. 硝酸钾粗产品的制备

在 100 mL 烧杯中加入 11 g $NaNO_3$ 和 7.5 g KCl,再加入 18 mL 蒸馏水。将烧杯放在石棉网上,用小火加热搅拌使试样溶解,冷却后常压过滤除去难溶物(若溶液澄清可不用过滤)。在烧杯外标记好液面位置,再继续加热使溶液蒸发至原有体积的 2/3,这时烧杯中有晶体析出(是什么晶体?),趁热用热滤漏斗过滤(或趁热减压过滤),滤液于小烧杯中自然冷却。随着温度的下降,即有结晶析出(这又是什么晶体?)。待滤液冷却至室温后减压过滤,尽量抽干。KNO_3 晶体用水浴烘干后称重。计算理论产量和产率。

2. 粗产品的重结晶

（1）除保留少量（0.1～0.2 g)粗产品供纯度检验外，按粗产品：水＝2：1（质量比）的比例，将粗产品溶于蒸馏水中。

（2）加热、搅拌，待晶体全部溶解后停止加热。若溶液沸腾时，晶体还未全部溶解，可再加少量蒸馏水使其溶解。

（3）待溶液自然冷却至室温后抽滤，水浴烘干，得到纯度较高的硝酸钾晶体，称重。

3.纯度检验

分别取 0.1 g 粗产品和一次重结晶得到的产品放入 2 支试管中，各加入 2 mL 蒸馏水配成溶液。在溶液中分别滴入 1 滴 5 mol·L^{-1} HNO_3 酸化，再各滴入 2 滴 0.1 mol·L^{-1} $AgNO_3$ 溶液 2 滴，观察现象，进行对比，重结晶后的产品溶液应为澄清液。

【操作要点】

在加热蒸发溶液至原体积的 2/3 之前应准备好热过滤装置。若用趁热减压过滤，则应提前剪好合适的滤纸，洗净吸滤瓶、布氏漏斗。抽滤时动作要快，以防 KNO_3 析出。此步操作可由两位同学合作进行。若因过滤慢而有大量固体随氯化钠一起析出，可将漏斗、吸滤瓶中的固、液体全部转移到原烧杯中，加水重新溶解、蒸发。

【注意事项】

（1）在直接加热蒸发 $NaNO_3$ 和 KCl 混合溶液时，当有 NaCl 析出后，要不断搅拌，以防发生迸溅。

（2）对含有 KNO_3 的热溶液不要骤冷，以防晶体过于细小。

（3）抽滤 KNO_3 时应尽量抽干，不要用水洗，以免损失产品。

【思考题】

（1）何谓重结晶？本实验涉及哪些基本操作，应注意什么？

（2）制备硝酸钾过程中，为什么要对溶液进行加热和热过滤？

（3）试设计从母液中提取较高纯度的硝酸钾晶体的实验方案，并加以说明。

实验 8　微波辐射合成磷酸锌

【实验目的】

（1）了解磷酸锌的微波合成原理和方法。

（2）掌握无机物制备与分离技术中浸取、洗涤、分离等基本操作。

【预习要点】

微波炉的加热原理及使用方法。

【实验原理】

微波是一种不会导致电离的高频电磁波,可被封闭在炉箱的金属壁内,形成一个类似小型电台的电磁波发射系统。由磁控管发出的微波能量场不断转换方向,像磁铁一样在食物分子的周围形成交替的正、负电场,使其正、负极以及食物内所含的正、负离子随之换向,即引起剧烈快速的振动或振荡。当微波作用时,这种振荡可达每秒 25 亿次,从而使食物内部产生大量的摩擦热,温度最高可达 200℃,4～5 min 内可使水沸腾。其特点是微波从各表面、顶端及四周同时作用,所以均匀性好。

磷酸锌[$Zn_3(PO_4)_2 \cdot 2H_2O$]是一种新型防锈颜料,利用它可配制各种防锈涂料,后者可代替氧化铅作为底漆。它的合成通常是用硫酸锌、磷酸和尿素在水浴加热下反应,反应过程中尿素分解放出氨气并生成铵盐,反应需要 4 h 才能完成。本实验采用微波加热条件下进行反应,反应时间缩短为 19 min。反应式为:

$$3ZnSO_4 + 2H_3PO_4 + 3(NH_2)_2CO + 7H_2O = Zn_3(PO_4)_2 \cdot 4H_2O + 3(NH_4)_2SO_4 + 3CO_2(g)$$

所得的四水合磷酸锌晶体在 110℃烘箱中脱水即得二水合磷酸锌晶体。

【仪器和试剂】

(1)仪器:微波炉;台秤;微型吸滤装置;烧杯;表面皿。

(2)试剂:磷酸;无水乙醇;$ZnSO_4 \cdot 7H_2O(s)$;尿素(s)。

【实验内容】

称取 2.0 g 硫酸锌于 100 mL 烧杯中,加 1.0 g 尿素和 1.0 mL H_3PO_4,再加 20 mL 水搅拌溶解,把烧杯置于 250 mL 烧杯水浴(150 mL 水)中,盖上表面皿,放进微波炉里,以大火挡(约 700 W)辐射 19 min,烧杯内隆起白色沫状物。停止辐射加热后,取出烧杯,用蒸馏水浸取、洗涤数次,抽滤。晶体用水洗涤至滤液无 SO_4^{2-} 为止。产品在 110℃烘箱中脱水得 $Zn_3(PO_4)_2 \cdot 2H_2O$,称重,计算产率。

【操作要点】

在烧杯水浴中要加入沸石,以防暴沸。

【注意事项】

(1)合成反应完成时,溶液的 pH＝5～6,加尿素的目的是调节反应体系的酸碱性。

(2)晶体最好洗涤至近中性再抽滤。

(3)微波辐射对人体会造成损害。市售微波炉在防止微波泄漏上有严格的措施,使用时要遵照有关操作程序与要求进行,以免造成损害。

【思考题】

(1)还有哪些制备磷酸锌的方法?

(2)为什么微波辐射加热能显著缩短反应时间,使用微波炉要注意哪些事项?

第 5 章　化学原理与常数测定实验

实验 9　摩尔气体常数的测定

【实验目的】

(1)进一步熟悉电子分析天平的结构、计量性能及称量方法。

(2)掌握理想气体状态方程和分压定律的应用。

(3)理解置换法测定摩尔气体常数的原理,学会其测量方法。

【预习要求】

(1)理想气体状态方程和分压定律。

(2)电子分析天平的使用及称量方法;误差和数据处理。

(3)理解实验原理。

(4)预习实验步骤;洗液使用注意事项。

【实验原理】

理想气体状态方程 $pV=nRT$ 中的摩尔气体常数 R 可由实验来确定。本实验借助金属镁置换稀硫酸中氢的反应来测定 R 的数值。用分析天平准确称取一定质量的金属镁 m_{Mg} 和过量的稀硫酸作用,产生一定量的氢气 m_{H_2},在一定的温度 (T) 和压力 (p) 下,测定被置换的氢气体积 V_{H_2}。实验条件下的温度和大气压可由温度计和大气压力计测得。由于氢气是在水面上收集的,其中混有饱和水蒸气,该温度下水的饱和蒸汽压 p_{H_2O} 可由附录 4 查出。根据分压定律,算出氢气的分压: $p_{H_2}=p-p_{H_2O}$。

假定在实验条件下,氢气服从理想气体行为,可根据理想气体状态气态方程式计算出摩尔气体常数 R:

$$R=\frac{p_{H_2}V_{H_2}}{n_{H_2}T}$$

其中 $n_{H_2}=m_{Mg}/M_{Mg}$,式中 M_{Mg} 为 Mg 的相对原子质量。

所以: $R=\dfrac{(p-p_{H_2O})V_{H_2}M_{Mg}}{m_{Mg}T}$

【仪器和试剂】

(1)仪器:电子分析天平(精度 0.000 1 g);水平球;量气管(或 50 cm³ 的碱式滴定管);铁架台;滴定管夹;铁圈;大气压力计;试管;漏斗;打孔橡皮塞;乳胶管;温度计。

(2)试剂:H_2SO_4(3 mol·L^{-1});镁条。

【实验内容】

1.称取镁条的质量

用砂纸清洁镁条,除去表面的氧化物与其他杂物,直至金属表面光亮无黑点。准确称取两份 0.030~0.035 g 的镁条(准确至 0.000 1 g),每根镁条用小称量纸包好并写上质量,待用。

2.安装仪器

洗净漏斗、试管,用洗液洗涤量气管,按图 5-1 装配仪器。取下未装酸液的试管,从漏斗注入蒸馏水,使量气管充满水,同时使漏斗内的水呈半满状态,手持漏斗上下移动,以排除系统内可能存在的气泡,然后把漏斗固定在能使量气管内的液面略低于刻度零的位置,将未装酸液的反应试管与橡皮管相连,并塞紧塞子。

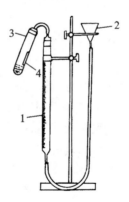

1—量气管;2—漏斗;3—试管(反应器);4—镁条

图 5-1 摩尔气体常数测定装置

3.检漏

把漏斗下移一段距离,并固定。如量气管中液面只有在开始稍稍下降后即恒定(3~5 min 内不再下降),说明装置不漏气。反之则装置漏气。如装置漏气,检查原因,并改进装置,重复试验,直至不漏气为止。

4.装料

将漏斗抬高至原来位置,取下反应试管,用漏斗加 5 mL 3 mol·L^{-1} H$_2$SO$_4$ 到试管内(切勿使酸液沾在试管壁上),将镁条蘸凡士林或者甘油,用玻璃棒将其粘于试管壁合适的位置上,确保既不与酸液接触又不触及试管塞。调整漏斗高度,使量气管液面保持在略低于刻度"0"的位置,塞紧橡皮塞,再次检查是否漏气。

5. 反应,测量氢气体积

手持漏斗靠近量气管,使量气管和漏斗内液面保持同一水平,读量气管液面的位置,记录。然后抬高试管底部,使镁条与酸接触,这时反应生成的氢气进入量气管中。为了避免量气管内压力过大,要同时将漏斗慢慢向下移动,使两液面的高度基本一致。待试管冷却至室温,再保持两液面同一水平,记下液面位置。1~2 min 内再记录液面位置,记下室温和大气压力。用另一份已称量的镁条重复实验。

6. 数据记录与处理

实验序号	1	2
镁条质量 m_{Mg}/g		
反应后量气管液面位置/mL		
反应前量气管液面位置/mL		
氢气体积 V_{H_2}/mL		
室温 T/K		
大气压 p/Pa		
T 时的饱和水蒸气压 p_{H_2O}/Pa		
氢气分压 p_{H_2}/Pa		
摩尔气体常数 $R_{理}$	8.314	8.314
$R_{测}$		
准确度($R_{测}-R_{理}$)/$R_{理}\times100\%$		

分析产生误差的原因。

【思考题】

(1)怎样除去镁条表面的氧化物与其他杂物,如何判断已除净? 如未除净对实验结果有何影响?

(2)为什么要检漏,如何检漏,检漏的原理是什么?

(3)测定装置的哪些部位易漏气? 如装置漏气如何查出原因?

（4）为什么用长颈漏斗加稀硫酸？为什么放入或取出漏斗时漏斗颈末端均不能碰到试管壁？

（5）读取液面位置时，漏斗与量气管内液面的位置为什么要保持同一水平？

（6）为什么反应时随着量气管内液面下降，漏斗应向下慢慢移动？

（7）反应过程中，若量气管压入漏斗的水过多而溢出，对测定结果有无影响？

实验 10　化学反应速率与活化能的测定

【实验目的】

（1）了解浓度、温度和催化剂对反应速率的影响。

（2）测定过二硫酸铵氧化碘化钾反应的平均反应速率，并计算其反应级数、反应速率常数和活化能。

（3）学习作图法处理实验数据。

【预习要求】

（1）预习与化学反应速率有关的内容：反应级数概念、影响反应速率的因素以及反应速率常数与活化能的关系。

（2）理解实验原理。

（3）阅读 2.4 中数据的作图处理。

【实验原理】

1. 反应速率、反应级数及反应速率常数的测定

在水溶液中过二硫酸铵与碘化钾反应的离子方程式为：

$$S_2O_8^{2-} + 3I^- = 2SO_4^{2-} + I_3^- \tag{1}$$

化学反应速率是以单位时间内反应物浓度或生成物浓度的改变来计算的。

对 $S_2O_8^{2-}$ 离子的平均反应速率为：$\bar{v} = -\dfrac{\Delta\left[S_2O_8^{2-}\right]}{\Delta t}$

为了测定出过二硫酸根浓度的改变量 $\Delta\left[S_2O_8^{2-}\right]$，在混合 $(NH_4)_2S_2O_8$ 与 KI 溶液时，同时加入一定体积已知浓度的 $Na_2S_2O_3$ 溶液和淀粉溶液。这样，在反应（1）进行的同时，也进行着如下的反应：

$$2S_2O_3^{2-} + I_3^- = S_4O_6^{2-} + 3I^- \tag{2}$$

反应（2）进行得很快，几乎瞬间完成。而反应（1）比反应（2）慢得多。因此，由反应（1）生成的 I_3^- 离子立即与 $S_2O_3^{2-}$ 反应生成 $S_4O_6^{2-}$ 和 I^-，而不会使淀粉变蓝。但当 $Na_2S_2O_3$ 一旦反应完后，反应（1）生成的 I_3^- 就与淀粉作用而呈蓝色。

从反应式(1)和(2)可看出，$S_2O_8^{2-}$ 浓度减少的量等于 $S_2O_3^{2-}$ 减少量的一半，即 $\Delta[S_2O_8^{2-}]=\dfrac{\Delta[S_2O_3^{2-}]}{2}$。这样就可求出反应(1)的平均反应速率 $\bar{v}$：

$$\bar{v}=-\frac{\Delta[S_2O_8^{2-}]}{\Delta t}=-\frac{\Delta[S_2O_3^{2-}]}{2\Delta t}$$

因为在溶液显蓝色时 $S_2O_3^{2-}$ 几乎已完全反应，故 $\Delta[S_2O_8^{2-}]$ 实际上就等于反应开始时 $Na_2S_2O_3$ 的浓度，即 $S_2O_8^{2-}$ 在 Δt 时间内的减少量可以由 $S_2O_3^{2-}$ 的浓度求出。

另外，对反应(1)而言，其反应速率方程式可表示为：

$$v=k[S_2O_8^{2-}]^m[I^-]^n \tag{3}$$

式中，k 为某温度下的速率常数，m，n 分别为对 $S_2O_8^{2-}$ 和 I^- 的反应级数，v 为瞬时反应速率，当 $[S_2O_8^{2-}]$ 和 $[I^-]$ 是起始浓度时，v 表示起始的瞬时反应速率。本实验中 Δt 时间后 $S_2O_8^{2-}$ 和 I^- 的浓度与起始浓度差别不大，故可近似地用平均反应速率来代替起始的瞬时反应速率。

即

$$v=\frac{-\Delta[S_2O_8^{2-}]}{\Delta t}=k[S_2O_8^{2-}]^m[I^-]^n$$

(3)式两边取对数：

$$\lg v=\lg k+m\lg[S_2O_8^{2-}]+n\lg[I^-] \tag{4}$$

当 $[I^-]$ 不变时，以 $\lg v$ 对 $\lg[S_2O_8^{2-}]$ 作图，可得一直线，斜率为 m。当 $[S_2O_8^{2-}]$ 不变时，以 $\lg v$ 对 $\lg[I^-]$ 作图，也可得一直线，斜率为 n。此反应的反应级数则为 $m+n$。

将求得的 m 和 n 代入(3)式，即可求得反应速度常数 k。

2. 温度对反应速率的影响及反应活化能的测定

根据阿仑尼乌斯(Arrhenius)公式，反应速率常数 k 与反应温度 T 有以下关系：

$$\lg k=\lg A-\frac{E_a}{2.303RT} \tag{5}$$

式中，E_a 为反应的活化能，R 为摩尔气体常数，T 为反应温度(K)。

在不同的温度下测定反应速率 v，按(3)式求得不同温度下的 k 值，以 $\lg k$ 对 $1/T$ 作图，可得一直线。由直线的斜率($-\dfrac{E_a}{2.303R}$)便可求出反应的活化能 E_a。

3. 催化剂的存在可以改变反应速率

【仪器和试剂】

(1)仪器：烧杯(100 mL)；量筒(50 mL，10 mL)；秒表；温度计；恒温水浴。

(2)试剂：$(NH_4)_2S_2O_8$(0.20 mol·L^{-1})；KI(0.20 mol·L^{-1})；$Na_2S_2O_3$

$(0.010\ mol \cdot L^{-1})$；$KNO_3(0.20\ mol \cdot L^{-1})$；$(NH_4)_2SO_4(0.20\ mol \cdot L^{-1})$；$Cu(NO_3)_2(0.02\ mol \cdot L^{-1})$；淀粉溶液$(0.2\%)$；冰。

【实验内容】

1. 浓度对化学反应速率的影响

在室温下用 3 个量筒（每种试剂所用量筒都要贴上标签，以免混乱），分别准确量取 20.0 mL 0.20 mol · L^{-1} KI 溶液，8.0 mL 0.010 mol · L^{-1} $Na_2S_2O_3$ 溶液和 2.0 mL 0.2% 淀粉溶液于 100 mL 干燥的烧杯中并混合均匀。再用一量筒取 20.0 mL 0.20 mol · L^{-1} $(NH_4)_2S_2O_8$ 溶液，迅速倒入烧杯中，同时按动秒表，不断搅动。当溶液刚出现蓝色时，立即停表，记录反应时间和室温。

用同样方法按照表 5-1 中编号 2～7 所列用量进行另外 6 次实验。为了使每次实验中的溶液离子强度及总体积保持不变，所减少的 KI 或 $(NH_4)_2S_2O_8$ 的用量可以分别用 0.20 mol · L^{-1} KNO_3 和 0.20 mol · L^{-1} $(NH_4)_2SO_4$ 溶液补充。将实验数据记入表 5-1。

表 5-1 浓度对反应速率的影响 室温：_____℃

	实验编号	1	2	3	4	5	6	7
试剂用量/mL	0.20 mol · L^{-1} $(NH_4)_2S_2O_8$	20.0	20.0	20.0	20.0	5.0	10.0	15.0
	0.20 mol · L^{-1} KI	20.0	15.0	10.0	5.0	20.0	20.0	20.0
	0.010 mol · L^{-1} $Na_2S_2O_3$	8.0	8.0	8.0	8.0	8.0	8.0	8.0
	0.2% 淀粉溶液	2.0	2.0	2.0	2.0	2.0	2.0	2.0
	0.20 mol · L^{-1} KNO_3	0	5.0	10.0	15.0	0	0	0
	0.20 mol · L^{-1} $(NH_4)_2SO_4$	0	0	0	0	15.0	10.0	5.0
试剂起始浓度 /mol · L^{-1}	$(NH_4)_2S_2O_8$							
	KI							
	$Na_2S_2O_3$							
反应时间 $\Delta t/s$								
$\Delta[S_2O_8^{2-}]$/mol · L^{-1}								
反应速率 v/mol · L^{-1} · s^{-1}								
$\lg v$								
$\lg[S_2O_8^{2-}]$								
$\lg[I^-]$								

续表

实验编号	1	2	3	4	5	6	7
m							
n							
k^*							
$\bar{k}$							

2.温度对化学反应速率的影响

按表 5-1 中实验编号 3 的用量,把 KI,$Na_2S_2O_3$,KNO_3 和淀粉溶液加入 100 mL 烧杯中,把 $(NH_4)_2S_2O_8$ 溶液加在另一个小烧杯或大试管中,然后将它们同时放入冰水浴中冷却。待试液的温度冷却到低于室温 10℃时,将 $(NH_4)_2S_2O_8$ 溶液迅速倒入盛混合液的烧杯中,同时计时并不断搅拌。当溶液刚出现蓝色时,记录反应时间。此实验编号记为 8。

利用恒温水浴分别在高于室温 10℃和 20℃的条件下,重复上述实验,记录反应时间。实验编号分别记为 9 和 10。

将此三次实验数据和实验编号 3 的实验数据记入表 5-2 中进行比较。

表 5-2　温度对反应速率的影响及活化能的计算

实验编号	8	9	10	3
反应温度/K				
反应时间/s				
反应速率/mol·L^{-1}·s^{-1}				
k				
$\lg k$				
$\frac{1}{T}$/K^{-1}				
E_a/kJ·mol^{-1}				

3.催化剂对反应速率的影响

按表 5-1 实验编号 3 的用量,把 KI,$Na_2S_2O_3$,KNO_3 和淀粉溶液加入 100 mL 烧杯中,再加入 2 滴 0.02 mol·L^{-1} $Cu(NO_3)_2$ 溶液,搅匀。然后迅速加入 $(NH_4)_2S_2O_8$ 溶液,搅拌,计时。与编号 3 的时间相比可得到什么结论?

【数据处理】

1.求反应级数和速率常数

计算编号 $1\sim7$ 各实验的反应速率,然后利用$[I^-]$相同的 $1,5,6,7$ 号实验数据,以 $\lg v$ 对 $\lg[S_2O_8^{2-}]$ 作图求 m;利用$[S_2O_8^{2-}]$相同的 $1,2,3,4$ 号实验数据,以 $\lg v$ 对 $\lg[I^-]$ 作图求 n。此反应的级数则为 $m+n$。

将以上求得的 m,n 代入 $v=k[S_2O_8^{2-}]^m[I^-]^n$,可分别求得反应速度常数 k,求其平均值 $\overline{k}$。将处理过程所得数据填入表 5-1 中。

2.求活化能

计算编号 $8,9,10$ 各实验的反应速率,再利用 3 号实验中的$[S_2O_8^{2-}]$,$[I^-]$及前面求出的反应级数,可分别求得在不同温度下的反应速度常数 k,数据填入表 5-2 中。以 $\lg k$ 对 $1/T$ 作图,由所得直线的斜率$(-\dfrac{E_a}{2.303R})$求出活化能 E_a。

总结以上实验结果说明浓度、温度和催化剂是如何影响反应速率的。

【注意事项】

本实验对试剂有一定的要求。KI 溶液应为无色透明溶液(即没有 I_2 析出),$(NH_4)_2S_2O_8$ 溶液要新配制的。因为该溶液放置时间长了会分解。如所配制的溶液 pH 小于 3,则其固体试剂已经分解,不适合本实验使用。

【思考题】

(1)$Na_2S_2O_3$ 溶液的浓度是否是任意的? 如不是任意的,其最大浓度应为多少?

(2)实验中向 KI、淀粉和 $Na_2S_2O_3$ 混合溶液中加入 $(NH_4)_2S_2O_8$ 溶液时为什么要迅速?

(3)实验中为什么可以由反应溶液出现蓝色的时间长短来计算反应速率? 溶液出现蓝色后,反应是否就终止了?

(4)k 的单位是什么?

实验 11　醋酸解离度与标准解离常数的测定

【实验目的】

(1)用 pH 法测定醋酸的解离度和标准解离常数。

(2)学习正确使用酸度计。

(3)练习溶液的配制,进一步熟悉酸碱滴定基本操作。

【预习要求】

(1)弄清本实验测定醋酸的解离度和解离常数的基本原理。

(2)着重预习本教材 3.10 关于 pH 计的使用方法,熟悉用酸度计测定 pH 值的操作步骤和注意事项。

（3）预习容量瓶的使用方法(参阅本教材 3.5 基本度量仪器的使用方法)。

【实验原理】

醋酸(CH_3COOH,简记为 HAc)是一元弱酸,在水溶液中存在下列解离平衡:

$$HAc \rightleftharpoons H^+ + Ac^-$$

$$K_a^\ominus = \frac{([H^+]/c^\ominus)([Ac^-]/c^\ominus)}{[HAc]/c^\ominus}$$

式中,$[H^+]$,$[Ac^-]$和$[HAc]$分别为 H^+,Ac^- 和 HAc 的平衡浓度,$c^\ominus$ 为标准浓度,$K_a^\ominus$ 为标准解离常数。若 c 为 HAc 起始浓度,则$[HAc]=c-[H^+]$,而 $[H^+]=[Ac^-]$,$c^\ominus=1\ mol \cdot L^{-1}$,则上式可表示为:

$$K_a^\ominus = \frac{[H^+]^2}{c-[H^+]}$$

醋酸的解离度 $\alpha = \dfrac{[H^+]}{c}$

醋酸溶液总浓度 c 可以用标准 NaOH 溶液滴定。配制一系列已知浓度的醋酸溶液,在一定温度下,用酸度计测出 pH 值,求出其解离出来的 H^+ 离子浓度,就可计算出它的标准解离常数和解离度。

【仪器和试剂】

（1）仪器:酸度计;碱式滴定管(50 mL);锥形瓶(250 mL);移液管(25 mL);吸量管(5 mL);容量瓶(50 mL);烧杯(50 mL)。

（2）试剂:HAc 溶液($0.2\ mol \cdot L^{-1}$);NaOH 标准溶液($0.2\ mol \cdot L^{-1}$);酚酞指示剂(1%乙醇溶液)。

【实验内容】

1. 醋酸溶液浓度的测定

用移液管分别移取 25.00 mL 0.2 $mol \cdot L^{-1}$ HAc 溶液三份于 3 个 250 mL锥形瓶中,各加 2～3 滴酚酞,分别用 NaOH 标准溶液滴定至呈微红色,30 s 内不褪色为止,记下所用 NaOH 溶液的体积,填入表 5-3,并计算出 HAc 溶液的浓度。

表 5-3　醋酸溶液浓度的标定

滴定序号	Ⅰ	Ⅱ	Ⅲ
HAc 溶液用量/mL	25.00	25.00	25.00
NaOH 标准溶液的浓度/$mol \cdot L^{-1}$			

续表

滴定序号		Ⅰ	Ⅱ	Ⅲ
消耗 NaOH 标准溶液的体积/mL				
HAc 溶液浓度/mol·L^{-1}	测定值			
	平均值			

2.配制不同浓度的醋酸溶液

用吸量管或移液管分别移取 2.50 mL,5.00 mL,25.00 mL 上述已测得准确浓度的 HAc 溶液于 3 个 50 mL 容量瓶中,用蒸馏水稀释至刻度,摇匀,并计算出它们的准确浓度。

3.测定不同浓度醋酸溶液 pH 值

将以上 4 种不同浓度的 HAc 溶液分别加入到 4 只干燥的 50 mL 小烧杯中,按由稀到浓的次序用酸度计分别测出它们 pH 值,记录数据和室温,填入表 5-4。

表 5-4　醋酸标准解离常数与解离度的测定(温度:_____℃)

编号	c/mol·L^{-1}	pH	$[H^+]$/mol·L^{-1}	α	$K_a^{\ominus}$	
					测定值	平均值
1						
2						
3						
4						

4.数据处理

根据测得的数据,计算各 HAc 溶液的解离度和该温度下 HAc 溶液的标准解离常数,填入表 5-4。

【思考题】

(1)同温度下不同浓度的 HAc 溶液其解离度是否相同? 标准解离常数是否相同? 若 HAc 溶液的温度发生变化,则解离度和标准解离常数有何变化?

(2)在测定醋酸溶液 pH 值时,若 4 只 50 mL 小烧杯未干燥,将对实验产生什么影响? 不用干燥小烧杯,有无办法进行实验? 测定的顺序按照由稀到浓和由浓到稀,结果有何不同?

实验 12　水溶液中的解离平衡

【实验目的】

(1)掌握同离子效应对解离平衡的影响。

(2)学习缓冲溶液的配制并实验其性质。

(3)了解盐类水解以及抑制水解的方法。

(4)实验沉淀的生成、溶解及转化条件。

【预习要点】

(1)根据实验内容复习相关理论知识。

(2)用 $1\ mol \cdot L^{-1}$ HAc 和 $1\ mol \cdot L^{-1}$ NaAc 溶液配制 pH＝4.0 的缓冲溶液 10 mL,通过计算说明应如何配制?

(3)离心机的使用方法(参阅 3.7.4 中离心分离法)。

【实验原理】

弱酸或弱碱在水溶液中发生部分解离,解离出来的离子与未解离的分子处于平衡状态。例如醋酸(HAc):

$$HAc \rightleftharpoons H^+ + Ac^-$$

$$K_a^\ominus = \frac{([H^+]/c^\ominus)([Ac^-]/c^\ominus)}{[HAc]/c^\ominus}$$

若在 HAc 溶液中加入含有相同离子的强电解质 NaAc,即增加了 Ac^- 的浓度,则上述平衡向左移动,使弱电解质 HAc 的解离度降低,这种作用称为同离子效应。

如果溶液中同时存在共轭酸碱对弱酸及其盐(如 HAc 和 NaAc)或弱碱及其盐(如 $NH_3 \cdot H_2O$ 和 NH_4Cl),则在一定程度上可以对外来的酸或碱起抵抗作用。即当加入少量酸、碱或将溶液稍加稀释时,溶液的 pH 变化不大,这种溶液称为缓冲溶液。

弱酸强碱盐、强酸弱碱盐以及弱酸弱碱盐,在水溶液中都发生水解而使溶液的酸碱性发生变化。例如:

$$Ac^- + H_2O \rightleftharpoons HAc + OH^-$$

$$NH_4^+ + H_2O \rightleftharpoons NH_3 \cdot H_2O + H^+$$

水解后生成的酸或碱越弱,则盐的水解程度越大。根据同离子效应往溶液中加 H^+ 或 OH^- 可以抑制水解。水解是吸热反应,加热可以促进水解。

难溶强电解质在一定温度下与其饱和溶液中相应离子处于平衡状态。例如:

$$AgCl(s) \Longleftrightarrow Ag^+(aq) + Cl^-(aq)$$

其溶度积常数为：

$$K_{sp,AgCl}^{\ominus} = [Ag^+] \cdot [Cl^-]$$

根据溶度积规则可以判断沉淀的生成和溶解：

$[Ag^+] \cdot [Cl^-] > K_{sp,AgCl}^{\ominus}$，过饱和溶液，有沉淀析出。

$[Ag^+] \cdot [Cl^-] = K_{sp,AgCl}^{\ominus}$，饱和溶液，平衡状态。

$[Ag^+] \cdot [Cl^-] < K_{sp,AgCl}^{\ominus}$，不饱和溶液，无沉淀析出或沉淀溶解。

利用溶度积规则，也可以判断沉淀反应进行的次序，解释沉淀的转化。

【仪器和试剂】

(1)仪器:离心机;试管;离心试管;点滴板。

(2)试剂:HAc($0.1\ mol \cdot L^{-1}$,$1\ mol \cdot L^{-1}$);HCl ($1\ mol \cdot L^{-1}$,$6\ mol \cdot L^{-1}$);HNO$_3$($6\ mol \cdot L^{-1}$);NH$_3 \cdot$H$_2$O($2\ mol \cdot L^{-1}$);NaOH($1\ mol \cdot L^{-1}$);MgCl$_2$($0.1\ mol \cdot L^{-1}$);NH$_4$Cl(饱和);NaAc($1\ mol \cdot L^{-1}$);Na$_2$CO$_3$($1\ mol \cdot L^{-1}$);NaCl($0.1\ mol \cdot L^{-1}$,$1\ mol \cdot L^{-1}$);Al$_2$(SO$_4$)$_3$($1\ mol \cdot L^{-1}$);Pb(NO$_3$)$_2$($0.001\ mol \cdot L^{-1}$,$1\ mol \cdot L^{-1}$);KI($0.1\ mol \cdot L^{-1}$,$0.001\ mol \cdot L^{-1}$);(NH$_4$)$_2$C$_2$O$_4$(饱和);CaCl$_2$($0.1\ mol \cdot L^{-1}$);AgNO$_3$($0.1\ mol \cdot L^{-1}$);CuSO$_4$($0.1\ mol \cdot L^{-1}$);Na$_2$S($0.1\ mol \cdot L^{-1}$);K$_2$CrO$_4$($0.005\ mol \cdot L^{-1}$);甲基橙(0.1%);NaAc(s);SbCl$_3$($0.1\ mol \cdot L^{-1}$);pH 试纸。

【实验内容】

1. 同离子效应

(1)在试管中加入 1 mL $0.1\ mol \cdot L^{-1}$ HAc 溶液，再加入 1 滴甲基橙溶液，均匀混合，观察溶液颜色。再加入少量 NaAc 固体，摇动试管使其溶解，观察溶液颜色有何变化？解释之。

(2)另取两支小试管，各加 5 滴 $0.1\ mol \cdot L^{-1}$ MgCl$_2$溶液，在其中一支试管中加入 5 滴饱和 NH$_4$Cl 溶液，然后分别在这两支试管中加入 5 滴 $2\ mol \cdot L^{-1}$ NH$_3 \cdot$H$_2$O，观察两试管发生的现象有何不同？为什么？

2. 缓冲溶液的配制和性质

(1)要配制 10 mL pH＝4.0 的 HAc-NaAc 缓冲溶液，试计算需要 $1\ mol \cdot L^{-1}$ HAc 和 $1\ mol \cdot L^{-1}$ NaAc 溶液各多少毫升？两者充分混匀后，用 pH 试纸测定其 pH 值，是否符合要求？

(2)将上述缓冲溶液分成两等份，在其中一份中加入 1 滴 $1\ mol \cdot L^{-1}$ HCl 溶液，在另一份中加入 1 滴 $1\ mol \cdot L^{-1}$ NaOH 溶液，分别测定其 pH 值。

(3)取两支试管，各加入 5 mL 蒸馏水，用 pH 试纸测定 pH 值。然后分别加入 1 滴 1 mol·L^{-1} 的 HCl 和 1 滴 1 mol·L^{-1} NaOH,再用 pH 试纸测定其 pH 值。与上面实验(2)的结果比较,说明缓冲溶液的缓冲性能。

3. 盐类水解

(1)在点滴板上分别加入 1 mL 0.1 mol·L^{-1} Na$_2$CO$_3$,NaCl 及 Al$_2$(SO$_4$)$_3$ 溶液,用 pH 试纸试验它们的酸碱性。解释原因,写出反应方程式。

(2)取 1 滴 0.1 mol·L^{-1} SbCl$_3$ 溶液逐渐加水稀释,有何现象发生?再缓慢滴加 6 mol·L^{-1} HCl 溶液,沉淀是否溶解?再稀释有什么变化?写出反应方程式。

4. 沉淀的生成和溶解

(1)沉淀的生成:在一支试管中加入 1 mL 0.1 mol·L^{-1} Pb(NO$_3$)$_2$ 溶液,然后加入 1 mL 0.1 mol·L^{-1} KI 溶液,观察有无沉淀生成?在另一支试管中加入 1 mL 0.001 mol·L^{-1} Pb(NO$_3$)$_2$ 溶液,然后加入 1 mL 0.001 mol·L^{-1} KI 溶液,观察有无沉淀生成?试以溶度积原理解释以上的现象。

(2)沉淀的溶解:先自行设计实验方法制取 CaC$_2$O$_4$,AgCl 和 CuS 沉淀。然后按下述要求设计实验方法将它们分别溶解。

1)用生成弱电解质的方法溶解 CaC$_2$O$_4$ 沉淀。

2)用生成配离子的方法溶解 AgCl 沉淀。

3)用氧化还原的方法溶解 CuS 沉淀。

(3)分步沉淀:在试管中加入 0.5 mL 0.1 mol·L^{-1} NaCl 溶液和 0.5 mL 0.05 mol·L^{-1} K$_2$CrO$_4$ 溶液,混匀,然后逐滴加入 0.1 mol·L^{-1} AgNO$_3$ 溶液,边加边振荡试管(注意:此处 AgNO$_3$ 溶液一定要逐滴加入,且每加入一滴振荡一次试管,仔细观察现象),观察沉淀颜色的变化,判断哪一种难溶物质先沉淀?并以溶度积原理进行解释。

(4)沉淀的转化:取 0.1 mol·L^{-1} AgNO$_3$ 溶液 5 滴,加入 0.1 mol·L^{-1} NaCl 溶液 6 滴,观察生成沉淀的颜色。离心分离,弃去上层清液,往沉淀中滴加 0.1 mol·L^{-1} Na$_2$S 溶液,观察现象并解释。

【思考题】

(1)NaHCO$_3$ 是否具有缓冲能力?为什么?

(2)试解释为什么 NaHCO$_3$ 水溶液具有碱性,而 NaHSO$_4$ 水溶液呈酸性?

(3)如何配制 Sn^{2+},Bi^{3+},Fe^{2+} 等盐的水溶液?

(4)利用平衡移动原理,判断下列难溶电解质是否可用 HNO$_3$ 来溶解?

MgCO$_3$　　Ag$_3$PO$_4$　　AgCl　　CaC$_2$O$_4$　　BaSO$_4$

(5)是否可以用 $K_{sp}^{\ominus}$ 的大小判断生成沉淀的先后顺序?

实验 13　硫酸钡溶度积常数的测定(电导率法)

【实验目的】

(1)学习电导率法测定 $BaSO_4$ 溶度积的方法。

(2)了解电导率仪的使用方法。

【预习要点】

电导率仪的使用方法。

【实验原理】

$BaSO_4$ 是难溶电解质,在饱和溶液中存在如下平衡:

$$BaSO_4(s) \Longrightarrow Ba^{2+}(aq) + SO_4^{2-}(aq)$$

$$K_{sp,BaSO_4}^{\ominus} = a_{Ba^{2+}} \cdot a_{SO_4^{2-}}$$

因为 $BaSO_4$ 的溶解度很小,所以可把其饱和溶液看作无限稀释的溶液,离子的活度与浓度近似相等。

$$则 \quad K_{sp,BaSO_4}^{\ominus} = [Ba^{2+}] \cdot [SO_4^{2-}] = c_{BaSO_4}^2$$

由此可见,只需测定出 $[Ba^{2+}]$,$[SO_4^{2-}]$,c_{BaSO_4} 其中任何一种浓度值即可求出 $K_{sp,BaSO_4}^{\ominus}$。由于饱和溶液的浓度很低,因此常采用电导法,通过测定电解质溶液的电导率来计算离子的浓度。

导体导电能力的大小,通常用电阻(R)或电导(G)表示,电导是电阻的倒数。

即 $G = \dfrac{1}{R}$(电阻的单位为 Ω,电导的单位为 S)。

同金属导体一样,电解质溶液的电阻也符合欧姆定律。温度一定时,两极间溶液的电阻与两极间的距离 l 成正比,与电极面积 A 成反比。

$$R \infty \dfrac{l}{A} \text{ 或 } R = \kappa \dfrac{l}{A}$$

κ 是电阻率,它的倒数称为电导率(γ),即 $\gamma = \dfrac{1}{\kappa}$,单位为 $S \cdot cm^{-1}$。电导率 γ 表示放在相距 $1 \ cm$、面积为 $1 \ cm^2$ 的两个平行电极之间电解质溶液的电导。

$\dfrac{l}{A}$ 称为电极常数或电导池常数,因为在电导池中,所用的电极距离和面积是一定的,所以对某一电极来说,$\dfrac{l}{A}$ 为常数,由电极标出。将 $\gamma = \dfrac{1}{\kappa}$ 带入 $G = \dfrac{1}{R}$ 中,则可得 $G = \gamma \dfrac{A}{l}$。

在一定温度下,同种电解质不同浓度溶液的电导与电解质总量和溶液的电离度有关。把含有 1 mol 电解质的溶液置于相距为 1 cm 的两个平行板电极之间,这时溶液的电导只与溶液的电离度有关,在此条件下测得的电导被称为该溶液的摩尔电导率(Λ_m,S・cm^2・mol^{-1})。摩尔电导率与电导率的关系是:

$$\Lambda_m = \frac{\gamma}{c} \text{(c 为该溶液的浓度)}$$

对弱电解质来说,当溶液无限稀释时,正、负离子之间的影响趋于零,摩尔电导率 Λ_m 趋于最大值,这时溶液的摩尔电导率称为极限摩尔电导率(Λ_m^∞)。

在一定温度下,弱电解质的极限摩尔电导率是一定的。实验证明当溶液无限稀时,每种电解质的极限摩尔电导率是解离的两种离子的极限摩尔电导率的简单加和。对 $BaSO_4$ 饱和溶液而言:

$$\Lambda_{m,BaSO_4}^\infty = \Lambda_{m,Ba^{2+}}^\infty + \Lambda_{m,SO_4^{2-}}^\infty$$

在 25℃时,无限稀的 $\frac{1}{2}Ba^{2+}$ 和 $\frac{1}{2}SO_4^{2-}$ 的 Λ_m^∞ 值分别为 63.6 S・cm^2・mol^{-1} 和 8.0 S・cm^2・mol^{-1}。因此,当以 $\frac{1}{2}BaSO_4$ 为基本单元时,

$$\Lambda_{m,BaSO_4}^\infty = 2\Lambda_{m,\frac{1}{2}BaSO_4}^\infty = 2(\Lambda_{m,\frac{1}{2}Ba^{2+}}^\infty + \Lambda_{m,\frac{1}{2}SO_4^{2-}}^\infty) = 2 \times (63.6 + 8.0) = 143.2$$
(S・cm^2・mol^{-1})

摩尔电导率 Λ_m 是浓度为 1 mol・L^{-1} 溶液的电导率,因此,只要测得 $BaSO_4$ 饱和溶液的电导率 γ 值,即求得溶液浓度。

$$c_{BaSO_4} = \frac{1\,000\gamma_{BaSO_4}}{\Lambda_{m,BaSO_4}^\infty}$$

由于测得 $BaSO_4$ 的电导率包括水的电导率,因此真正的 $BaSO_4$ 电导率为:

$$\gamma_{BaSO_4} = \gamma_{BaSO_4(溶液)} - \gamma_{H_2O}$$

$$K_{sp,BaSO_4}^\ominus = c_{BaSO_4}^2 = \left[\frac{\gamma_{BaSO_4(溶液)} - \gamma_{H_2O}}{\Lambda_{m,BaSO_4}^\infty} \times 1\,000\right]^2$$

【仪器和试剂】

(1)仪器:电导率仪;烧杯;量筒。

(2)试剂:$BaSO_4$(s)。

【实验内容】

1. H_2O 的电导率测定

取 40 mL 蒸馏水于 50 mL 烧杯中,测定其电导率 γ_{H_2O},测定时操作要迅速。

2. $BaSO_4$ 饱和溶液的制备

将经过灼烧的 $BaSO_4$ 置于 50 mL 烧杯中,加入已测定电导率的蒸馏水

40 mL,加热煮沸 3～5 min,搅拌,静置,冷却。

3.BaSO₄饱和溶液的电导率测定

将制备的 BaSO₄ 饱和溶液冷却至室温后,取上层清夜,测定其电导率 $\gamma_{BaSO_4(溶液)}$。

测定温度 $t/℃$	$\Lambda_{m,BaSO_4}^{\infty}$ /S·cm²·mol⁻¹	γ_{H_2O} /S·cm⁻¹	$\gamma_{BaSO_4(溶液)}$ /S·cm⁻¹	$K_{sp,BaSO_4}^{\ominus}$

【思考题】

(1)为什么要测纯水电导率?

(2)电导与电阻的关系如何?

(3)电导率法测定难溶电解质溶度积的原理是什么?

(4)在什么条件下可用电导率计算溶液浓度?

实验 14　氧化还原反应

【实验目的】

(1)掌握电极电势对氧化还原反应方向的影响。

(2)掌握电对的氧化型或还原型浓度、介质的酸度对氧化还原反应的影响。

(3)了解原电池的装置以及浓度对原电池电动势的影响。

【预习要点】

(1)复习有关氧化还原反应的基本概念、影响电极电势的因素、能斯特方程及有关计算、电极电势的应用、原电池的组成及原理。

(2)认真预习并思考本实验的内容。

【实验原理】

氧化还原反应是反应物分子(或离子)间有电子转移或反应前后氧化数发生了变化的反应。某物质氧化还原能力的强弱,可用电对的电极电势 φ 来衡量。φ 愈大,其氧化型的氧化能力愈强,还原型的还原能力愈弱。反之,φ 愈小,其还原型的还原能力愈强,氧化型的氧化能力愈弱。氧化还原反应总是从较强的氧化剂和较强的还原剂向着生成较弱的还原剂和较弱的氧化剂的方向进行。故根据氧化还原电对的电极电势的相对大小可以判断氧化还原反应进行的方向。

利用氧化还原反应而产生电流的装置称为原电池。原电池的电动势 $E=$

$\varphi_{正}-\varphi_{负}$。

浓度与电极电势之间的关系(298 K)可用能斯特(Nernst)方程表示：

$$\varphi = \varphi^{\ominus} - \frac{0.059\ 2\ V}{z} \lg \frac{c_{还原型}}{c_{氧化型}}$$

式中，$c_{还原型}/c_{氧化型}$为还原型一边各物质浓度系数次幂的乘积与氧化型一边各物质浓度系数次幂的乘积的比值。当氧化型或还原型的浓度改变时，电极电势的数值发生变化，电动势 E 也随之发生改变。

介质的酸碱性对含氧酸盐的电极电势和氧化性有很大影响，可能导致氧化还原反应方向的改变，也可能影响氧化还原反应的产物。

【仪器和试剂】

(1)仪器:伏特计(或酸度计);试管;烧杯;表面皿;U 型管。

(2)试剂: H_2SO_4(1 mol・L^{-1});HNO_3(2 mol・L^{-1});NaOH(6 mol・L^{-1});$NH_3・H_2O$(浓);$CuSO_4$(1 mol・L^{-1});$ZnSO_4$(1 mol・L^{-1});KBr(0.1 mol・L^{-1});$KMnO_4$(0.1 mol・L^{-1});$FeCl_3$(0.1 mol・L^{-1});KI(0.1 mol・L^{-1});$FeSO_4$(0.1 mol・L^{-1});KIO_3(0.1 mol・L^{-1});KSCN(0.1 mol・L^{-1});溴水;$Fe_2(SO_4)_3$(0.1 mol・L^{-1});NH_4F(0.2 mol・L^{-1});$H_2C_2O_4$(0.2 mol・L^{-1});$MnSO_4$(0.002 mol・L^{-1});KCl(饱和);CCl_4;酚酞试纸;锌粒;电极(铜片,锌片);琼脂;导线。

【实验内容】

1. 电极电势与氧化还原反应的方向

(1)在一支试管中加入 0.5 mL 0.1 mol・L^{-1}KI 溶液和 2 滴 0.1 mol・L^{-1} $FeCl_3$溶液,振荡后有何现象? 再加入 0.5 mL CCl_4 溶液,充分振荡,观察 CCl_4 层颜色有何变化? 反应的产物是什么?

(2)用 0.1 mol・L^{-1}KBr 代替 0.1 mol・L^{-1}KI 溶液进行相同的实验,反应能否发生? 为什么?

(3)在一支试管中加入 1 mL 0.1 mol・L^{-1} $FeSO_4$溶液,滴加 0.1 mol・L^{-1} KSCN 溶液,溶液颜色有何变化? 在另一支试管中加入 1 mL 0.1 mol・L^{-1} $FeSO_4$溶液,加数滴溴水,振荡后再滴加 0.1 mol・L^{-1}KSCN 溶液,溶液呈何颜色? 与上一支试管对照,说明试管中发生何反应?

根据以上实验,比较 Br_2/Br^-、I_2/I^- 和 Fe^{3+}/Fe^{2+} 三个电对的电极电势的高低。并指出哪种物质为最强的氧化剂? 哪种物质为最强的还原剂,说明电极电势与氧化还原反应方向的关系。

2. 影响氧化还反应的因素

(1)浓度对氧化还原反应的影响：

1)在两支各盛有锌粒的试管中，分别加入 1 mL 浓 HNO_3 和 2 mol·L^{-1} HNO_3 溶液，观察所发生的现象。不同浓度的 HNO_3 与 Zn 作用的反应产物和反应速率有何不同？稀 HNO_3 的还原产物可用检验溶液中是否有 NH_4^+ 的办法来确定。

2)取两支试管，分别各加入 5 滴 0.1 mol·L^{-1} $Fe_2(SO_4)_3$ 和 0.5 mL CCl_4。其中一支试管中加入 5 滴 0.1 mol·L^{-1} KI 溶液，另一支试管中加入 5 滴 0.2 mol·L^{-1} NH_4F 溶液后再加入 5 滴 0.1 mol·L^{-1} KI 溶液，充分振荡两支试管，观察两支试管中 CCl_4 层的颜色有何不同？解释实验现象。

(2)介质对氧化还原反应的影响：在一支盛有 1 mL 0.1 mol·L^{-1} KI 溶液的试管中加入数滴 1 mol·L^{-1} H_2SO_4 酸化，然后逐滴加入 0.1 mol·L^{-1} KIO_3 溶液，振荡并观察现象。然后在该试管中再逐滴加入 6 mol·L^{-1} NaOH 溶液，振荡后又有何现象产生？写出反应方程式。

(3)催化剂对氧化还原反应速率的影响：取三支试管，各加入 10 滴 0.2 mol·L^{-1} $H_2C_2O_4$ 溶液和 4 滴 1 mol·L^{-1} H_2SO_4 溶液，然后向 1 号试管中加入 2 滴 0.002 mol·L^{-1} $MnSO_4$ 溶液，向 3 号试管中加入 2 滴 1 mol·L^{-1} NH_4F 溶液，最后向三支试管中各加入 2 滴 0.1 mol·L^{-1} $KMnO_4$ 溶液，混合均匀后观察三支试管中红色褪去的快慢，必要时可水浴加热。解释实验现象。

3.原电池电动势的测定

在两个 50 mL 小烧杯中分别加入 1 mol·L^{-1} $CuSO_4$ 溶液和 $ZnSO_4$ 溶液各 20 mL，在 $CuSO_4$ 溶液中插入 Cu 片，在 $ZnSO_4$ 溶液中插入 Zn 片，用盐桥将两烧杯中的溶液联通。通过导线将 Cu 极与伏特计(或酸度计)正极相接，Zn 极与伏特计(或酸度计)的负极相接。测量其电动势。

在盛 $CuSO_4$ 溶液的小烧杯中滴加浓氨水，不断搅拌，直至生成的沉淀完全溶解变成深蓝色的 $[Cu(NH_3)_4]^{2+}$ 溶液为止。测量其电动势。

再在盛 $ZnSO_4$ 溶液的小烧杯中滴加浓氨水，使沉淀完全溶解变成 $[Zn(NH_3)_4]^{2+}$，再测量其电动势。

比较以上三次测量的结果，说明浓度对电极电势的影响。

【思考题】

(1)总结哪些因素影响电极电势？如何影响？

(2)为什么重铬酸钾可以氧化浓盐酸中的氯离子，而不能氧化稀盐酸中的氯离子，更不能氧化氯化钠浓溶液中的氯离子？

(3)金属铁分别与 HCl 和 HNO_3 作用，得到的主要产物各是什么？

（4）氧化还原反应进行程度的大小和反应速率的快慢是否必然一致？为什么？

实验 15　配位化合物

【实验目的】

（1）了解配离子和简单离子的区别。

（2）了解配合物的组成和性质。

（3）掌握酸碱解离平衡、沉淀溶解平衡与配位解离平衡的相互影响，比较配离子的稳定性。

（4）利用常见的配位反应分离混合离子。

【预习要点】

（1）学习无机及分析化学教材中有关配合物的组成、性质及配位解离平衡等基本内容。

（2）设计 Ag^+，Cu^{2+}，Al^{3+} 的分离方案。

【实验原理】

由中心离子（或原子）与中性分子（或阴离子）按一定组成和空间结构以配位键结合所形成的化合物称为配位化合物（简称配合物）。金属离子形成配合物后，一系列性质如颜色、氧化性、还原性等都会发生改变。例如 Cu^{2+} 与 $[Cu(NH_3)_4]^{2+}$ 的颜色不同；Hg^{2+} 在形成配离子 HgI_4^{2-} 后氧化能力明显下降。

配合物一般可以分为内界和外界两部分，金属离子（作为中心离子）与一定数目的配位体组成配合物的内界，其余离子处于外界。例如 $[Cu(NH_3)_4]SO_4$ 中 $[Cu(NH_3)_4]^{2+}$ 为内界，SO_4^{2-} 为外界。

中心离子在形成配合物时，金属离子常有其特征的配位数。如 Fe(Ⅲ)，Cu(Ⅱ)，Ag(Ⅰ)的特征配位数分别为 6，4，2。同一金属离子与同一配体形成配合物时，配位数也可能随实验条件的改变而有所改变。例如 Fe(Ⅲ)与磺基水杨酸在不同酸度时，生成三种不同组成的配合物（参阅实验 16）。配离子的组成有时还随配体的浓度，溶液的温度和酸度而变化。如 $CoCl_2$ 在冷的稀溶液中以 $[Co(H_2O)_6]^{2+}$ 存在呈粉红色，但随溶液温度的升高因生成 $[Co(H_2O)_2Cl_4]^{2-}$ 而呈蓝色。

每种配离子在水溶液中都存在着配位解离平衡。如：

$$Ag^+ + 2NH_3 \rightleftharpoons [Ag(NH_3)_2]^+$$

$$K_{稳} = \frac{[Ag(NH_3)_2^+]}{[Ag^+][NH_3]^2}$$

$K_{稳}$ 被称为稳定常数。不同配离子具有不同的稳定常数。在一定温度下,对于同种类型的配离子,$K_{稳}$值越大,表示配离子越稳定。

根据化学平衡移动原理,改变中心离子或配位体的浓度会使配位解离平衡发生移动。如加入沉淀剂、其他配合剂、改变溶液的浓度及酸度等,配位解离平衡都将发生移动。

【仪器和试剂】

(1)仪器:白点滴板;离心机;性质实验常用玻璃仪器。

(2)试剂:$HClO_4$($0.1\ mol \cdot L^{-1}$);NaOH($2\ mol \cdot L^{-1}$,$6\ mol \cdot L^{-1}$);$NH_3 \cdot H_2O$($2\ mol \cdot L^{-1}$,$6\ mol \cdot L^{-1}$);H_2SO_4($2\ mol \cdot L^{-1}$);$CuSO_4$($1\ mol \cdot L^{-1}$);$AgNO_3$($0.1\ mol \cdot L^{-1}$);$HgCl_2$($0.1\ mol \cdot L^{-1}$);$SnCl_2$($0.1\ mol \cdot L^{-1}$);KI($0.1\ mol \cdot L^{-1}$);$FeCl_3$($0.1\ mol \cdot L^{-1}$);$BaCl_2$($0.1\ mol \cdot L^{-1}$);KBr($0.1\ mol \cdot L^{-1}$);$CoCl_2$($1\ mol \cdot L^{-1}$);$Na_2S_2O_3$($0.1\ mol \cdot L^{-1}$);NH_4SCN 或 KSCN($0.1\ mol \cdot L^{-1}$);NH_4F 或 NaF($0.1\ mol \cdot L^{-1}$);$Cu(NO_3)_2$($0.1\ mol \cdot L^{-1}$);$Al(NO_3)_3$($0.1\ mol \cdot L^{-1}$);$K_3[Fe(CN)_6]$($0.1\ mol \cdot L^{-1}$);NH_4Cl($0.1\ mol \cdot L^{-1}$);$K_4[Fe(CN)_6]$($0.1\ mol \cdot L^{-1}$);NaCl($0.1\ mol \cdot L^{-1}$);$FeSO_4$($0.1\ mol \cdot L^{-1}$);磺基水杨酸($0.1\ mol \cdot L^{-1}$);铝试剂;KSCN(s)。

【实验内容】

1. 配离子与简单离子的性质比较

(1)在试管中加入 10 滴 $0.1\ mol \cdot L^{-1} CuSO_4$ 溶液,再逐滴加入 $2\ mol \cdot L^{-1}$ 氨水,至蓝色沉淀溶解,观察溶液的颜色(保留溶液下面实验使用),并与 $CuSO_4$ 溶液的颜色比较。两种溶液中都有 Cu(Ⅱ),为什么颜色不同? 写出有关反应方程式。

(2)往盛有 3 滴 $0.1\ mol \cdot L^{-1} HgCl_2$ 溶液中逐滴加入 $0.1\ mol \cdot L^{-1} SnCl_2$ 溶液,观察沉淀的生成和颜色的变化。写出反应方程式。

往盛有 4 滴 $0.1\ mol \cdot L^{-1} HgCl_2$ 溶液中逐滴加入 $0.1\ mol \cdot L^{-1} KI$ 溶液,至橘红色沉淀溶解后再多加几滴。然后,逐滴加入 $0.1\ mol \cdot L^{-1} SnCl_2$ 溶液,与上述现象比较,并加以解释。

(3)在试管中加入 $0.1\ mol \cdot L^{-1} FeCl_3$ 溶液,然后逐滴加入少量 $2\ mol \cdot L^{-1}$ NaOH 溶液,观察现象。

以 $0.1\ mol \cdot L^{-1} K_3[Fe(CN)_6]$ 溶液代替 $FeCl_3$ 做同样的实验,观察现象,比较二者有何不同,并加以解释。

2. 配合物的组成

(1)设计一个实验,证明$[Cu(NH_3)_4]SO_4$配合物中$Cu(II)$是在内界,SO_4^{2-}离子在外界。

(2)在 100 mL 小烧杯中加入 5 滴 $0.1\ mol \cdot L^{-1}\ FeCl_3$,5 滴 $0.1\ mol \cdot L^{-1}$ 磺基水杨酸,$2\ mL\ 0.1\ mol \cdot L^{-1}\ HClO_4$ 及 10 mL 水,摇匀,观察生成的配合物颜色。向该溶液中逐滴加入 $2\ mol \cdot L^{-1}\ NaOH$,观察溶液颜色的变化,并解释之(参阅实验 16)。

(3)在试管中加入约 $1\ mL\ 1\ mol \cdot L^{-1}\ CoCl_2$ 溶液,观察溶液的颜色。将溶液加热(加热时间要稍长些),观察溶液变为蓝色(生成$[Co(H_2O)_2Cl_4]^{2-}$)。然后将溶液冷却,观察溶液又变成$[Co(H_2O)_6]^{2+}$ 的粉红色。

3. 配离子的离解及稳定性比较

(1)在一支离心试管中,按下列顺序试验之(亦可在白点滴板上试验之)。

$$Ag^+(2\ \text{滴}\ 0.1\ mol \cdot L^{-1}\ AgNO_3)\xrightarrow[\text{(0.1 mol} \cdot L^{-1})]{Cl^-}AgCl(s)(\text{白色})\xrightarrow[\text{(2 mol} \cdot L^{-1})]{NH_3 \cdot H_2O}$$

$$[Ag(NH_3)_2]^+\xrightarrow[\text{(0.1 mol} \cdot L^{-1})]{Br^-}AgBr(s)(\text{淡黄色})\xrightarrow[\text{(0.1 mol} \cdot L^{-1})]{S_2O_3^{2-}}$$

$$[Ag(S_2O_3)_2]^{3-}\xrightarrow[\text{(0.1 mol} \cdot L^{-1})]{I^-}AgI(s)(\text{黄色})$$

观察上述沉淀溶解的交替变化,比较各配离子的稳定性,并用 $K_{稳}$,K_{sp} 数据说明之。

(2)取上面制得的$[Cu(NH_3)_4]SO_4$溶液,滴加 $2\ mol \cdot L^{-1}\ H_2SO_4$,观察现象并解释之。

(3)在一支试管中滴入 5 滴 $0.1\ mol \cdot L^{-1}\ FeCl_3$,加入 1 滴 $0.1\ mol \cdot L^{-1}$ KSCN 溶液,观察现象然后逐滴加入 $0.1\ mol \cdot L^{-1}\ NaF$,观察血红色退去。试从配离子的稳定性解释。

4. 利用配合反应分离混合金属离子

取 $0.1\ mol \cdot L^{-1}\ AgNO_3$,$Cu(NO_3)_2$,$Al(NO_3)_3$ 各 5 滴,混合后设计分离方案并试验之。

【思考题】

(1)总结本实验中所观察到的现象,说明有哪些因素影响配位解离平衡?

(2)SO_4^{2-},Cl^- 都是无色的,为什么 $CuSO_4$,$CuCl_2$ 浓溶液的颜色有差别?

(3)要使本实验 3(1)中生成的 AgI 再溶解,应用什么配合剂?试从 $K_{稳}$ 和 K_{sp} 数据说明之。

实验 16　　磺基水杨酸合铁（Ⅲ）配合物的组成及稳定常数的测定

【实验目的】

(1)了解分光光度法测定有色物质浓度的方法。

(2)了解分光光度法测定溶液中配合物的组成及稳定常数的原理和方法。

(3)学习分光光度计的使用方法。

(4)学习有关实验数据处理的方法。

【预习要点】

(1)用等物质的量系列法测定配合物的组成及稳定常数的基本原理。

(2)721 或 722 型分光光度计的构造及使用方法。

【实验原理】

当一束平行的波长一定的单色光通过一定厚度的有色溶液时,有色物质对光的吸收程度(用吸光度表示)与有色物质的浓度、液层厚度成正比:

$$A = Kcb$$

这就是朗伯-比尔定律。式中 A 为有色物质的吸光度,c 为有色物质浓度,b 为液层厚度;K 为比例系数,其数值与入射光的波长、有色物质的性质和温度有关。在有色物质成分明确,其相对分子量已知的情况下,可用 k 代替 K,k 称为物质的摩尔吸收系数,在数值上等于当吸光物质的浓度为 $1\ mol \cdot L^{-1}$,液层厚度为 $1\ cm$ 时所测得的溶液的吸光度。此时光吸收定律可写为:$A=kcb$。当入射光波长和液层厚度一定时,溶液的吸光度 A 只与溶液的浓度 c 成正比。

磺基水杨酸(,简式为 H_3R)与 Fe^{3+} 所形成配合物的组成和颜色因 pH 不同而不同。当溶液的 pH 在 $1.5\sim3.0$ 时,形成紫红色配合物;pH 在 $4\sim9$ 时,生成红色配合物;pH 在 $9\sim11$ 时,生成黄色配合物。

本实验用分光光度法中的等物质的量系列法测定 pH＝2.0 时磺基水杨酸与 Fe^{3+} 所形成的紫红色配合物的组成和稳定常数。实验中通过加入一定量的 $HClO_4$ 溶液来控制溶液的酸度。这种方法要求在一定条件下,只能形成一种稳定的配合物,并且溶液中的金属离子与配体都是无色的,只有形成的配合物有颜色。这样,溶液的吸光度只与配合物本身的浓度成正比。本实验中磺基水杨酸是无色的,Fe^{3+} 溶液的浓度很稀,也接近无色。

　　等物质的量系列法就是保持每份溶液中金属离子与配体的物质的量之和不变(即总的物质的量不变)的前提下,改变 n_M 和 n_R 的相对量,使两者的摩尔比连续递变,配制一系列溶液并测定每份溶液的吸光度。若以不同的摩尔比 $\dfrac{n_M}{n_M+n_R}$ 为横坐标,对应的吸光度 A 为纵坐标作图,就得到了摩尔比-吸光度曲线,如图 5-2 所示。显然在这一系列溶液中,有一些溶液的金属离子是过量的,而另一些溶液则配位体过量。在这两部分溶液中,配离子的浓度都不可能达到最大值,因此溶液的吸光度也不可能达到最大值,只有当溶液中金属离子与配位体的物质的量之比与配离子的组成一致时,配离子的浓度才最大,因而吸光度才最大。所以曲线上与吸光度极大值相对应的摩尔比就是该有色配合物中金属离子与配体的组成之比。

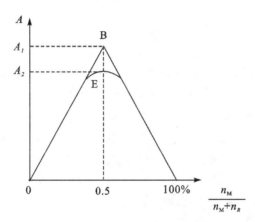

图 5-2　摩尔比-吸光度曲线

　　图 5-2 是一个典型的低稳定性配合物 MR 的摩尔比与吸光度曲线,将两条直线部分延长相交于 B 点,B 点位于 50% 处,即金属离子与配体的物质的量之比为 1∶1。从图 5-1 中可以看出,当完全以 MR 形式存在时,在 B 点 MR 的浓度最大,对应的吸光度为 A_1,但由于配合物一部分解离,实验测得的实际最大吸光度对应于 E 点的 A_2。

　　若配合物的解离度为 α,则 $\alpha = \dfrac{A_1 - A_2}{A_1}$。

　　对于 1∶1 型配合物的表观稳定常数 K 可由下列平衡关系导出:

$$M + R \Longrightarrow MR$$

起始浓度　　　　　　0　　0　　　　c

平衡浓度 $\qquad c\alpha \quad c\alpha \quad c(1-\alpha)$

$$K = \frac{c_{MR}}{c_M c_R} = \frac{1-\alpha}{c\alpha^2}$$

式中，c 为 B 点(或 E 点)相对应的溶液中金属离子的总物质的量浓度(即 MR 的起始浓度)。

【仪器和试剂】

(1)仪器:分光光度计;烧杯(50 mL);容量瓶(100 mL);吸量管(10 mL)。

(2)试剂:$NH_4Fe(SO_4)_2$ (0.010 0 mol·L^{-1},以分析纯 $NH_4Fe(SO_4)_2$·$12H_2O$ 晶体溶于 0.01 mol·L^{-1} $HClO_4$ 配制而成);磺基水杨酸(0.010 0 mol·L^{-1},以分析纯磺基水杨酸溶于 0.01 mol·L^{-1} $HClO_4$ 配制而成);$HClO_4$ (0.01 mol·L^{-1})。

【实验内容】

1. 0.001 00 mol·L^{-1} Fe^{3+} 溶液和 0.001 00 mol·L^{-1}磺基水杨酸溶液的配制

用吸量管准确移取 10.00 mL 0.010 0 mol·L^{-1} $NH_4Fe(SO_4)_2$溶液于 100 mL 容量瓶中,用 0.01 mol·L^{-1} $HClO_4$溶液稀释至刻度,摇匀备用。

同法配制 0.001 00 mol·L^{-1}磺基水杨酸溶液。

2. 系列溶液的配制

用三支 10 mL 吸量管按照表 5-5 所示的溶液体积,分别移取 0.01 mol·L^{-1} $HClO_4$溶液、0.001 00 mol·L^{-1} Fe^{3+}溶液和 0.001 00 mol·L^{-1}磺基水杨酸溶液,分别加入到 11 只干燥的 50 mL 小烧杯中,摇匀。

3. 测定等物质的量系列溶液的吸光度

用 721 或 722 型分光光度计,在 $\lambda = 500$ nm,$b = 1$ cm 的比色条件下,以蒸馏水为空白,测定一系列混合物溶液的吸光度 A,并记录于表中。

表 5-5　磺基水杨酸合铁(Ⅲ)配合物的组成及吸光度的测定

混合液编号	1	2	3	4	5	6	7	8	9	10	11
0.01 mol·L^{-1} $HClO_4$ 体积/mL	10.00	10.00	10.00	10.00	10.00	10.00	10.00	10.00	10.00	10.00	10.00
0.001 00 mol·L^{-1} Fe^{3+} 体积/mL	0	1.00	2.00	3.00	4.00	5.00	6.00	7.00	8.00	9.00	10.00
0.001 00 mol·L^{-1}磺基水杨酸体积/mL	10.00	9.00	8.00	7.00	6.00	5.00	4.00	3.00	2.00	1.00	0

续表

混合液编号	1	2	3	4	5	6	7	8	9	10	11
体积=$\dfrac{V_{Fe^{3+}}}{V_{Fe^{3+}}+V_R}$											
吸光度(A)											

【数据处理】

(1)以体积比 $\dfrac{V_{Fe^{3+}}}{V_{Fe^{3+}}+V_R}$ 为横坐标,对应的吸光度 A 为纵坐标作图。

(2)从图上的有关数据,确定在本实验条件下,Fe^{3+} 与磺基水杨酸形成的配合物的组成,并求出 α 和表观稳定常数 K。

【思考题】

(1)用等物质的量系列法测定配合物组成时,为什么溶液中金属离子的物质的量与配位体的摩尔比正好与配合物组成相同时,配合物的浓度最大?

(2)在本实验中,为何能用体积比($\dfrac{V_{Fe^{3+}}}{V_{Fe^{3+}}+V_R}$)代替摩尔比为横坐标作图?

(3)本实验中为什么要用 $0.01\ mol\cdot L^{-1}$ $HClO_4$ 控制溶液的 pH$=2.0$,用 H_3PO_4 或 H_2SO_4 是否可以? 为什么?

第6章 元素化学实验

实验17 s区金属元素及其化合物的性质

【实验目的】

(1)掌握金属钠单质,氧化物的性质及碱金属和碱土金属某些盐类的溶解性。

(2)了解焰色反应。

(3)利用 Mg^{2+} , Ca^{2+} 及 Ba^{2+} 的性质,自行设计方案分离混合溶液中的各离子。

【预习要点】

某些碱金属和碱土金属离子的性质及其一些盐类的溶解性。

【实验原理】

碱金属和碱土金属分别是元素周期表中ⅠA,ⅡA族金属元素,它们的化学性质活泼,能直接或间接地与电负性较高的非金属元素反应;除 Be 外,都可与水反应,其中碱金属与水反应十分激烈。

碱金属的绝大部分盐类易溶于水,碱土金属盐类的溶解度较碱金属盐类低,其碳酸盐、磷酸盐和草酸盐都是难溶的,钙、锶、钡的硫酸盐和铬酸盐也是难溶的,利用这些盐类的溶解度性质可以进行沉淀分离和离子检出。

碱金属和钙、锶、钡的挥发性化合物在高温灼烧时能使火焰呈现特征的颜色,这是因为这些金属元素的原子在接受火焰提供的能量时,其外层电子将会被激发到能量较高的激发态。处于激发态的外层电子不稳定,又要跃迁到能量较低的基态。不同元素原子的外层电子具有不同能量的基态和激发态。在这个过程中就会产生不同波长的电磁波,如果这种电磁波的波长是在可见光波长范围内,就会在火焰中观察到这种元素的特征颜色,常见的焰色反应见表 6-1。利用元素的焰色反应就可以检验一些金属或金属化合物的存在。

表 6-1　常见的焰色反应

Li	Na	Rb	Cs	K
紫红色	黄色	紫色	紫红色	浅紫色 (透过蓝色钴玻璃)

Ca	Sr	Ba	Cu
砖红色	洋红色	黄绿色	绿色

【仪器和试剂】

(1)仪器:离心机;酒精灯(或煤气灯);镊子;小刀;研钵;坩埚。

(2)试剂:HCl(2 mol·L^{-1});HAc(2 mol·L^{-1},6 mol·L^{-1});$CaCl_2$(0.1 mol·L^{-1});$(NH_4)_2C_2O_4$(饱和);$BaCl_2$(0.1 mol·L^{-1});K_2CrO_4(0.1 mol·L^{-1});$MgCl_2$(0.1 mol·L^{-1});酚酞;金属钠(s);$LiCl$(s);$NaCl$(s);KCl(s);$CaCl_2$(s);$SrCl_2$(s);$BaCl_2$(s);铂丝(或镍丝);蓝色钴玻璃;滤纸;pH 试纸。

【实验内容】

1.金属钠与汞反应(演示实验)

用镊子取一块绿豆粒大小的金属钠,用滤纸吸干其表面的煤油,放在研钵中,滴入 2 滴汞,轻轻地研磨(注意:不可用力过大),即可得到钠汞齐。观察反应情况和产物的颜色。将得到的钠汞齐转入盛有少量水(加入 1 滴酚酞)的烧杯中,观察实验现象。

2.钠与空气中氧气的作用

(1)取出一小块金属钠,用小刀切下绿豆粒大小的一块,用滤纸吸干其表面的煤油,观察其表面及新切面的颜色。立即将钠置于坩埚中加热,当钠刚开始燃烧时,停止加热。观察反应情况及产物的颜色和状态。写出反应方程式。

(2)取上述产物(Na_2O_2)少许,放入盛有 2 mL 蒸馏水的小试管中,观察是否有气体放出。检验气体并检验溶液的酸碱性。

3.草酸钙的生成及性质

在一支试管中滴入 10 滴 0.1 mol·L^{-1} $CaCl_2$溶液和 10 滴饱和草酸铵溶液,观察产物的颜色和状态。然后将沉淀分成两份,分别滴加 2 mol·L^{-1} HCl溶液和 6 mol·L^{-1} HAc溶液,观察沉淀的溶解情况。

4.钙和钡的铬酸盐的生成和性质

往两支试管中分别滴入 10 滴0.1 mol·L^{-1} $CaCl_2$溶液和 10 滴 0.1 mol·L^{-1} $BaCl_2$溶液,再滴入 10 滴0.1 mol·L^{-1} K_2CrO_4溶液,观察反应现象。分别试

验产物与 2 mol·L^{-1}HCl 和2 mol·L^{-1}HAc 溶液的反应情况。

5.焰色反应

用洗净的铂丝(或镍丝)分别蘸上少量 LiCl,NaCl,KCl,CaCl$_2$,SrCl$_2$,BaCl$_2$固体,在氧化焰中灼烧(观察钾时,用蓝色钴玻璃滤光),观察它们的焰色。

6.设计实验

水溶液中 Mg^{2+},Ca^{2+} 及 Ba^{2+} 混合离子的分离和鉴定:分别取含有 Mg^{2+},Ca^{2+} 及 Ba^{2+} 的试剂各 5 滴,加到离心试管中,混合均匀后,按自己设计的步骤进行分离和鉴定。

提示:利用碳酸盐溶解性不同,将 Ca^{2+} 和 Ba^{2+} 与 Mg^{2+} 分开,Ca^{2+} 和 Ba^{2+} 的分离则利用其铬酸盐溶解度的差异。

【注意事项】

(1)金属钠的保存与取用:

1)金属钠保存在煤油中,放在阴凉处。

2)切割金属钠时,用镊子夹住,切勿与皮肤接触。

3)用滤纸吸干煤油。吸过煤油的滤纸不可乱丢,应及时烧掉。

4)未用完的钠屑不能乱丢,可放在少量酒精中使其缓慢氧化。

(2)金属钠与汞的反应应在通风橱中进行,必须使钠汞齐中的钠与水反应完全,然后将余下的汞倒回汞的回收瓶中(切勿散失!)。

(3)铂丝(或镍丝)使用:

1)洗涤:将铂丝(或镍丝)蘸 2 mol·L^{-1}HCl 溶液后在氧化焰中灼烧,重复上述操作直到焰色为"无色",即可进行焰色反应。

2)铂丝(或镍丝)熔接在玻璃棒上,应注意已烧热的玻璃棒端头,切勿接触冷水或冷溶液,否则会炸裂。

3)铂丝(或镍丝)很细,不要来回折,否则会折断。

【思考题】

(1)如何分离 Ca^{2+},Ba^{2+}? 是否可用硫酸分离 Ba^{2+},Ca^{2+}? 为什么?

(2)如何分离 Mg^{2+},Ca^{2+}? Mg(OH)$_2$ 和 MgCO$_3$ 为什么都可溶于饱和NH$_4$Cl 溶液中?

(3)试述区别碳酸氢钠和碳酸钠的方法。

(4)市售氢氧化钠中为什么常含有杂质碳酸钠? 怎样用最简便的方法加以检验? 如何除去它?

(5)为什么选用过氧化钠作为潜水密封舱中的供氧剂?

(6)为什么 Ca 与盐酸反应剧烈,而与硫酸反应缓慢?

实验 18　p 区（Ⅰ）元素：卤素、氧、硫、氮、磷

【实验目的】

(1) 掌握过氧化氢及硫化物的主要性质。

(2) 掌握卤素离子的还原性。

(3) 掌握卤素、硫、氮、磷主要含氧酸及其盐的性质。

【预习要点】

(1) 学习有关卤素、氧、硫、氮、磷单质及化合物的性质。

(2) 预习有关有毒气体及强氧化性试剂使用的安全知识。

【实验原理】

卤素、氧、硫、氮、磷在元素周期表中分别位于ⅦA，ⅥA 和ⅤA 族，它们均为 p 区元素中有代表性的非金属元素。

卤素单质都是强氧化剂，其氧化性顺序为 $F_2 > Cl_2 > Br_2 > I_2$。而卤素离子的还原性能力为 $F^- < Cl^- < Br^- < I^-$。

卤素单质的歧化是卤素的一个重要性质。将氯气通入冷的碱溶液中生成次氯酸盐，通入热的碱溶液中生成氯酸盐：

$$Cl_2 + 2OH^- \xLongequal{冷} Cl^- + ClO^- + H_2O$$

$$3Cl_2 + 6OH^- \xLongequal{热} 5Cl^- + ClO_3^- + 3H_2O$$

卤素的各种含氧酸盐都具有氧化性。次氯酸盐的氧化性比氯酸盐的氧化性强，次氯酸盐在碱性溶液中就是强氧化剂，而氯酸盐在酸性溶液中才能表现出明显的氧化性。

H_2O_2 分子中氧的氧化数为 -1，它既有氧化性又有还原性。H_2O_2 不太稳定，在室温下分解较慢，光照、受热或有 MnO_2 及其他重金属离子存在时可加速 H_2O_2 的分解。

在酸性溶液中，H_2O_2 与 $Cr_2O_7^{2-}$ 反应生成蓝色的过氧化铬，其反应方程式为

$$4H_2O_2 + Cr_2O_7^{2-} + 2H^+ = 2CrO(O_2)_2 + 5H_2O$$

$CrO(O_2)_2$ 不稳定，但在某些有机溶剂如乙醚、戊醇中较稳定。

S^{2-} 可以和多种金属离子生成颜色不同、溶解度不同的金属硫化物。例如，Na_2S 可溶于水；ZnS（白色）难溶于水，易溶于稀盐酸；CdS（黄色）不溶于稀盐酸，易溶于较浓盐酸；CuS（黑色）不溶于盐酸，可溶于硝酸；HgS（黑色）不溶于硝酸，可溶于王水。依据金属硫化物溶解度和颜色的不同，可分离和鉴定金属离子。

硫的含氧酸及其盐中，浓硫酸、过二硫酸及其盐具有强氧化性。如在 Ag^+

的催化作用下,过二硫酸盐可将 Mn^{2+} 氧化成 MnO_4^-。

$$2Mn^{2+}+5S_2O_8^{2-}+8H_2O \xrightarrow[\Delta]{Ag^+} 2MnO_4^-+10SO_4^{2-}+16H^+$$

处于中间氧化态的硫的含氧酸及其盐既有氧化性又有还原性,但以还原性为主。如 $Na_2S_2O_3$ 能将 I_2 还原成 I^-,而本身被氧化成连四硫酸钠:

$$2Na_2S_2O_3+I_2=Na_2S_4O_6+2NaI$$

$Na_2S_2O_3 \cdot H_2O$ 称为海波或大苏打,是一种重要的含氧酸盐,它的溶液遇酸易分解:

$$S_2O_3^{2-}+2H^+=SO_2(g)+S(s)+H_2O$$

亚硝酸是弱酸,可通过亚硝酸盐和稀酸作用得到,它极不稳定,常温下即可分解,只有在较低温度下才能存在。

$$2HNO_2 = NO_2(g)+NO(g)+H_2O$$

亚硝酸及其盐既有氧化性,又有还原性。例如,$NaNO_2$ 既可作氧化剂将 I^- 氧化为 I_2,又可作为还原剂被 MnO_4^- 所氧化。

磷能形成多种含氧酸。较常用到的是具有中等强度酸性的正磷酸及可溶性磷酸盐的酸碱性。PO_4^{3-} 在 HNO_3 介质中能与钼酸铵作用生成黄色难溶的沉淀:

$$PO_4^{3-}+3NH_4^++12MoO_4^{2-}+24H^+=(NH_4)_3P(Mo_3O_{10})_4(s)(黄色)+12H_2O$$

此反应可用于鉴定 PO_4^{3-}。

磷酸根、偏磷酸根和焦磷酸根可通过分别加入 $AgNO_3$ 和蛋白溶液的方法来区别。

【仪器和试剂】

(1)仪器:离心机;试管;离心试管;烧杯;酒精灯;点滴板。

(2)试剂:HCl ($2\ mol \cdot L^{-1}$,$6\ mol \cdot L^{-1}$,浓);HNO_3 ($2\ mol \cdot L^{-1}$,浓);H_2SO_4($1\ mol \cdot L^{-1}$,$3\ mol \cdot L^{-1}$,浓);HAc($2\ mol \cdot L^{-1}$);$NaOH$($2\ mol \cdot L^{-1}$);$NH_3 \cdot H_2O$(浓);Na_2CO_3($0.5\ mol \cdot L^{-1}$);KI($0.1\ mol \cdot L^{-1}$);$KMnO_4$($0.01\ mol \cdot L^{-1}$,$0.1\ mol \cdot L^{-1}$);Na_2SO_3($0.1\ mol \cdot L^{-1}$);$Na_2S_2O_3$($0.1\ mol \cdot L^{-1}$);$NaNO_2$($0.1\ mol \cdot L^{-1}$,饱和);Na_3PO_4($0.1\ mol \cdot L^{-1}$);Na_2HPO_4($0.1\ mol \cdot L^{-1}$);$NaPO_3$($0.2\ mol \cdot L^{-1}$);$Na_4P_2O_7$($0.1\ mol \cdot L^{-1}$);$AgNO_3$($0.1\ mol \cdot L^{-1}$);$MnSO_4$($0.002\ mol \cdot L^{-1}$);$NaCl$($0.1\ mol \cdot L^{-1}$);$ZnSO_4$($0.1\ mol \cdot L^{-1}$);$CdSO_4$($0.1\ mol \cdot L^{-1}$);$CuSO_4$($0.1\ mol \cdot L^{-1}$);$Hg(NO_3)_2$($0.1\ mol \cdot L^{-1}$);$K_2Cr_2O_7$($0.1\ mol \cdot L^{-1}$);H_2O_2(3%);H_2S(饱和);氯水;碘水;乙醚;CCl_4;品红溶液;蛋白溶液;钼酸铵试剂;$NaCl(s)$;

$KBr(s)$；$KI(s)$；$K_2S_2O_8(s)$；$KClO_3(s)$；$MnO_2(s)$；冰；pH 试纸；醋酸铅试纸；淀粉碘化钾试纸。

【实验内容】

1. 卤素离子的还原性

（1）往盛有少量 KI 固体的试管中加入 1 mL 浓硫酸,观察产物的颜色和状态,用湿的醋酸铅试纸检验气体产物,写出反应方程式。

（2）往盛有少量 KBr 固体的试管中加入 1 mL 浓 H_2SO_4,观察产物的颜色和状态,用湿的淀粉碘化钾试纸检验产生的气体,写出反应方程式。

（3）往盛有少量 NaCl 固体的试管中加入 1 mL 浓 H_2SO_4,微微加热,观察反应产物的颜色和状态,用蘸有浓氨水的玻璃棒移近管口检验产生的气体（或用湿的 pH 试纸检验）,写出反应方程式。

根据实验结果比较 Cl^-,Br^-,I^- 还原性的强弱和变化规律。

2. 卤素的含氧酸及含氧酸盐的性质

（1）次氯酸钠的氧化性:往一支试管中加入 2 mL 氯水,逐滴加入 2 mol·L^{-1} NaOH 至溶液呈碱性(pH＝8～9)。将所得溶液分成三份进行下列试验:①与浓盐酸作用,设法证明气体产物;②与碘化钾溶液作用;③与品红溶液作用。

记录反应现象并写出①和②的反应方程式。

（2）氯酸钾的氧化性:取少量 $KClO_3$ 晶体于试管中,加入约 1 mL 水使之溶解,再加入 1 mL 0.1 mol·L^{-1} KI 溶液和 0.5 mL CCl_4,充分振荡,观察水层和 CCl_4 层颜色有何变化,再加入 2 mL 3 mol·L^{-1} H_2SO_4,充分振荡,观察有何变化。

根据以上实验比较次氯酸盐与氯酸盐的性质。

3. 过氧化氢的性质和鉴定

（1）过氧化氢的催化分解:在两支试管中分别加入 2 mL 3% H_2O_2 溶液,将其中一支试管在水浴上加热,有何现象？用带余烬的火柴放在试管口,有何现象？在另一支试管内加入少量 MnO_2 固体,有何现象？迅速用带余烬的火柴放在试管口,检验生成的气体。MnO_2 对 H_2O_2 分解起了什么作用？写出反应方程式。

（2）过氧化氢的氧化性:在试管中加入几滴 0.1 mol·L^{-1} KI 溶液,用稀 H_2SO_4 酸化后滴加 3% H_2O_2 溶液,观察现象。写出反应方程式。

（3）过氧化氢的还原性:在试管中加入几滴 0.1 mol·L^{-1} $KMnO_4$ 溶液,用稀 H_2SO_4 酸化后滴加 3% H_2O_2 溶液,观察现象。写出反应方程式。

(4)过氧化氢的鉴定:取 1 滴 H_2O_2 溶液、加入 2 mL 蒸馏水、0.5 mL 乙醚、0.5 mL 稀硫酸溶液,再加入 3 滴 $0.1\ mol\cdot L^{-1}\ K_2Cr_2O_7$ 溶液,振荡试管,观察水层和乙醚层颜色的变化并予以解释。

4.硫化物的颜色和溶解性

分别往盛有 5 滴 $0.1\ mol\cdot L^{-1}\ NaCl,ZnSO_4,CdSO_4,CuSO_4$ 和 $Hg(NO_3)_2$ 溶液的离心试管中加入 1 mL 饱和 H_2S 水溶液,观察沉淀的生成和颜色,离心分离,弃去清液,洗涤沉淀。分别试验这些沉淀在 $2\ mol\cdot L^{-1},6\ mol\cdot L^{-1}\ HCl$ 和浓 HNO_3 中的溶解情况。

根据实验结果,对金属硫化物的溶解性作出比较,写出反应方程式。

5.硫的含氧酸及含氧酸盐性质

(1)亚硫酸、硫代硫酸的分解:

1)往 $0.1\ mol\cdot L^{-1}\ Na_2SO_3$ 溶液中滴加 $2\ mol\cdot L^{-1}\ HCl$,观察有什么变化?写出反应方程式。

2)往 $0.1\ mol\cdot L^{-1}\ Na_2S_2O_3$ 溶液中滴加 $2\ mol\cdot L^{-1}\ HCl$,观察有什么变化?写出反应方程式。

(2)亚硫酸盐的氧化还原性:分别试验酸性介质中 $0.1\ mol\cdot L^{-1}\ Na_2SO_3$ 与饱和 H_2S 水溶液、$0.01\ mol\cdot L^{-1}\ KMnO_4$ 溶液的反应,观察现象并写出反应方程式。

(3)硫代硫酸钠的还原性:往 $0.1\ mol\cdot L^{-1}\ Na_2S_2O_3$ 的溶液中加入碘水,溶液的颜色有何变化?写出反应方程式。

(4)过二硫酸盐的氧化性:往试管中加入 5 mL $1\ mol\cdot L^{-1}\ H_2SO_4$、5 mL 蒸馏水和 4 滴 $0.002\ mol\cdot L^{-1}\ MnSO_4$ 溶液,混合均匀后,将溶液分成两份。

1)往一份溶液中加入 1 滴 $0.1\ mol\cdot L^{-1}\ AgNO_3$ 溶液和少量 $K_2S_2O_8$ 固体,微热之,观察溶液颜色有何变化?写出反应方程式。

2)另一份溶液中只加少量 $K_2S_2O_8$ 固体,微热之,观察溶液颜色有无变化。比较两个试验结果有什么不同?为什么?

6.亚硝酸和亚硝酸盐的性质

(1)亚硝酸的生成和分解:将在冰水中冷却过的 1 mL 饱和 $NaNO_2$ 溶液和 1 mL $1\ mol\cdot L^{-1}\ H_2SO_4$ 于试管中混合,观察现象。将溶液放置一段时间,有何现象发生?解释并写出反应方程式。

(2)亚硝酸盐的氧化还原性:分别试验 $0.1\ mol\cdot L^{-1}\ NaNO_2$ 溶液在酸性介质中与 $0.01\ mol\cdot L^{-1}\ KMnO_4$,$0.1\ mol\cdot L^{-1}\ KI$ 溶液的反应。观察现象并写出反应方程式。

7.各种磷的含氧酸根的区别与鉴定

（1）PO_4^{3-} 的鉴定：取 2～3 滴 0.1 $mol \cdot L^{-1}$ Na_2HPO_4 溶液，加入 8～10 滴钼酸铵试剂，用玻璃棒摩擦试管内壁，有黄色磷钼酸铵生成，表示有 PO_4^{3-} 存在。

（2）PO_4^{3-}，$P_2O_7^{4-}$，PO_3^- 的区别：

1）分别往 0.1 $mol \cdot L^{-1}$ Na_2HPO_4，$Na_4P_2O_7$ 和 $NaPO_3$ 溶液中加入 0.1 $mol \cdot L^{-1}$ $AgNO_3$ 溶液，有何现象发生？试验沉淀与 2 $mol \cdot L^{-1}$ HNO_3 溶液的作用。

2）在 Na_2HPO_4，$Na_4P_2O_7$ 和 $NaPO_3$ 溶液中各加入 2 $mol \cdot L^{-1}$ HAc 和蛋白溶液，有何现象发生？

【注意事项】

氯气剧毒并有刺激性，吸入人体会刺激喉管引起咳嗽和喘息，因此在做产生氯气的实验时，须在通风橱内进行，室内也要注意通风换气。闻氯气时，不能直接对着管口或瓶口，应当用手将氯气扇向自己的鼻孔。

所有氮的氧化物均有毒，其中 NO_2 对人体危害最大。由于硝酸的分解产物或还原产物多为氮的氧化物，因此涉及硝酸的反应均应在通风橱内进行。

【思考题】

（1）如何区别次氯酸盐和氯酸盐？

（2）今有三瓶未贴标签的溶液，可能为 $NaNO_2$，$Na_2S_2O_3$ 和 KI，如何区别？

（3）欲用酸溶解磷酸银沉淀，在盐酸、硫酸和硝酸中，选用哪一种最适宜，为什么？

（4）在氧化还原反应中，能否用 HNO_3 作为反应的酸性介质？为什么？

（5）H_2S，Na_2S 和 Na_2SO_3 溶液为什么不能长期保存？

实验 19　p 区（Ⅱ）元素：锡、铅、锑、铋

【实验目的】

（1）掌握锡、铅、锑、铋氢氧化物的酸碱性及其盐的水解性。

（2）掌握锡、铅、锑、铋高低价态时的氧化还原性。

（3）掌握锡、铅、锑、铋硫化物和硫代酸盐的生成和性质。

（4）掌握 Sn^{2+}，Pb^{2+}，Sb^{3+}，Bi^{3+} 的鉴定方法。

（5）了解铅的难溶盐及其性质。

【预习要点】

学习无机及分析化学教材中有关锡、铅、锑、铋化合物性质的内容。认真预习本实验原理部分。

【实验原理】

锡、铅、锑、铋分别是元素周期表中ⅣA和ⅤA的p区元素。其中锡、铅能形成+2,+4价化合物,锑、铋能形成+3,+5价化合物。

低氧化态的氢氧化物中$Sn(OH)_2$,$Pb(OH)_2$,$Sb(OH)_3$都显两性,只有$Bi(OH)_3$为碱性氢氧化物。相应低价态的盐除Pb^{2+}水解不显著外,Sn^{2+},Sb^{3+},Bi^{3+}的盐都易水解,其水解产物为碱式盐的沉淀。

$$SnCl_2 + H_2O = Sn(OH)Cl(s)(白色) + HCl$$

$$SbCl_3 + H_2O = SbOCl(s)(白色) + 2HCl$$

$$BiCl_3 + H_2O = BiOCl(s)(白色) + 2HCl$$

因此在配制它们的盐溶液时,应加入足够量相应的酸以抑制碱式盐沉淀的生成。

在锡、铅、锑、铋的化合物中,$Sn(Ⅱ)$具有较强的还原性,$SnCl_2$是常用的还原剂,$Pb(Ⅳ)$,$Bi(Ⅴ)$具有较强的氧化性,PbO_2,$NaBiO_3$是常用的强氧化剂。

例如,$SnCl_2$可将$HgCl_2$还原为Hg_2Cl_2,并进一步还原为Hg,出现灰黑色沉淀:

$$SnCl_2 + 2HgCl_2 = SnCl_4 + Hg_2Cl_2(s)(白色)$$

$$SnCl_2 + Hg_2Cl_2 = SnCl_4 + 2Hg(s)(黑色)$$

这一反应可用来鉴定Hg^{2+}和Sn^{2+}。

在碱性介质中$[Sn(OH)_4]^{2-}$(或SnO_2^{2-})的还原性更强,它可将Bi^{3+}还原成黑色的金属铋,这是鉴定Bi^{3+}的一种方法。

$$2Bi^{3+} + 6OH^- + 3[Sn(OH)_4]^{2-} = 2Bi(s)(黑色) + 3[Sn(OH)_6]^{2-}$$

PbO_2和$NaBiO_3$在酸性介质中能将Mn^{2+}氧化成紫红色的MnO_4^-:

$$5PbO_2 + 2Mn^{2+} + 4H^+ = 2MnO_4^- + 5Pb^{2+} + 2H_2O$$

$$5NaBiO_3 + 2Mn^{2+} + 14H^+ = 2MnO_4^- + 5Bi^{3+} + 5Na^+ + 7H_2O$$

上述两个反应都可用来鉴定Mn^{2+}。

锡、铅、锑、铋各价态的硫化物(PbS_2不存在)都有特征的颜色:SnS(棕色),SnS_2(黄色),PbS(黑色),Sb_2S_3(橙红色),Sb_2S_5(橙红色),Bi_2S_3(黑色)。它们均不溶于水和稀酸。SnS_2,Sb_2S_3,Sb_2S_5可与Na_2S或$(NH_4)_2S$溶液作用生成相应的硫代酸盐而溶解:

$$Sb_2S_3 + 3S^{2-} = 2SbS_3^{3-}$$

$$SnS_2 + S^{2-} = SnS_3^{2-}$$

硫代酸盐很不稳定,遇酸即分解:

$$2SbS_3^{3-} + 6H^+ = Sb_2S_3(s) + 3H_2S(g)$$

Pb^{2+} 可生成多种难溶盐,且有特征的颜色,如 $PbCrO_4$(黄),PbI_2(黄),$PbSO_4$(白),PbS(黑)。利用 Pb^{2+} 生成 $PbCrO_4$ 的反应可鉴定 Pb^{2+} 的存在。

【仪器和试剂】

(1)仪器:试管;离心试管;烧杯;量筒;酒精灯;托盘天平;离心机。

(2)试剂:HCl(2 mol·L^{-1},6 mol·L^{-1});H_2SO_4(2 mol·L^{-1});HNO_3(2 mol·L^{-1},6 mol·L^{-1});$NaOH$(2 mol·L^{-1},6 mol·L^{-1});NH_3·H_2O(2 mol·L^{-1});$Bi(NO_3)_3$(0.1 mol·L^{-1});$HgCl_2$(0.1 mol·L^{-1});$MnSO_4$(0.1 mol·L^{-1});KI(0.1 mol·L^{-1});K_2CrO_4(0.1 mol·L^{-1});Na_2S(0.5 mol·L^{-1});$(NH_4)_2S_2$(1 mol·L^{-1});$Pb(NO_3)_2$(0.1 mol·L^{-1});$SbCl_3$(0.1 mol·L^{-1});$AgNO_3$(0.1 mol·L^{-1});碘水;硫代乙酰胺溶液(5%)或 H_2S(饱和);$SnCl_2$·$2H_2O$(s);PbO_2(s);$NaBiO_3$(s);锡片;pH 试纸。

【实验内容】

1.锡、锑、铋低价态盐溶液的配制和水解作用

(1)配制 0.1 mol·$L^{-1}SnCl_2$ 溶液 20 mL,供下面使用(如何配制?)。

(2)Bi^{3+} 盐的水解:

取 1 滴 0.1 mol·$L^{-1}BiCl_3$ 溶液逐渐加水稀释,有何现象发生?再缓慢滴加 6 mol·$L^{-1}HCl$ 溶液,沉淀是否溶解?再稀释有什么变化?写出反应方程式。

2.低价态氢氧化物的酸碱性

往四支试管中分别加入 10 滴 0.1 mol·$L^{-1}SnCl_2$,$Pb(NO_3)_2$,$SbCl_3$,$Bi(NO_3)_3$ 溶液,再向各试管中逐滴加入 2 mol·$L^{-1}NaOH$ 溶液,制得白色沉淀。将沉淀各分成两份,用实验证明它们是否有两性(试验 $Pb(NO_3)_2$ 的碱性应该用什么酸?),写出反应方程式。

3.锡、铅、锑、铋化合物的氧化还原性

(1)Sn(Ⅱ),Sb(Ⅲ)的还原性:

1)往少量(1~2 滴)0.1 mol·$L^{-1}HgCl_2$ 溶液中逐滴加入 0.1 mol·$L^{-1}SnCl_2$ 溶液,观察有何变化?继续加入 $SnCl_2$,又有什么变化?写出反应方程式。此反应可用来鉴定 Sn^{2+} 或 Hg^{2+}。

2)往亚锡酸钠溶液(自己配制)中,加入 0.1 mol·$L^{-1}Bi(NO_3)_3$ 溶液,观察现象,写出反应方程式。此反应可用来鉴定 Sn^{2+} 或 Bi^{3+}。

3)取少量自制的亚锑酸钠溶液,调节 pH 至中性左右,滴加碘水,观察现象,然后将溶液用浓盐酸酸化,又有何变化?写出反应方程式,并解释之。

(2)Pb(Ⅳ),Bi(Ⅴ)的氧化性：

1)取 2 滴 0.1 mol · L^{-1} $MnSO_4$ 溶液,加入 2 mL 6 mol · L^{-1} HNO_3 溶液,然后加入少量 PbO_2 微热之,观察现象,写出反应方程式。

2)取 2 滴 0.1 mol · L^{-1} 的 $MnSO_4$ 溶液和 2 mL 6 mol · L^{-1} HNO_3,然后加入少量固体 $NaBiO_3$,用玻璃棒搅拌并微热之,观察现象,写出反应方程式。

4. 锡、铅、锑、铋的硫化物及硫代酸盐

往四支小试管中各加入 1 mL 0.1 mol · L^{-1} $SnCl_2$,Pb(NO_3)$_2$,$SnCl_3$,Bi(NO_3)$_3$ 溶液,然后分别滴入硫代乙酰胺溶液,在水浴上加热,观察生成的颜色和状态。离心分离,弃去清液,用少量蒸馏水洗涤沉淀 1~2 次,试验它们与 0.5 mol · L^{-1} Na_2S 的作用,如沉淀溶解,再用稀 HCl 酸化,观察有何变化？写出反应方程式。比较它们硫化物的性质。

5. Pb^{2+} 的难溶盐

在四支试管中各加入 10 滴 0.1 mol · L^{-1} Pb(NO_3)$_2$ 溶液,然后分别加入 2 mol · L^{-1} HCl,2 mol · L^{-1} H_2SO_4,0.1 mol · L^{-1} KI,0.1 mol · L^{-1} K_2CrO_4 溶液至沉淀生成,观察沉淀的颜色。

将 $PbCl_2$ 沉淀连同溶液一起加热,沉淀是否溶解？再把溶液冷却,又有什么变化？说明之。

通常用 Pb^{2+} 与 CrO_4^{2-} 生成 $PbCrO_4$ 黄色沉淀的反应来鉴定 Pb^{2+} 的存在。

6. 离子的分离和鉴定

(1)Sb^{3+} 的鉴定：

1)取 1 滴 0.1 mol · L^{-1} $SbCl_3$ 溶液,加入 6 mol · L^{-1} NaOH 至过量,然后加 2 mol · L^{-1} NH_3 · H_2O 和 0.1 mol · L^{-1} $AgNO_3$ 的混合液（混合液为 $Ag(NH_3)_2^+$）,微热,观察黑色 Ag 的生成。此反应常用来鉴定 Sb^{3+} 的存在。

$$2Ag(NH_3)_2^+ + Sb(OH)_4^- + 2OH^- \xrightarrow{\Delta} 2Ag(s)（黑色）+ 4NH_3(g) + Sb(OH)_6^-$$

2)在一小片光亮的锡片上加 1 滴 0.1 mol · L^{-1} 的 $SbCl_3$ 溶液,锡片上出现黑色。此反应也可以用来鉴定 Sb^{3+} 的存在。（注:该现象对 Bi^{3+} 溶液也有,须在 Sb^{3+},Bi^{3+} 分离后才可用此反应。）

取 Sb^{3+},Bi^{3+} 混合液 5 滴,自己设计分离鉴定方案,并试验之。

【思考题】

(1)怎样配制 $SnCl_3$ 和 Bi(NO_3)$_3$ 溶液？

(2)如何鉴别 $SnCl_4$ 和 $SnCl_2$？

(3)SnS 能否溶于 Na_2S 溶液中？哪些硫化物能溶于硫化钠溶液中？

(4)如何用实验证明铅丹的组成是 $PbO \cdot PbO_2$？

附注：硫代乙酰胺在酸性溶液中受热，发生如下反应：

$$CH_3C\underset{S}{\overset{NH_2}{|}} + H^+ + 2H_2O = CH_3C\overset{OH}{\underset{O}{}} + NH_4^+ + H_2S$$

所以，在酸性溶液中可以用硫代乙酰胺代替硫化氢水溶液。

实验 20　d 区元素：铬、锰、铁、钴、镍

【目的要求】

(1)掌握 Cr,Mn,Fe,Co,Ni 的氢氧化物的生成、酸碱性及氧化还原性。

(2)掌握 Cr,Mn 重要化合物的性质及各种常见氧化态之间的转化。

(3)掌握 Fe,Co,Ni 配合物的生成及其性质。

(4)掌握 Mn^{2+},Fe^{2+},Fe^{3+},Co^{2+},Ni^{2+} 等的鉴定方法。

【预习要点】

Cr,Mn,Fe,Co,Ni 的氢氧化物、主要化合物及其配合物的生成及性质。

【实验原理】

铬、锰和铁系元素铁、钴、镍分别为第四周期的ⅥB,ⅦB 和Ⅷ族元素，属于 d 区。它们都有多种氧化态。它们的氢氧化物的颜色及酸碱性见表 6-2。

表 6-2　氢氧化物的颜色及酸碱性

氢氧化物	$Cr(OH)_3$	$Mn(OH)_2$	$Fe(OH)_2$	$Co(OH)_2$	$Ni(OH)_2$	$Fe(OH)_3$	$Co(OH)_3$	$Ni(OH)_3$
颜色	灰蓝	白	白	粉红	绿	红褐	棕褐	黑
酸碱性	两性	碱性	碱性	碱性	碱性	碱性	碱性	碱性

铬和锰的各氧化态的氧化还原性受介质的影响较大，低价态的 Cr^{3+},Mn^{2+} 在酸性介质中很稳定，但在碱性介质中易被氧化。

$$2CrO_2^-（绿色）+3H_2O_2+2OH^- = 2CrO_4^{2-}（黄色）+4H_2O$$

铬酸盐与重铬酸盐互相可以转化，溶液中存在下列平衡关系：

$$2CrO_4^{2-}+2H^+ = Cr_2O_7^{2-}（橙红色）+H_2O$$

在酸性介质中，$Cr_2O_7^{2-}$ 占优势；在碱性介质中 CrO_4^{2-} 占优势。除了加酸或加碱可以使上述平衡移动外，向溶液中加入 Ba^{2+},Ag^+,Pb^{2+} 也能使平衡向生成

$Cr_2O_4^{2-}$ 的方向移动,因为它们的铬酸盐比其重铬酸盐有较小的溶度积,故向 $Cr_2O_7^{2-}$ 溶液中加入 Ba^{2+},Ag^+,Pb^{2+} 时,根据平衡移动规则,可得到铬酸盐沉淀:

$$2Ba^{2+}+Cr_2O_7^{2-}+H_2O=2BaCrO_4(s)(黄色)+2H^+$$
$$4Ag^++Cr_2O_7^{2-}+H_2O=2Ag_2CrO_4(s)(砖红色)+2H^+$$
$$2Pb^{2+}+Cr_2O_7^{2-}+H_2O=2PbCrO_4(s)(黄色)+2H^+$$

在酸性介质中,$Cr_2O_7^{2-}$ 具有强氧化性:

$$Cr_2O_7^{2-}+3SO_3^{2-}+8H^+=2Cr^{3+}+3SO_4^{2-}+4H_2O$$

$Mn(OH)_2$ 是中强碱,在碱性介质中易被空气中 O_2 氧化为棕色的 $MnO(OH)_2$:

$$2Mn(OH)_2+O_2=2MnO(OH)_2(s)(棕色)$$

$MnO(OH)_2$ 不稳定,易分解产生 MnO_2 和 H_2O。

在酸性溶液中,Mn^{2+} 很稳定,只能被强氧化剂 $NaBiO_3$,PbO_2,$K_2S_2O_8$ 等氧化,生成紫红色的 MnO_4^-:

$$2Mn^{2+}+5NaBiO_3+14H^+=2MnO_4^-+5Na^++5Bi^{3+}+7H_2O$$

此反应可用来鉴定 Mn^{2+}。

MnO_4^- 具强氧化性,它的还原产物与溶液的酸碱性有关。在酸性、中性或碱性介质中,分别被还原为 Mn^{2+},MnO_2 和绿色的 MnO_4^{2-}。

MnO_4^{2-} 能稳定存在于强碱溶液中,而在酸性、中性或弱碱性溶液中易发生歧化反应:

$$3MnO_4^{2-}+2H_2O=2MnO_4^-+MnO_2(s)+4OH^-$$

+2 价 Fe,Co,Ni 的氢氧化物均具有还原性,$Fe(OH)_2$ 在空气中迅速被氧化为 $Fe(OH)_3$;$Co(OH)_2$ 在空气中缓慢地被氧化为 $Co(OH)_3$;$Ni(OH)_2$ 在空气中不被氧化,但强氧化剂如 $NaClO$、溴水等可使其氧化为 $Ni(OH)_3$。故 $Fe(OH)_2 \rightarrow Co(OH)_2 \rightarrow Ni(OH)_2$ 还原性依次减弱。

+3 价 Fe,Co,Ni 的氢氧化物均具有氧化性,按 $Fe(OH)_3 \rightarrow Co(OH)_3 \rightarrow Ni(OH)_3$ 次序氧化性依次增强。除 $Fe(OH)_3$ 外,$Co(OH)_3$ 和 $Ni(OH)_3$ 都具有强氧化性,可与浓盐酸作用放出 Cl_2:

$$2M(OH)_3+6HCl(浓)=2MCl_2+Cl_2(g)+6H_2O \quad (M 为 Ni,Co)$$

铁系元素是很好的配合物的形成体,能与 NH_3,CN^-,SCN^-,F^- 等形成多种配合物。

Fe^{2+},Co^{2+},Ni^{2+} 的氨配合物的稳定性依次递增。Fe^{2+} 和 Fe^{3+} 难形成稳定的氨配合物;Co^{2+} 与 NH_3 形成土黄色的 $Co(NH_3)_6^{2+}$,但它在空气中就能被氧化为红褐色的 $Co(NH_3)_6^{3+}$;Ni^{2+} 与 NH_3 可形成稳定的蓝紫色 $Ni(NH_3)_6^{2+}$ 配离

子。

铁系元素还有一些配合物不仅很稳定,而且具有特殊颜色,根据这些特性,可用来鉴定铁系元素离子。

Fe^{3+} 与黄血盐 $K_4[Fe(CN)_6]$ 溶液反应,生成深蓝色配合物沉淀:

$$Fe^{3+} + K^+ + [Fe(CN)_6]^{4-} = KFe[Fe(CN)_6](s)(深蓝色)$$

此反应可鉴定 Fe^{3+} 存在。

Fe^{2+} 与赤血盐 $K_3[Fe(CN)_6]$ 溶液反应,生成深蓝色配合物沉淀:

$$Fe^{2+} + K^+ + [Fe(CN)_6]^{3-} = KFe[Fe(CN)_6](s)(深蓝色)$$

此反应可鉴定 Fe^{2+} 存在。

Co^{2+} 与 SCN^- 作用生成的蓝色配离子 $[Co(SCN)_4]^{2-}$ 可在丙酮或戊醇中稳定存在,此反应可鉴定 Co^{2+} 存在。少量 Fe^{3+} 的存在会干扰 Co^{2+} 的检出,可加入掩蔽剂 NH_4F 或 NaF,使 Fe^{3+} 与 F^- 形成更稳定的无色的配离子 FeF_6^{3-},以消除 Fe^{3+} 的干扰。

Ni^{2+} 与丁二酮肟在氨性溶液中能生成红色的螯合物沉淀二丁二酮肟合镍(Ⅱ),这个反应是检验 Ni^{2+} 的特征反应:

【仪器与试剂】

(1)仪器:离心机;试管;离心试管;点滴板。

(2)试剂:$NaClO(0.1\ mol \cdot L^{-1})$;$Cr_2(SO_4)_3(0.1\ mol \cdot L^{-1})$;$MnSO_4(0.1\ mol \cdot L^{-1})$;$(NH_4)_2Fe(SO_4)_2(0.1\ mol \cdot L^{-1})$;$FeCl_3(0.1\ mol \cdot L^{-1})$;$CoCl_2(0.1\ mol \cdot L^{-1})$;$NiSO_4(0.1\ mol \cdot L^{-1})$;$NaOH(2\ mol \cdot L^{-1}, 6\ mol \cdot L^{-1}, 40\%)$;$NH_3 \cdot H_2O(6\ mol \cdot L^{-1})$;$HCl(2\ mol \cdot L^{-1},浓)$;$H_2SO_4(2\ mol \cdot L^{-1})$;$HNO_3(6\ mol \cdot L^{-1})$;$K_2CrO_4(0.1\ mol \cdot L^{-1})$;$K_2Cr_2O_7(0.1\ mol \cdot L^{-1})$;$Na_2SO_3(0.1\ mol \cdot L^{-1})$;$BaCl_2(0.1\ mol \cdot L^{-1})$;$Pb(NO_3)_2(0.1\ mol \cdot L^{-1})$;$AgNO_3(0.1\ mol \cdot L^{-1})$;$KMnO_4(0.01\ mol \cdot L^{-1})$;$K_3[Fe(CN)_6](0.1\ mol \cdot L^{-1})$;$K_4[Fe(CN)_6](0.1\ mol \cdot L^{-1})$;$KSCN(1\ mol \cdot L^{-1})$;丁二酮肟(1%);$NaBiO_3(s)$;丙酮;$MnO_2(s)$;$KSCN(s)$;淀粉-KI试纸;pH试纸。

【实验内容】

1. 氢氧化物的酸碱性

分别取 $0.1\ mol\cdot L^{-1}$ 的 $Cr_2(SO_4)_3$，$MnSO_4$，$(NH_4)_2Fe(SO_4)_2$，$FeCl_3$，$CoCl_2$，$NiSO_4$ 溶液各 5 滴于六支小试管中，分别滴加 $2\ mol\cdot L^{-1}$ NaOH 溶液（$CoCl_2$ 溶液中滴加 $6\ mol\cdot L^{-1}$ NaOH 溶液，并微热），观察现象，并验证沉淀的酸碱性及 $Mn(\text{II})$，$Fe(\text{II})$，$Co(\text{II})$ 的氢氧化物在空气中的稳定性。归纳出 $Fe(\text{II})$，$Co(\text{II})$ 和 $Ni(\text{II})$ 的氢氧化物的酸碱性和还原性强弱的顺序。

2. 铬的重要化合物的性质

(1)碱性介质中 $Cr(\text{III})$ 的还原性：取 5 滴 $0.1\ mol\cdot L^{-1}\ Cr_2(SO_4)_3$ 溶液，滴加 $2\ mol\cdot L^{-1}$ NaOH 溶液至沉淀溶解，再加入 5 滴 $3\%\ H_2O_2$ 溶液，观察溶液颜色的变化。写出反应方程式。

(2)酸性介质中 $Cr(\text{VI})$ 的氧化性：取 5 滴 $0.1\ mol\cdot L^{-1}\ K_2Cr_2O_7$ 溶液，加 1 滴 $2\ mol\cdot L^{-1}\ H_2SO_4$ 溶液，再加入 5 滴 $0.1\ mol\cdot L^{-1}\ Na_2SO_3$ 溶液，观察现象。写出反应方程式。

(3)铬酸盐和重铬酸盐的相互转变：取 5 滴 $0.1\ mol\cdot L^{-1}$ 的 K_2CrO_4 溶液，滴加 $2\ mol\cdot L^{-1}\ H_2SO_4$ 溶液，有何现象？再滴加 $2\ mol\cdot L^{-1}$ NaOH 溶液，又有何现象？解释之。

(4)铬酸盐的生成：

1)测出 $0.1\ mol\cdot L^{-1}$ 的 K_2CrO_4 和 $K_2Cr_2O_7$ 溶液的 pH 值。

2)取三份 $0.1\ mol\cdot L^{-1}\ K_2Cr_2O_7$ 溶液各 5 滴，分别加 3 滴 $0.1\ mol\cdot L^{-1}$ 的 $BaCl_2$，$Pb(NO_3)_2$，$AgNO_3$ 溶液后，再测溶液的 pH 值，并观察沉淀的颜色。试验沉淀是否溶于 $6\ mol\cdot L^{-1}$ 的 HNO_3。写出有关反应方程式。

3. 锰的重要化合物的性质

(1)$Mn(\text{II})$ 的还原性：

1)取 2 滴 $0.1\ mol\cdot L^{-1}\ MnSO_4$ 溶液，加入 10 滴 $0.01\ mol\cdot L^{-1}\ KMnO_4$ 溶液，观察现象。写出反应方程式。

2)取 5 滴 $0.1\ mol\cdot L^{-1}\ MnSO_4$ 溶液，加入几滴 $6\ mol\cdot L^{-1}\ HNO_3$ 酸化，再加入少量 $NaBiO_3$ 固体，加热后离心沉降，观察溶液颜色的变化。写出反应方程式。此反应可用来鉴定 Mn^{2+}。

(2)$Mn(\text{IV})$ 的氧化还原性：

1)取少量 MnO_2 固体，加入 $0.5\ mL$ 浓盐酸，微热并检验有无 Cl_2 产生。

2)取少量 MnO_2 固体，加入 10 滴 $0.01\ mol\cdot L^{-1}\ KMnO_4$ 溶液和 10 滴 40% NaOH 溶液，微热，观察溶液颜色的变化。离心分离，倾出上层清夜，向其中滴加 $2\ mol\cdot L^{-1}\ H_2SO_4$ 溶液，有何现象？解释并写出反应方程式。

(3)$Mn(\text{VII})$ 的氧化性：取 $0.01\ mol\cdot L^{-1}\ KMnO_4$ 溶液各 5 滴于三支小试管中，然后分别加入 1 滴 $2\ mol\cdot L^{-1}\ H_2SO_4$，1 滴 H_2O 和 1 滴 $6\ mol\cdot L^{-1}$ NaOH

溶液,再在各试管中滴加 10 滴 $0.1 \, mol \cdot L^{-1} \, Na_2SO_3$ 溶液,观察溶液颜色的变化(注意加试剂的次序)。写出反应方程式。

4.铁、钴、镍的重要化合物的性质

(1)Fe(Ⅲ),Co(Ⅲ)和 Ni(Ⅲ)的氧化性:

1)Fe(OH)$_3$ 的生成和性质:取 $0.1 \, mol \cdot L^{-1} \, FeCl_3$ 溶液 5 滴,加入 $2 \, mol \cdot L^{-1} NaOH$ 溶液 2 滴,再加入 1 滴浓盐酸,观察现象。

2)Co(OH)$_3$ 的生成和性质:在离心试管中制备 Co(OH)$_2$,然后滴加 NaClO 溶液,观察沉淀颜色变化。再加入 2 滴浓盐酸,观察是否有气体放出。如何检验生成的气体?

3)Ni(OH)$_3$ 的生成和性质:用 $NiSO_4$ 溶液制备 Ni(OH)$_2$,其余与 2)相同。

归纳 Fe(Ⅲ),Co(Ⅲ)和 Ni(Ⅲ)的氧化性强弱的顺序。写出有关反应方程式。

(2)Co 和 Ni 的氨配合物:

1)取 $0.1 \, mol \cdot L^{-1} CoCl_2$ 溶液 5 滴,滴加 $6 \, mol \cdot L^{-1}$ 氨水,至生成的沉淀刚好溶解为止,观察溶液的颜色。静置一段时间后,观察溶液的颜色有何变化。解释实验现象并写出反应方程式。

2)取 $0.1 \, mol \cdot L^{-1} NiSO_4$ 溶液 5 滴,其余与 1)相同。

(3)Fe^{2+},Fe^{3+},Co^{2+},Ni^{2+} 的鉴定:

1)取几滴 Fe^{2+} 溶液,然后加入 2 滴 $0.1 \, mol \cdot L^{-1} K_3[Fe(CN)_6]$ 溶液,观察蓝色产物的生成。

2)取几滴 Fe^{3+} 溶液,然后加入 2 滴 $0.1 \, mol \cdot L^{-1} K_4[Fe(CN)_6]$ 溶液,观察蓝色产物的生成。

3)取 $0.1 \, mol \cdot L^{-1} CoCl_2$ 溶液 5 滴,加入少量 KSCN 固体,再加入 2 滴丙酮,观察现象。此反应可用来鉴定 Co^{2+}。

4)取 2 滴 $0.1 \, mol \cdot L^{-1} NiSO_4$ 溶液于白色点滴板上,加 2 滴 $6 \, mol \cdot L^{-1}$ $NH_3 \cdot H_2O$ 和 1 滴 1% 的丁二酮肟,观察红色沉淀的生成。

【思考题】

(1)黄色的 $BaCrO_4$ 沉淀溶解在浓盐酸溶液中时,溶液变为绿色,为什么?

(2)Mn(OH)$_2$ 是白色的,为什么在空气中逐渐变为棕色?写出反应方程式。

(3)总结铁系元素 M(OH)$_2$ 和 M(OH)$_3$ 的颜色及氧化还原性。

(4)解释下列问题:

1)向 $FeCl_3$ 溶液中加入 KSCN 溶液时出现血红色,但加入少许铁粉后,血红色消失,为什么?如果加入 NaF 溶液,会有何现象?为什么?

2)向 $FeCl_3$ 溶液中加入 Na_2CO_3 溶液,会有何现象? 为什么?

3)能否在水溶液中用 Fe(Ⅲ)盐与 KI 反应制得 FeI_3?

(5)用浓盐酸分别处理 $Fe(OH)_3$,$Co(OH)_3$ 和 $Ni(OH)_3$ 时,有何现象产生?

(6)如何分离 Fe^{2+},Al^{3+},Cr^{3+} 和 Ni^{2+}?

实验 21　ds 区元素:铜、银、锌、镉、汞

【实验目的】

(1)掌握铜、银、锌、镉、汞氢氧化物或氧化物的酸碱性和热稳定性。

(2)掌握铜、银、锌、镉、汞配合物的生成和性质。

(3)掌握这些元素重要盐类的性质。

(4)熟悉 Cu(Ⅰ)与 Cu(Ⅱ),Hg_2^{2+} 与 Hg^{2+} 的相互转化条件。

(5)掌握铜、锌、镉离子的鉴定反应。

【预习要点】

(1)学习无机及分析化学教材中有关铜分族和锌分族元素化合物性质的内容。

(2)认真预习本实验原理部分。

(3)若混合液中含有 Zn^{2+},Cd^{2+},Hg^{2+},Ag^+,写出分离鉴定方案。

【实验原理】

铜、银、锌、镉、汞分别是周期表中的 ⅠB 和 ⅡB 族元素,属于 ds 区。在化合物中,铜的常见氧化态为 +1 和 +2,银的氧化态为 +1,锌、镉、汞的氧化态一般为 +2,汞还有氧化态为 +1 的化合物。

1. Cu^{2+},Ag^+,Zn^{2+},Cd^{2+},Hg^{2+},Hg_2^{2+} 与 $NaOH$,$NH_3 \cdot H_2O$,KI 的反应

(1)$Zn(OH)_2$ 为典型的两性,$Cu(OH)_2$ 呈较弱两性(偏碱),$Cd(OH)_2$ 呈碱性。$Cu(OH)_2$ 在加热时分解生成黑色的 CuO。银和汞的氢氧化物极不稳定,在常温下易脱水成为 Ag_2O,HgO,Hg_2O($HgO+Hg$)。所以在银盐、汞盐溶液中加碱时得不到氢氧化物,而是生成相应的氧化物。

(2)在 Cu^{2+},Ag^+,Zn^{2+},Cd^{2+} 溶液中分别滴加 $NH_3 \cdot H_2O$ 时,先生成沉淀,当 $NH_3 \cdot H_2O$ 过量时,由于生成氨配合物而使沉淀溶解。Hg^{2+} 与 $NH_3 \cdot H_2O$ 反应生成氨基汞盐的沉淀,该沉淀不溶于过量的 $NH_3 \cdot H_2O$。

$$HgCl_2 + 2NH_3 = HgNH_2Cl(s)(白色) + NH_4Cl$$

$$2Hg(NO_3)_2 + 4NH_3 + H_2O = HgO \cdot HgNH_2NO_3(s)(白色) + 3NH_4NO_3$$

Hg_2^{2+} 与过量氨水反应时,同时发生歧化反应,生成氨基汞化合物和汞。

$$2Hg_2(NO_3)_2 + 4NH_3 + H_2O \rightleftharpoons HgO \cdot HgNH_2NO_3(s) + Hg(s) + 3NH_4NO_3$$

Ag^+ 在氨性溶液中能够氧化醛类，自身被还原为金属银，可用于制备银镜和检验醛的存在。

$$2\,Ag^+ + 2NH_3 + H_2O = Ag_2O + 2NH_4^+$$

$$Ag_2O + 4NH_3 + H_2O \rightleftharpoons 2[Ag(NH_3)_2]^+ + 2OH^-$$

$$2[Ag(NH_3)_2]^+ + HCHO + 2OH^- = 2Ag(s) + HCOONH_4 + 3NH_3 + H_2O$$

（3）Cu^{2+} 具有氧化性，与 I^- 反应即生成白色的 CuI 沉淀。此处 I^- 既作还原剂又作沉淀剂。

$$2\,Cu^{2+} + 4\,I^- = 2CuI(s) + I_2(s)$$

CuI 又可溶于过量 I^- 生成 $[CuI_2]^-$，这种离子在稀释时又重新生成 CuI 沉淀。

Hg^{2+} 与 I^- 的反应先生成 HgI_2 橘红色沉淀，与过量 I^- 作用则生成无色的 $[HgI_4]^{2-}$ 配离子。$K_2[HgI_4]$ 和 KOH 的混合溶液被称为奈斯勒试剂，它与 NH_4^+ 作用生成红色沉淀，用于鉴定 NH_4^+。

$$NH_4^+ + 2[HgI_4]^{2-} + 4OH^- \rightleftharpoons \left[O \begin{matrix} Hg \\ \\ Hg \end{matrix} NH_2 \right] I\downarrow + 3H_2O + 7I^-$$

2. Cu（Ⅰ）-Cu（Ⅱ），Hg（Ⅰ）-Hg（Ⅱ）的相互转化

由铜和汞的标准电势图：

$$Cu^{2+} \xrightarrow{+0.158} Cu^+ \xrightarrow{+0.522} Cu$$

$$Hg^{2+} \xrightarrow{+0.905} Hg_2^{2+} \xrightarrow{+0.796} Hg$$

可以看出 Cu（Ⅰ）有较强的歧化趋势，它不能以 Cu^+ 存在于水溶液中，而它的某些难溶盐和配离子是稳定的。在 $CuCl_2$ 溶液中加入铜屑，再加入浓盐酸，加热可得 $[CuCl_2]^-$ 配离子溶液，稀释后则得白色 CuCl 沉淀：

$$Cu^{2+} + Cu + 4Cl^- \rightleftharpoons 2[CuCl_2]^-$$

$$2[CuCl_2]^- \xrightleftharpoons{H_2O} 2CuCl(s) + 2Cl^-$$

Hg（Ⅰ）歧化趋势很小，但若 Hg（Ⅱ）生成沉淀或配离子，会使歧化趋势增大。例如 Hg_2^{2+} 与 I^- 反应，可生成淡绿色的 Hg_2I_2 沉淀。若 I^- 过量，则因生成 $[HgI_4]^{2-}$ 配离子而使 Hg（Ⅰ）发生歧化反应：

$$Hg_2I_2 + 2\,I^- \rightleftharpoons [HgI_4]^{2-}（无色） + Hg(s)（黑色）$$

3. Cu^{2+}，Zn^{2+}，Cd^{2+} 的鉴定方法

Cu^{2+} 在中性或弱酸性（HAc）溶液中能与 $K_4[Fe(CN)_6]$ 反应而生成红棕色 $Cu_2[Fe(CN)_6]$ 沉淀，此反应可用于鉴定 Cu^{2+}。

$$2Cu^{2+} + [Fe(CN)_6]^{4-} = Cu_2[Fe(CN)_6](s)（红棕色）$$

Zn^{2+} 在强碱性溶液中与二苯硫腙反应而生成粉红色螯合物,可用于鉴定 Zn^{2+}。

Cd^{2+} 与 H_2S 饱和溶液反应生成黄色 CdS 沉淀,可用于鉴定 Cd^{2+}。

【仪器和试剂】

(1)仪器:离心机;试管;离心试管;酒精灯;烧杯;点滴板等。

(2)试剂:HCl($2\ mol \cdot L^{-1}$,$6\ mol \cdot L^{-1}$,浓);HNO_3($2\ mol \cdot L^{-1}$,$6\ mol \cdot L^{-1}$);H_2SO_4($2\ mol \cdot L^{-1}$);HAc($2\ mol \cdot L^{-1}$);NaOH($2\ mol \cdot L^{-1}$,$6\ mol \cdot L^{-1}$,40%);氨水($2\ mol \cdot L^{-1}$,$6\ mol \cdot L^{-1}$);H_2S(饱和);$CuSO_4$($0.1\ mol \cdot L^{-1}$,$0.2\ mol \cdot L^{-1}$);$CuCl_2$($1\ mol \cdot L^{-1}$);$AgNO_3$($0.1\ mol \cdot L^{-1}$);$Cd(NO_3)_2$($0.1\ mol \cdot L^{-1}$);$Hg(NO_3)_2$($0.1\ mol \cdot L^{-1}$);$Hg_2(NO_3)_2$($0.1\ mol \cdot L^{-1}$);$Zn(NO_3)_2$($0.1\ mol \cdot L^{-1}$,$0.5\ mol \cdot L^{-1}$);KI($0.1\ mol \cdot L^{-1}$,饱和);$K_4[Fe(CN)_6]$($0.1\ mol \cdot L^{-1}$);$Na_2S_2O_3$($0.2\ mol \cdot L^{-1}$);$SnCl_2$($0.1\ mol \cdot L^{-1}$);Na_2S($0.1\ mol \cdot L^{-1}$);$FeCl_3$($0.1\ mol \cdot L^{-1}$);$Cu(NO_3)_2$($0.1\ mol \cdot L^{-1}$);NH_4Cl($0.1\ mol \cdot L^{-1}$);H_2O_2(3%);甲醛(2%);奈斯勒试剂;二苯硫腙 CCl_4 溶液;铜屑。

【实验内容】

1. 铜、银、锌、镉、汞氢氧化物或氧化物的生成及酸碱性

分别用 $0.1\ mol \cdot L^{-1}$ $CuSO_4$,$AgNO_3$,$Zn(NO_3)_2$,$Cd(NO_3)_2$,$Hg(NO_3)_2$,$Hg_2(NO_3)_2$ 与 $2\ mol \cdot L^{-1}$ NaOH 溶液作用制取相应的氢氧化物或氧化物沉淀,观察沉淀的颜色,分别试验它们的酸碱性(试验银、汞氧化物的碱性应该用什么酸?)。写出有关反应方程式。

2. 银、锌、镉、汞盐和氨水的反应

分别试验 $0.1\ mol \cdot L^{-1}$ $AgNO_3$,$Zn(NO_3)_2$,$Cd(NO_3)_2$,$Hg(NO_3)_2$,$Hg_2(NO_3)_2$ 与 $2\ mol \cdot L^{-1}$ 氨水的作用,加少量氨水有什么现象?加过量氨水又会发生什么变化?写出有关反应方程式。

3. Cu^{2+},Hg^{2+},Hg_2^{2+} 与 KI 的反应

(1)+2 价铜的氧化性和+1 价铜的配合物:在 5 滴 $0.1\ mol \cdot L^{-1}$ $CuSO_4$ 溶液中,滴加 $0.1\ mol \cdot L^{-1}$ KI 溶液,观察有何变化?再滴加 $0.2\ mol \cdot L^{-1}$ $Na_2S_2O_3$(以除去反应中生成的碘,切勿多加,防止 CuI 溶解),观察白色沉淀的生成,写出反应方程式。

(2)在 2 滴 $0.1\ mol \cdot L^{-1}$ $Hg(NO_3)_2$ 溶液中,先加入少量 $0.1\ mol \cdot L^{-1}$ KI,有何现象?再加入过量 KI 溶液,观察有何变化?往 $[HgI_4]^{2-}$ 中加几滴 40% NaOH 溶液即为"奈斯勒试剂",用实验证明它可以检出 NH_4^+。

(3)在 1 滴 0.1 mol·L^{-1} $Hg_2(NO_3)_2$ 溶液中,先加入少量 0.1 mol·L^{-1} KI 溶液,有何现象? 再加入过量 KI 溶液,又有何现象? 写出反应方程式并解释之。

4.铜、银化合物的氧化还原性

(1)氯化亚铜的生成和性质:在 10 滴 1 mol·L^{-1} $CuCl_2$ 中,加入 10 滴浓 HCl 和少量铜屑,小火加热至沸,待溶液呈泥黄色时,停止加热,用滴管吸出少量溶液,加入到盛有少量蒸馏水的小烧杯中,观察是否有白色沉淀生成,写出反应方程式。

(2)银离子的氧化性(银镜反应):在一支洁净的试管中加入 1 mL 0.1 mol·L^{-1} $AgNO_3$ 溶液,再逐滴加入 2 mol·L^{-1} 氨水至生成的沉淀又溶解,再多加数滴,然后加入 10 滴 2% 甲醛,将此混合物放在水浴上加热。数分钟后,试管内壁上即附上一层光亮的金属银。(怎样将试管中生成的银溶解回收?)

5.铜、锌、镉离子的鉴定反应

(1)Cu^{2+} 的鉴定反应:取 1 滴 Cu^{2+} 溶液于点滴板上,加 1 滴 2 mol·L^{-1} HAc,再加 2 滴 0.1 mol·L^{-1} $K_4[Fe(CN)_6]$ 溶液,有红棕色沉淀生成,示有 Cu^{2+} 存在。

(2)Zn^{2+} 的鉴定反应:在 1 滴 0.5 mol·L^{-1} Zn^{2+} 溶液中,加入 5 滴 6 mol·L^{-1} NaOH,再加 20 滴二苯硫腙溶液,振荡试管,并在水浴上加热,观察现象,有红色螯合物生成示有 Zn^{2+} 存在。

(3)Cd^{2+} 的鉴定反应:在 10 滴 0.1 mol·L^{-1} Cd^{2+} 溶液中加 H_2S 饱和水溶液,若有黄色 CdS 沉淀生成,示有 Cd^{2+}。

6.混合离子的分离和鉴定

取 Zn^{2+},Cd^{2+},Hg^{2+} 溶液各 5 滴,混合后进行分离和鉴定。画出过程示意图。

【注意事项】

(1)汞盐有毒,切勿使其进入口内或与伤口接触。

(2)银氨配合物溶液不宜长久保存,因为会从溶液中析出有爆炸性的氮化银(Ag_3N)沉淀。因此实验剩下的银氨配离子溶液应及时用酸处理掉。

【思考题】

(1)在 $Hg(NO_3)_2$ 和 $HgCl_2$ 溶液中各加入氨水是否能得到它们的氨配合物?

(2)应选用何种酸试验 Ag_2O,HgO 的碱性? 为什么?

(3)Fe^{3+} 的存在能干扰 Cu^{2+} 的鉴定,怎样才能消除 Fe^{3+} 的干扰?

(4)举例说明 Ag^+,Cu^{2+} 具有氧化性。

(5)比较 Cu(Ⅰ)化合物和 Cu(Ⅱ)化合物的稳定性,说明 Cu(Ⅰ)和 Cu(Ⅱ)

相互转化的条件。

实验 22　常见阳离子的分离和鉴定

【实验目的】

(1)掌握阳离子与一些常见试剂的反应。

(2)进一步熟悉常见阳离子的鉴定方法。

(3)分离并检出未知液中的阳离子。

【预习要点】

(1)预习附录 7 及附录 8 中的有关常见阳离子与常见试剂的反应和鉴定反应的知识。

(2)按实验中未知液分离鉴定内容的要求写出实验方案。

【实验原理】

常见的阳离子有 20 多种,共存情况较多,对它们进行个别检出时容易发生相互干扰。所以,对混合阳离子进行定性分析时,首先应利用它们的某些共性,按照一定顺序加入若干种试剂,将离子一组一组地分批沉淀出来,分成若干组,然后根据它们的差异性进一步分离和鉴定。

常用的阳离子沉淀剂(组试剂)有 HCl,H_2SO_4,$NaOH$,$NH_3 \cdot H_2O$ 与 H_2S。常见阳离子与这几种常见组试剂的反应总表见附录 7。

对混合阳离子的试液进行适当分离后,再用个别离子的特征反应对其进行鉴定。阳离子的鉴定反应见附录 8。

【仪器和试剂】

(1)仪器:离心机;试管;点滴板;酒精灯等。

(2)试剂:H_2SO_4(2 mol $\cdot$ L^{-1});HAc(6 mol $\cdot$ L^{-1});NaOH(6 mol $\cdot$ L^{-1});$NH_3 \cdot H_2O$(2 mol $\cdot$ L^{-1});KSCN(1 mol $\cdot$ L^{-1});NH_4Ac(3 mol $\cdot$ L^{-1});$Pb(Ac)_2$(0.5 mol $\cdot$ L^{-1});$K_4[Fe(CN)_6]$(0.1 mol $\cdot$ L^{-1});H_2O_2(3%);阳离子混合液(Fe^{3+},Ni^{2+},Al^{3+},Cr^{3+});铝试剂;乙二酰二肟。

(以上试剂供已知阳离子混合液分离鉴定用,对未知混合液的分析,需另加试剂)

【实验内容】

1.已知阳离子(Fe^{3+},Ni^{2+},Al^{3+},Cr^{3+})混合液的分离及鉴定

取含有上述离子的混合溶液 10 滴于离心试管中,按以下步骤进行分离及鉴定。

(1)Fe^{3+},Ni^{2+}与 Al^{3+},Cr^{3+}的分离:往试液中加入 6 mol·L^{-1}NaOH 溶液至呈碱性后,再多加 5 滴,然后逐滴加入 3‰H_2O_2溶液,并用玻璃棒搅拌。溶液呈黄色后继续搅拌 3 min。加热使过剩的 H_2O_2完全分解(至不再产生气泡为止)。离心分离,把清液移至另一支离心试管中,按步骤(5)处理。沉淀用热水洗两次,离心分离,弃去洗涤液。

(2)沉淀溶解:往(1)的沉淀中加 10 滴 2 mol·$L^{-1}H_2SO_4$,搅拌后加热至沉淀全部溶解,把溶液冷却至室温,进行以下实验。

(3)Fe^{3+}的检出:取 1 滴(2)的溶液加到点滴板穴中,再加 1 滴 0.1 moL·$L^{-1}K_4[Fe(CN)_6]$溶液,产生蓝色沉淀,表示有 Fe^{3+},或加 1 滴 1 mol·L^{-1}KSCN 溶液,溶液变成血红色,表示有 Fe^{3+}。

(4)Ni^{2+}的检出:在离心试管中加几滴(2)的溶液,并加 2 moL·L^{-1} NH_3·H_2O至呈碱性,将生成的沉淀离心分离后,往上层清液中加 2 滴乙二酰二肟,产生桃红色沉淀,表示有 Ni^{2+}。

(5)Al^{3+},Cr^{3+}的分离及 Al^{3+}的检出:往(1)的溶液中加入 NH_4Cl 固体,加热后离心分离,把清液移至另一试管,按步骤(6)处理。沉淀用 2 moL·L^{-1} NH_3·H_2O 洗涤一次,离心分离并将洗涤液并入清液。往沉淀上滴 6～10 滴 6 moL·L^{-1} HAc 至呈弱酸性,加热使沉淀溶解,再加 2 滴蒸馏水、2 滴 3 mol·$L^{-1}NH_4Ac$ 溶液和 2 滴铝试剂,搅拌后微热之,产生红色沉淀,则表示有 Al^{3+}。

(6)Cr^{3+}的检出:如果(1)或(5)的溶液呈淡黄色,则有 CrO_4^{2-},用 6 moL·L^{-1}HAc 酸化溶液,产生黄色沉淀,表示有 Cr^{3+}。

实验后画出分离鉴定示意图,并写出全部反应方程式。

2.未知阳离子混合液的分离与鉴定

由实验室准备三份未知阳离子混合液:①可能含有 Pb^{2+},Ag^+,Bi^{3+},Cu^{2+},Al^{3+}5 种阳离子;②可能含有 Co^{2+},Ba^{2+},Hg^{2+},Mn^{2+},Zn^{2+}5 种阳离子;③可能含有 NH_4^+,Cd^{2+},Sn^{2+},Pb^{2+},Sb^{3+}5 种阳离子。

(1)向教师领取一份混合阳离子未知液,分析鉴定未知液中所含的阳离子。

(2)画出分离鉴定示意图,写出相关的反应方程式。

【思考题】

(1)分离 Fe^{3+},Ni^{2+}与 Al^{3+},Cr^{3+}时,为什么要加入过量的 NaOH 溶液,同时还要加 H_2O_2?反应完成后,为什么要使过量的 H_2O_2完全分解?

(2)选用一种试剂区别下列 4 种离子:Cu^{2+},Zn^{2+},Hg^{2+},Cd^{2+}。

第7章　分析化学实验

7.1　酸碱滴定法

实验 23　食醋中总酸含量的测定

【实验目的】

(1)掌握 NaOH 溶液的标定方法。

(2)学会用容量瓶定量稀释溶液的操作。

(3)掌握食醋总酸度的测定原理、方法和操作技术。

【预习要点】

(1)NaOH 溶液的标定方法及基准物质的选择。

(2)食醋总酸度的概念及数据处理。

【实验原理】

1.醋酸含量测定

食醋中的酸主要是醋酸,此外还含有少量其他弱酸。醋酸为一元弱酸,其离解常数 $K_a = 1.8 \times 10^{-5}$。本实验用 NaOH 标准溶液滴定,反应产物为强碱弱酸盐,终点时溶液的 pH>7,选用酚酞为指示剂。由此可以测出酸的总量,其结果按醋酸计算。反应式为

$$NaOH + HAc = NaAc + H_2O$$

2.NaOH 溶液的标定

NaOH 易吸收空气中的水分及 CO_2,因此不能作为基准物质直接配制成标准溶液,只能先配成近似所需浓度的溶液,然后再用基准物质进行标定。

邻苯二甲酸氢钾和草酸是常用作标定碱的基准物质。邻苯二甲酸氢钾纯度高、性质稳定,而且摩尔质量较大,可以用作标定 NaOH 溶液的基准物质,标定

时可用酚酞作指示剂。其反应方程式为

$$KHC_8H_4O_4 + NaOH = KNaC_8H_4O_4 + H_2O$$

根据其计量关系即可求得氢氧化钠溶液的准确浓度。

【仪器和试剂】

(1)仪器:分析天平(精度 0.1 mg);碱式滴定管(50 mL);移液管(25 mL);锥形瓶(250 mL);容量瓶(250 mL);量筒等。

(2)试剂:邻苯二甲酸氢钾基准试剂(在 105℃~110℃下干燥 1 h,置于干燥器中,冷却后备用);食醋;NaOH (0.1 mol·L^{-1});酚酞指示剂(2 g·L^{-1}乙醇溶液)。

【实验内容】

1. 0.1 mol·L^{-1}NaOH 溶液的标定

用减量法准确称取 0.4~0.6 g KHC$_8$H$_4$O$_4$ 三份于锥形瓶中,加入 40~50 mL 蒸馏水溶解。然后加 1~2 滴酚酞指示剂,用待标定 NaOH 溶液滴定至溶液呈微红色,并在 30 s 内不褪色,即为终点。根据实验数据计算 NaOH 溶液的准确浓度和相对偏差。为保证测定的准确度和精确度,各次相对偏差应当小于或等于 0.2%,实验数据和计算结果填入表格。

记录项目	滴定编号		
	Ⅰ	Ⅱ	Ⅲ
称取邻苯二甲酸氢钾质量/g			
滴定所消耗 NaOH 溶液体积/mL			
NaOH 溶液浓度/mol·L^{-1}			
NaOH 溶液平均浓度/mol·L^{-1}			
相对偏差/%			
相对平均偏差/%			

2. 食醋试液的制备

移取 25.00 mL 食醋样品于 250 mL 容量瓶中,用蒸馏水稀释至刻度,摇匀。

3. 食醋总酸度的测定

用移液管移取稀释后的食醋试液 25.00 mL 于锥形瓶中,加 2~3 滴酚酞指示剂,用 NaOH 标准溶液滴定至溶液呈浅粉红色,保持 30 s 内不褪色即为终点。

记录 NaOH 消耗的体积,平行测定 2～3 次,求出食醋中的总酸度。

【注意事项】

(1)普通食醋常带有颜色,故必须稀释。

(2)注意滴定前要将碱式滴定管尖端气泡排除,滴定过程中不要形成气泡。

(3)NaOH 标准溶液滴定 HAc 属强碱滴定弱酸,CO_2的影响严重,注意尽可能除掉所用 NaOH 标准溶液和蒸馏水中的 CO_2。

【思考题】

(1)作为基准物质应当具备哪些条件? 请举出几种酸碱滴定常用的基准物质?

(2)称取邻苯二甲酸氢钾基准物质时,应当采用哪种称量法? 为什么一定要控制在 $0.4 \sim 0.6$ g 范围内?

(3)影响实验结果的主要因素有哪些?

(4)测定食醋中醋酸含量时,为什么选用酚酞为指示剂? 能否选用甲基橙或甲基红为指示剂?

实验 24 有机酸(草酸)摩尔质量的测定

【目的要求】

(1)理解有机酸摩尔质量的测定原理。

(2)掌握用滴定分析法测定有机酸摩尔质量的实验方法。

(3)进一步掌握容量仪器的使用方法和滴定操作技术。

【预习要点】

(1)配制标准溶液时,分析天平及定容玻璃仪器的正确选择。

(2)滴定分析法测定有机酸摩尔质量的原理及方法。

【实验原理】

根据分析化学基础理论可知,如果要计算有机酸的摩尔质量,必须首先获得有机酸样品的质量和物质的量。有机酸样品的质量可以用分析天平称量获得,而有机酸的物质的量则要通过酸碱滴定获得。

有机酸大多数为弱酸,一般易溶于水,它们和 NaOH 的反应为

$$n\mathrm{NaOH} + \mathrm{H}_n\mathrm{A} = \mathrm{Na}_n\mathrm{A} + n\mathrm{H}_2\mathrm{O}$$

由于滴定产物是强碱弱酸盐,且滴定突跃在碱性范围内,因此可选用酚酞为指示剂。在测定有机酸的摩尔质量时,n 值要求是已知的。如果有机酸是一元酸,则当有机酸的常数与浓度的乘积大于 10^{-8} 时,有机酸中的 H^+ 可以被准确滴

定。如果有机酸是多元酸,不仅要判断每一级酸能否被准确滴定,还要判断相邻两级酸之间能否分步滴定。根据具体情况判断出有机酸和 NaOH 之间的反应系数比,然后才可以计算出有机酸的摩尔质量。

【仪器和试剂】

(1)仪器:分析天平(精度 0.1 mg);碱式滴定管(50 mL);移液管(25 mL);容量瓶(250 mL);锥形瓶(250 mL)等。

(2)试剂:酚酞指示剂(2 g·L^{-1} 乙醇溶液);NaOH(0.1 mol·L^{-1});$H_2C_2O_4 \cdot 2H_2O(s)$。

【实验内容】

1. 0.1 mol·L^{-1} NaOH 溶液的标定(见实验 23)

2. 草酸摩尔质量的测定

用分析天平准确称取 1.6 g 草酸试样于小烧杯中,加入适量蒸馏水使之溶解,然后定量转入 250 mL 容量瓶中。加水稀释至刻度,摇匀。

用移液管移取草酸溶液 25.00 mL 于锥形瓶中,加酚酞指示剂 1～2 滴。然后用 0.1 mol·L^{-1} NaOH 标准溶液滴定至溶液由无色变为微红色,并且在半分钟内不褪色即为终点,平行测定三份。根据所消耗的 NaOH 标准溶液的体积,可计算出草酸的摩尔质量。实验数据和计算结果填入下表。

记录项目	滴定编号		
	I	II	III
移取草酸溶液体积/mL	25.00	25.00	25.00
NaOH 标准溶液浓度/mol·L^{-1}			
消耗 NaOH 标准溶液体积/mL			
有机酸摩尔质量/g·mol^{-1}			
有机酸摩尔质量平均值/g·mol^{-1}			
相对偏差/%			
相对平均偏差/%			

【思考题】

(1)在本实验中,如果所用的草酸($H_2C_2O_4 \cdot 2H_2O$)样品失去一部分结晶水,对实验结果会不会造成影响?

(2)如果试样换成其他有机酸如酒石酸或柠檬酸,按本实验同样方法分析,应该分别称取多少试样？

(3)本实验中用 NaOH 标准溶液滴定有机酸试样时,能否用甲基橙代替酚酞作指示剂？ 为什么？

实验 25   硫酸铵肥料中氮含量的测定——甲醛法

【实验目的】

(1)掌握甲醛法测定铵盐中氮含量的原理和方法。

(2)理解弱酸强化的基本原理。

(3)掌握定量转移操作的基本要点。

(4)学会实验数据及结果的正确处理。

【预习要点】

(1)甲醛法测定铵盐中氮含量的原理和方法。

(2)弱酸强化的基本原理。

【实验原理】

硫酸铵、氯化铵等都是常用的氮肥,常常需要对其氮的含量进行测定。但由于 NH_4^+ 的酸性太弱($K_a = 5.6 \times 10^{-10}$),不能直接用 NaOH 标准溶液直接滴定,生产和实验室中广泛采用甲醛法进行测定。因甲醛可与 NH_4^+ 定量反应,生成六亚甲基四胺($K_a = 7.1 \times 10^{-6}$)和 H^+：

$$4NH_4^+ + 6HCHO = (CH_2)_6N_4H^+ + 3H^+ + 6H_2O$$

而生成的 $(CH_2)_6N_4H^+$ 与 H^+ 可同时被 NaOH 标准溶液准确滴定,根据消耗 NaOH 标准溶液的体积,可以计算出铵盐中氮的含量。反应如下：

$$(CH_2)_6N_4H^+ + 3H^+ + 4NaOH = (CH_2)_6N_4 + 4H_2O + 4Na^+$$

化学计量点时,溶液呈弱碱性,故可选用酚酞作指示剂。

【仪器和试剂】

(1)仪器:分析天平(精度 0.1 mg);容量瓶(250 mL);移液管(25 mL);锥形瓶(250 mL);烧杯(100 mL);碱式滴定管(50 mL)等。

(2)试剂:甲醛溶液(18%);NaOH (0.1 mol·L^{-1});甲基红指示剂(2 g·L^{-1}乙醇溶液);酚酞指示剂(2 g·L^{-1}乙醇溶液);硫酸铵固体试样。

【实验内容】

1. 0.10 mol·L^{-1}NaOH 溶液的标定(见实验 23)

2. 甲醛溶液的处理

甲醛中常含有微量酸,应事先除去。可取原瓶装甲醛上层清液于烧杯中,加水稀释一倍,加入 2～3 滴酚酞指示剂,用 NaOH 溶液中和至溶液呈微红色。

3.$(NH_4)_2SO_4$ 试样中氮含量的测定

准确称取$(NH_4)_2SO_4$试样 1.5～2 g 于 100 mL 烧杯中,加少量蒸馏水溶解,定量转移至 250 mL 容量瓶中,用蒸馏水稀释至刻度,摇匀。

用 25 mL 移液管准确吸取试液于锥形瓶中,加入 1 滴甲基红指示剂,用 0.1 mol·L^{-1} NaOH 溶液中和至溶液呈黄色。加入 10 mL 甲醛溶液,再加 1～2 滴酚酞指示剂,摇匀,静置 1 min 后,用 0.1 mol·L^{-1} NaOH 标准溶液滴定至溶液呈微橙红色,且 30 s 不褪色即为终点。平行测定三份。计算$(NH_4)_2SO_4$试样中氮的含量和测定结果的相对平均偏差。

$$\omega_N = \frac{(CV)_{NaOH} \times M_N}{m_{样} \times \frac{25.00}{250.00}}$$

【注意事项】

(1)假设试样中含有游离酸,则加甲醛之前先以甲基红为指示剂,用 NaOH 溶液中和至黄色(pH≈6),以免影响滴定结果。若试样中无游离酸,则不需加甲基红指示剂,并且滴定终点时溶液的颜色呈微红色。

(2)试样中如果含有 Fe^{3+},则会影响终点的观察,需改用蒸馏法测定。将试样于蒸馏瓶中加入过量碱溶液,使之以 NH_3 的形式蒸馏出来,并且用过量酸的标准溶液吸收蒸出的 NH_3,再用碱的标准溶液回滴过量酸,从而求出试样中的氮含量。

(3)如果测定有机物中的氮,则须先将它转化为铵盐,然后再进行测定。

【思考题】

(1)NH_4^+ 为 NH_3 的共轭酸,为什么不能用 NaOH 标准溶液直接滴定?

(2)为什么中和甲醛试剂中的游离酸用酚酞作指示剂,而中和铵盐试样中的游离酸则以甲基红为指示剂?

(3)若试样为 NH_4NO_3,NH_4Cl 或 NH_4HCO_3,是否可以采用甲醛法测定?为什么?

实验 26　混合碱的组成及其含量的测定

【实验目的】

(1)了解测定混合碱含量的原理和方法。

(2)掌握双指示剂法测定混合碱含量的操作技术。

(3)进一步熟练掌握容量瓶和移液管的使用。

【预习要点】

(1)双指示剂法测定混合碱含量的原理及操作要点。

(2)实验数据的处理。

【实验原理】

混合碱是由 Na_2CO_3 与 NaOH 或 Na_2CO_3 与 $NaHCO_3$ 组成的混合物。同一份试液中选用两种不同的指示剂,以 HCl 标准溶液进行滴定,根据两个终点时消耗 HCl 标准溶液的体积关系,即可判断混合碱的组成并计算各组分的含量,这种测定方法称为双指示剂法。

常用的两种指示剂是酚酞和甲基橙。在混合碱试液中先加入酚酞指示剂,此时溶液呈现红色,用 HCl 标准溶液滴定至溶液的红色刚刚褪去为终点,若试样为 Na_2CO_3 与 NaOH 的混合物,则达到该终点时,不仅溶液中的 NaOH 被完全中和,而且 Na_2CO_3 也被中和至 $NaHCO_3$。将此时所消耗的 HCl 标准溶液体积记为 V_1。向上述试液中加入甲基橙指示剂,继续用 HCl 标准溶液滴定至溶液由黄色变为橙色为第二终点,此时溶液中的 $NaHCO_3$ 被完全中和。将以甲基橙为指示剂时所消耗的 HCl 标准溶液体积记为 V_2,显然,此时 $V_1 > V_2$。中和 NaOH 所消耗 HCl 标准溶液的体积为$(V_1 - V_2)$,中和 Na_2CO_3 消耗 HCl 标准溶液的体积为 $2V_2$。

试样中各组分的含量可由下列公式计算:

$$w_{NaOH} = \frac{c_{HCl} \times (V_1 - V_2) \times M_{NaOH}}{m}$$

$$w_{Na_2CO_3} = \frac{c_{HCl} \times V_2 \times M_{Na_2CO_3}}{m}$$

若试样由 Na_2CO_3 和 $NaHCO_3$ 组成,则 $V_1 < V_2$。V_1 仅为 Na_2CO_3 转化为 $NaHCO_3$ 所需 HCl 标准溶液的体积,而滴定试样中 $NaHCO_3$ 所消耗 HCl 标准溶液的体积为$(V_2 - V_1)$。试样中各组分含量的计算公式为

$$w_{Na_2CO_3} = \frac{c_{HCl} \times V_1 \times M_{Na_2CO_3}}{m}$$

$$w_{NaHCO_3} = \frac{c_{HCl} \times (V_2 - V_1) \times M_{NaHCO_3}}{m}$$

【仪器和试剂】

(1)仪器:分析天平(精度 0.1 mg);酸式滴定管(50 mL);锥形瓶(250 mL);容量瓶(250 mL);移液管(25 mL)等。

(2)试剂:甲基橙指示剂(1 g·L⁻¹ 水溶液);酚酞指示剂(2 g·L⁻¹ 乙醇溶

液);HCl(6 mol·L^{-1});无水 Na$_2$CO$_3$基准试剂(在180℃下干燥2~3 h,转至干燥器内冷却后备用);混合碱固体试样。

【实验内容】

1.0.1 mol·L^{-1}HCl 溶液的标定

用减量法准确称取 0.15~0.20 g 无水 Na$_2$CO$_3$基准物三份于锥形瓶中(称量速度要快些,称量瓶要盖严),加水 20~30 mL,溶解后,加甲基橙指示剂 1~2滴,用 HCl 溶液滴定至溶液由黄色变为橙色即为终点,计算 HCl 溶液的准确浓度及相对平均偏差。

2.混合碱溶液的配制

准确称取适量混合碱试样于烧杯中,加蒸馏水溶解后定量转移至 250 mL容量瓶中,用水稀释到刻度,摇匀。

3.混合碱试样的测定

用移液管吸取 25.00 mL 混合碱试液于锥形瓶中,加入酚酞指示剂 1~2滴,用 HCl 标准溶液滴定至溶液红色刚刚褪去,记录消耗 HCl 标准溶液体积为V_1。然后加甲基橙指示剂 1 滴,继续用 HCl 标准溶液滴定至溶液由黄色变为橙色为终点,记录第二次所消耗 HCl 标准溶液的体积 V_2,重复测定 2~3 次。

4.实验数据记录及其处理

根据实验所消耗 HCl 标准溶液的体积,分析混合碱的组成,并计算混合碱各组分含量。实验数据填入下列表格。

记录项目	滴定编号		
	I	II	III
试样质量 m/g			
消耗 HCl 标准溶液的体积 V_1/mL			
消耗 HCl 溶液标准的体积 V_2/mL			
混合碱试样中组分①的含量/%			
组分①含量的平均值/%			
混合碱试样中组分②的含量/%			
组分②含量的平均值/%			

【注意事项】

(1)实验为平行测定,容易产生主观误差,读取滴定管体积时应实事求是,不要受到前一份实验读数的影响,本实验相对偏差应≤±0.2%。

(2)酚酞由红色到无色不很敏锐,应认真观察溶液颜色的变化。若选用百里酚蓝与甲酚红混合指示剂则效果较好。

(3)如果待测试样为混合碱溶液,则直接用移液管吸取 25.00 mL 试液 3 份,分别加入新煮沸的冷却蒸馏水,按同法进行测定。

(4)滴定时加 HCl 标准溶液的速度宜慢,并不断摇动锥形瓶,以避免溶液局部酸度过大,导致 Na_2CO_3 不是被中和成 $NaHCO_3$,而是直接转变为 CO_2,使滴定终点提前。

【思考题】

(1)用 Na_2CO_3 为基准物质标定 HCl 溶液时,为什么不用酚酞作指示剂?

(2)某固体试样,可能含有 Na_2HPO_4 和 NaH_2PO_4 及惰性杂质。试拟定分析方案,测定其中 Na_2HPO_4 和 NaH_2PO_4 的含量。注意考虑以下问题:方法原理;应该选用哪种标准溶液和指示剂;测定结果的计算公式。

(3)如果只要求测定混合碱的总碱量,应如何测定?

7.2   配位滴定法

实验 27   EDTA 溶液的配制与标定

【实验目的】

(1)学习 EDTA 溶液的配制和常用的标定方法。

(2)掌握配位滴定的原理,了解络合滴定的特点。

【预习要点】

(1)用于标定 EDTA 的基准物质有几类? 选择基准物质的原则是什么?

(2)缓冲溶液的作用及金属指示剂的特点。

(3)配位滴定与酸碱滴定的实验原理有何不同?

【实验提要】

乙二胺四乙酸二钠盐(习惯上称 EDTA)是一种白色结晶状粉末,无臭、无味、无毒,性质稳定。能与大多数金属离子形成 1:1 的稳定配合物,故常用作配位滴定的标准溶液。室温下其饱和溶液的浓度约为 $0.3\ mol \cdot L^{-1}$,水溶液的 pH 约为 4.4。

EDTA 常因吸附约 0.3% 水分和含有少量杂质,而不能直接配成标准溶液。

一般采用间接法配制成所需要的大约浓度,然后用基准物质进行标定。

用于标定 EDTA 的基准物质有 Cu,Zn,Ni,Pb 等含量较高的纯金属,ZnO,MgO 等金属氧化物以及 $CaCO_3$,$MgSO_4 \cdot 7H_2O$,$ZnSO_4 \cdot 7H_2O$ 等盐类化合物。所选择的标定条件应尽可能与测定条件一致,以免引起系统误差。

【仪器和试剂】

(1)仪器:台秤(精度 0.1 g);分析天平(精度 0.1 mg);酸式滴定管(50 mL);容量瓶(250 mL);移液管(25 mL)等。

(2)试剂:

1)乙二胺四乙酸二钠盐($Na_2H_2Y \cdot 2H_2O$,相对分子质量 372.2);

2)锌片或锌粒:纯度为 99.99%;

3)HCl:φ 为 1:1;

4)$NH_3 \cdot H_2O$:φ 为 1:1;

5)氨性缓冲溶液:称取 20 g NH_4Cl 固体溶于适量水后,加入 100 mL 浓氨水,用蒸馏水稀释至 1 L;

6)铬黑 T 指示剂($5 \text{ g} \cdot \text{L}^{-1}$):称取 0.5 g 铬黑 T,溶于 25 mL 三乙醇胺和 75 mL 无水乙醇混合溶液中。低温下可保存三个月;

7)$CaCO_3$ 基准物质:于 110℃ 烘箱中干燥 2 h,稍冷,置于干燥器中,冷却至室温备用;

8)Mg^{2+}-EDTA 溶液:分别配制 $0.05 \text{ mol} \cdot \text{L}^{-1}$ 的 $MgCl_2$ 溶液和 $0.05 \text{ mol} \cdot \text{L}^{-1}$ 的 EDTA 溶液各 500 mL。移取 25.00 mL Mg^{2+} 溶液,加入 20 mL 水和 5 mL 氨性缓冲溶液,再加 3 滴铬黑 T 指示剂,用 EDTA 溶液滴定至溶液由紫红色为变纯蓝色,记录用去的 EDTA 溶液的体积。按所得的比例把 $MgCl_2$ 与 EDTA 两溶液混合,确保 $\varphi(Mg^{2+}:\text{EDTA})=1:1$;

9)二甲酚橙指示剂($2 \text{ g} \cdot \text{L}^{-1}$ 水溶液);

10)甲基红指示剂($1 \text{ g} \cdot \text{L}^{-1}$ 乙醇溶液);

11)六亚甲基四胺:$200 \text{ g} \cdot \text{L}^{-1}$。

【实验内容】

1. 溶液的配制

(1)$0.01 \text{ mol} \cdot \text{L}^{-1}$ EDTA 溶液的配制:称取 1.0 g EDTA 二钠盐于烧杯中,加适量水后微热并搅拌使其溶解,若有残渣可过滤除去,冷却后用蒸馏水稀释至 250 mL,将溶液转移至聚乙烯塑料瓶中。

(2)锌标准溶液的配制:用细砂纸将金属锌片或锌粒表面氧化膜擦去,或将其放入稀 HCl 溶液中稍加浸泡,以除去表面氧化膜。先用蒸馏水洗去 HCl,再用乙醚或无水乙醇冲洗一下表面,然后于 105℃ 的烘箱中烘干,置于干燥器中,冷却后称重。

准确称取纯锌 0.15~0.2 g 于 100 mL 小烧杯中,加入 5 mL HCl 溶液,立即盖上表面皿,待锌完全溶解后,以少量蒸馏水冲洗表面皿和烧杯内壁。定量转移至 250 mL 容量瓶中,用蒸馏水稀释至刻度,摇匀,计算锌标准溶液的浓度。

(3)$CaCO_3$ 标准溶液的配制:准确称取 0.25~0.3 g $CaCO_3$ 基准物于小烧杯中,先用少量蒸馏水润湿,盖上表面皿,从烧杯嘴处缓慢滴加约 5 mL HCl 溶液,使 $CaCO_3$ 全部溶解。然后以少量蒸馏水冲洗表面皿和烧杯内壁,定量转移至 250 mL 容量瓶中,用蒸馏水稀释至刻度,摇匀。计算 $CaCO_3$ 标准溶液的浓度。

2.EDTA 溶液的标定

(1)以铬黑 T 为指示剂,锌为基准物质标定 EDTA:准确移取 25.00 mL Zn^{2+} 标准溶液于锥形瓶中,逐滴加入 $NH_3 \cdot H_2O$,同时不断摇动锥形瓶,至开始出现白色 $Zn(OH)_2$ 沉淀时,加 20 mL 水和 10 mL 氨性缓冲溶液,再加 3 滴铬黑 T 指示剂,用待标定的 EDTA 溶液滴定至溶液由紫红色变为纯蓝色即为终点。记录所用 EDTA 溶液体积,平行标定三次,取其平均值,计算 EDTA 溶液的准确浓度。

(2)以铬黑 T 为指示剂,$CaCO_3$ 为基准物质标定 EDTA:准确移取 25.00 mL Ca^{2+} 标准溶液于锥形瓶中,加 1 滴甲基红指示剂,用 $NH_3 \cdot H_2O$ 中和至溶液由红色变为黄色后,加 20 mL 水,加 5 mL Mg^{2+}-EDTA 溶液,然后加入 10 mL 氨性缓冲溶液和 3 滴铬黑 T 指示剂,立即用 EDTA 溶液滴定,当溶液由紫红色变为纯蓝色即为终点。平行标定三次,取其平均值,计算 EDTA 溶液的准确浓度。

(3)以二甲酚橙为指示剂,锌为基准物质标定 EDTA:准确移取 25.00 mL Zn^{2+} 标准溶液三份,分别于锥形瓶中,加 2 滴二甲酚橙指示剂,滴加六亚甲基四胺至溶液呈稳定的紫红色后,再加 5 mL 六亚甲基四胺溶液,用 EDTA 溶液滴定至溶液由紫红色变为亮黄色即为终点。根据所消耗的 EDTA 溶液的体积,计算 EDTA 溶液的准确浓度。

【操作要点】

(1)在配制浓度较大的 EDTA 溶液时,即使加热试剂也不易完全溶解,此时可加入少量 NaOH 溶液,使溶液的 pH 稍大于 5,以促使其溶解。

(2)滴定到终点附近时,反应速度往往较慢,此时应控制 EDTA 溶液的加入速度,做到慢滴快摇,防止终点时 EDTA 溶液过量。

(3)若甲基红加入的较多,则会使终点颜色呈蓝绿色而不是纯蓝色,影响终点的观察。

【注意事项】

EDTA 溶液能与玻璃中的金属离子配位,使其浓度降低,故应贮存于密封的聚乙烯塑料瓶中。

【思考题】

(1)配位滴定法与酸碱滴定法相比,有哪些异同点? 操作中应注意哪些问题?

(2)为什么通常用乙二胺四乙酸二钠盐配制 EDTA 溶液,而不用乙二胺四乙酸配制?

(3)以铬黑 T 为指示剂,$CaCO_3$ 为基准物标定 EDTA 溶液的实验中,在中和 $CaCO_3$ 标准溶液中的 HCl 时,能否用酚酞取代甲基红作为指示剂? 为什么?

(4)在以铬黑 T 为指示剂,锌为基准物标定 EDTA 溶液的实验中,为什么要滴加 $NH_3 \cdot H_2O$? 若加入过量 $NH_3 \cdot H_2O$ 后仍不见白色沉淀出现是何原因? 应如何避免?

实验 28　水中钙、镁含量的测定

【实验目的】

(1)掌握用配位滴定法测定水中钙、镁含量的原理和方法。

(2)掌握钙指示剂、铬黑 T 指示剂的使用条件和终点变化。

(3)了解水的硬度的概念及其表示方法。

【预习要点】

(1)水的硬度的测定意义。

(2)国际、国内采用哪种标准分析方法来测定水的总硬度? 其分析方法通常适用于哪些水的测定?

(3)水硬度的表示方法及我国对生活饮用水的规定标准。

【实验原理】

水的测定分为水的总硬度以及钙-镁硬度两种。前者主要指水中含有可溶性钙盐和镁盐的总量,以钙的化合物含量表示;后者则是分别测定钙和镁的含量。

用配位滴定法测定水中钙镁总量是国际、国内通用的标准分析方法,适用于生活饮用水、锅炉用水、冷却水、地下水以及没有被严重污染的地表水。

用 EDTA 作滴定剂测定 Ca^{2+},Mg^{2+} 时,通常在两个等分溶液中,分别测定 Ca^{2+} 的含量以及 Ca^{2+},Mg^{2+} 总量,然后从两者所用 EDTA 量的差值求出 Mg^{2+}

的含量。

钙的测定是先用 NaOH 调节溶液 pH＝12～13,使 Mg^{2+} 生成 $Mg(OH)_2$ 沉淀后,加入钙指示剂与 Ca^{2+} 形成红色配合物。当用 EDTA 标准溶液滴定时,EDTA 首先与游离的 Ca^{2+} 配位,然后夺取已和指示剂配位的 Ca^{2+},释放出指示剂,从而使溶液显示蓝色而达到滴定终点。由 EDTA 标准溶液的用量,可计算出 Ca^{2+} 的含量。

测定 Ca^{2+},Mg^{2+} 总量时,在 pH＝10 的缓冲溶液中,加入铬黑 T 指示剂和 EDTA 溶液,它们分别与 Ca^{2+},Mg^{2+} 形成四种配合物,其稳定性为 CaY^{2-}＞MgY^{2-}＞$MgIn^-$＞$CaIn^-$。

当水样中加入铬黑 T 指示剂时,它依次与 Mg^{2+},Ca^{2+} 生成红色配合物 $MgIn^-$ 和 $CaIn^-$,反应式如下:

$$Mg^{2+}+HIn^{2-} \rightleftharpoons MgIn^-+H^+$$
（蓝色） （红色）
$$Ca^{2+}+HIn^{2-} \rightleftharpoons CaIn^-+H^+$$
（蓝色） （红色）

当滴入 EDTA 标准溶液时,EDTA 首先与游离的 Ca^{2+},Mg^{2+} 配位,然后再夺取 $CaIn^-$ 和 $MgIn^-$ 中的 Ca^{2+},Mg^{2+},从而释放出铬黑 T,使溶液由红色变成蓝色而达到终点。反应式为:

$$CaIn^-+H_2Y^{2-} \rightleftharpoons CaY^{2-}+HIn^{2-}+H^+$$
（红色） （蓝色）
$$MgIn^-+H_2Y^{2-} \rightleftharpoons MgY^{2-}+HIn^{2-}+H^+$$
（红色） （蓝色）

由 EDTA 标准溶液的用量,可计算水样中钙镁的总量。

世界各国对水的硬度表示方法不尽相同,我国常采用以 $CaCO_3(mg \cdot L^{-1})$ 的含量来表示,或者以每升水含有 10 mg CaO 表示水的硬度为 1°,并规定"生活饮用水卫生标准"的总硬度（以 $CaCO_3$ 计）不得超过 450 $mg \cdot L^{-1}$。

一般来说,0°～4°为很软的水;4°～8°为软水;8°～16°为中等硬水;16°～30°为硬水;大于 30°为很硬的水。生活用自来水的硬度不得超过 25°。

测定时,Fe^{3+},Al^{3+},Ti^{4+} 等离子会干扰测定,可用三乙醇胺掩蔽;Cu^{2+},Pb^{2+},Zn^{2+} 等金属离子的干扰,可用 Na_2S 掩蔽。

【仪器和试剂】

(1)仪器:酸式滴定管(25 mL);移液管(100 mL);锥形瓶(250 mL);量筒等。

(2)试剂：EDTA 标准溶液（0.01 mol·L^{-1}，标定见实验 27）；NH$_3$-NH$_4$Cl 氨性缓冲溶液（pH≈10）；NaOH（6 mol·L^{-1}）；钙指示剂（10 g·L^{-1}）；铬黑 T 指示剂（5 g·L^{-1}）。

【实验内容】

1. Ca^{2+} 的测定

准确移取 100.00 mL 自来水于锥形瓶中，加入 2 mL NaOH 溶液，摇匀，再加 4～5 滴钙指示剂，用 EDTA 标准溶液滴定至由紫红色变为纯蓝色时，即为终点。记录所用 EDTA 标准溶液的体积 V_1，用同样的方法平行测定三份，计算水样中 Ca^{2+} 的含量。

2. Ca^{2+}，Mg^{2+} 总量的测定

准确移取 100.00 mL 自来水于锥形瓶中，加入 5 mL 氨性缓冲溶液、3 滴铬黑 T 指示剂，立即用 EDTA 标准溶液滴定，当溶液由紫红色变为纯蓝色为终点。记录所消耗 EDTA 标准溶液的体积 V_2，平行测定三份，计算自来水的总硬度，以 CaCO$_3$（mg·L^{-1}）表示。根据实验结果判断自来水的总硬度是否符合生活饮用水的卫生标准。

根据滴定时所消耗 EDTA 标准溶液的体积，分别求得自来水中 Ca^{2+} 含量、总硬度及 Mg^{2+} 含量。

$$\rho_{Ca^{2+}} = \frac{c_{EDTA} \times \overline{V}_1 \times M_{Ca}}{V_{水样}}$$

$$\rho_{CaCO_3} = \frac{c_{EDTA} \times \overline{V}_2 \times M_{CaCO_3}}{V_{水样}}$$

$$\rho_{Mg^{2+}} = \frac{c_{EDTA} \times (\overline{V}_2 - V_1) \times M_{Mg}}{V_{水样}}$$

式中，c 为 EDTA 标准溶液的浓度；$V_{水样}$ 为自来水的体积；$\overline{V}_1$ 为三次滴定 Ca^{2+} 含量时所消耗 EDTA 的平均体积；$\overline{V}_2$ 为三次滴定 Ca^{2+}，Mg^{2+} 总量时所消耗 EDTA 的平均体积。

【操作要点】

(1)自来水样的采集：打开自来水龙头，先放出适量水，使积留在水管中的杂质及陈水排出后，再取样测定。并根据自来水硬度的大小，确定取样的体积。

(2)若水样中 HCO$_3^-$ 和 H$_2$CO$_3$ 含量较高，则会使溶液调至碱性时易形成 CaCO$_3$ 沉淀，而使结果偏低。此时可将水样先酸化、煮沸、冷却后再测。但自来水中一般干扰离子含量较少，故可省去酸化、煮沸及加掩蔽剂的步骤。

（3）若水样中 Mg^{2+} 浓度小于 Ca^{2+} 浓度的 1/20 时,用铬黑 T 作指示剂,往往终点变色不敏锐,这时需加入 5 mL Mg^{2+}-EDTA 溶液(标定前加入此液对终点无影响)。也可改用酸性铬兰 K-萘酚绿 B 的混合指示剂。

【思考题】

（1）标定本实验所用的 EDTA 溶液时,应该选择哪种基准物质和指示剂最适宜?

（2）在测定水的总硬度时,先于三个锥形瓶中加入水样,同时再加入 NH_3-NH_4Cl 缓冲溶液等,然后逐份进行滴定,这样好不好? 为什么?

（3）在配位滴定中,影响滴定突跃的主要因素是什么?

（4）水样中钙含量高而镁含量低时,常在溶液中先加入少量 Mg^{2+}-EDTA 溶液,这样做的目的是什么? 会不会影响滴定结果? 为什么?

实验 29　混合溶液中铅、铋的连续测定

【目的要求】

（1）学习通过控制不同的酸度,连续测定混合离子含量的配位滴定方法。

（2）了解金属指示剂二甲酚橙的应用。

【预习要点】

（1）溶液酸度对滴定不同金属离子的影响。

（2）铅铋混合溶液中铅、铋含量连续测定的原理。

【实验原理】

Bi^{3+} 和 Pb^{2+} 均能与 EDTA 络合形成稳定的配合物,两者配合物的稳定常数相差很大,其 lgK 分别为 27.94 和 18.04。根据络合滴定分步滴定的标准判断,可以分步滴定混合溶液中的 Bi^{3+} 和 Pb^{2+}。为了利用酸效应的影响,在滴定时需要控制溶液的 pH 值。一般在 $pH=1$ 时测定 Bi^{3+},在测定 Bi^{3+} 后的溶液中,加入六亚甲基四胺调节溶液 pH 为 5~6,再测定 Pb^{2+}。本实验采用二甲酚橙为指示剂。在滴定终点前,二甲酚橙与待测离子形成紫红色配合物。当用 EDTA 滴定至化学计量点附近时,EDTA 与指示剂配合物发生置换反应,而使溶液的颜色由紫红色转化为亮黄色,根据其颜色的变化可以判断滴定终点。

【仪器和试剂】

（1）仪器:台秤(精度 0.1 g);分析天平(精度 0.1 mg);酸式滴定管(50 mL);移液管(10 mL,25 mL);容量瓶(100 mL);锥形瓶(250 mL)等。

（2）试剂:EDTA 溶液(0.02 $mol \cdot L^{-1}$);铅、铋混合溶液(含 Pb^{2+},Bi^{3+} 各为

$0.1\ \mathrm{mol} \cdot \mathrm{L}^{-1}$; $\mathrm{HCl}(6\ \mathrm{mol} \cdot \mathrm{L}^{-1})$; 二甲酚橙指示剂 $(2\ \mathrm{g} \cdot \mathrm{L}^{-1})$; 六亚甲基四胺 (s) 。

【实验内容】

1. $0.02\ \mathrm{mol} \cdot \mathrm{L}^{-1}$ EDTA 溶液的配制及标定方法(见实验 27)

2. 铅铋混合溶液的测定

向指导教师领取待测定的铅铋混合溶液,用移液管准确移取 10.00 mL 转移至 100 mL 容量瓶中,用蒸馏水稀释至刻度,摇匀备用。由于在配制 Bi^{3+} 和 Pb^{2+} 混合溶液时加入了适量的 $\mathrm{HNO_3}$,溶液的 pH 已经约等于 1,因此在滴定 Bi^{3+} 前不需再加酸调节 pH 值。

用移液管准确移取上述溶液 25.00 mL 于锥形瓶中,加入二甲酚橙指示剂 1~2 滴,此时溶液为紫红色。用 EDTA 标准溶液滴定至溶液由紫红色变为亮黄色即为第一滴定终点。记录相关实验数据,此时测定的是溶液中 Bi^{3+} 的含量。

在滴定 Bi^{3+} 后的溶液中,加入约 2 g 六亚甲基四胺固体,调节溶液酸度,此时溶液呈现稳定的紫红色。用 EDTA 标准溶液继续滴定,直至溶液由紫红色变为亮黄色即为第二滴定终点。平行测定三份,计算混合溶液中铅的含量。

【注意事项】

(1)铋离子与 EDTA 络合反应的速度较慢,滴定铋离子时速度不宜太快,并且摇动锥形瓶要增加力度。

(2)注意两个滴定终点的颜色,二甲酚橙在 pH=1 与 pH=5 时亮黄色稍有不同,pH=1 时颜色不会很明亮。

(3)注意所加六亚甲基四胺是否够量,可以试滴定一份铅、铋混合溶液,加入六亚甲基四胺后用 pH 试纸检验,溶液的 pH 应为 5~6。

【思考题】

(1)本次实验需要控制溶液酸度,酸度过低或过高对测定结果有何影响? 实验中是如何控制溶液酸度的?

(2)标定 EDTA 溶液要选取合适的基准物质,本实验采用的基准物质是什么? 为什么不用 $\mathrm{CaCO_3}$ 基准物质标定 EDTA 溶液?

(3)在连续滴定铅、铋混合溶液过程中,锥形瓶中溶液颜色是如何变化的? 说明颜色变化的原因。

(4)滴定铅、铋混合溶液时,能否先调节溶液 pH 值到 5~6 进行滴定,然后再调节至 pH 约为 1 进行滴定?

(5)测定铅离子时,能否用氨水或氢氧化钠溶液代替六亚甲基四胺? 能否用 HAc-NaAc 缓冲溶液代替六亚甲基四胺?

实验 30 "胃舒平"药片中铝和镁含量的测定

【目的要求】

(1)掌握配位滴定中返滴定的原理和方法。

(2)掌握用控制酸度法分别测定金属离子的含量。

(3)学会药物试样的采集和前处理方法。

【预习要点】

(1)EDTA 测定胃舒平药片中铝和镁含量的基本原理。

(2)滴定过程中酸度控制的方法。

【实验原理】

胃舒平(又名复方氢氧化铝)是一种抗酸的胃药,其主要成分为氢氧化铝、三硅酸镁及少量颠茄流浸膏。其中铝和镁的含量可用配位滴定法进行测定,药片中的辅料等成分不干扰测定。

胃舒平药片中氢氧化铝成分的含量,药典要求按 Al_2O_3 计算。用 EDTA 溶液为滴定剂进行测定时,由于 Al^{3+} 与 EDTA 的配位反应速度慢,对二甲酚橙等指示剂有封闭作用,且在酸度不高时会发生水解,因此通常在 pH 值为 3~4 的溶液中,采用返滴定法进行测定。首先加入准确过量的 EDTA 标准溶液,煮沸溶液,待配位完全后,再调节溶液至 pH 5~6,然后以二甲酚橙为指示剂,用 Zn^{2+} 标准溶液滴定剩余的 EDTA,滴至溶液由黄色变为紫红色即为终点。滴定反应可表示如下:

$$Al^{3+} + H_2Y^{2-}(准确过量) = AlY^- + 2H^+$$

$$H_2Y^{2-}(剩余) + Zn^{2+} = ZnY^{2-} + 2H^+$$

胃舒平药片中的三硅酸镁,药典要求按氧化镁(MgO)计算。在铝沉淀并分离后的溶液中,于 pH≈10 的条件下,以铬黑 T 作指示剂,用 EDTA 标准溶液滴定滤液中的镁。

【仪器和试剂】

(1)仪器:分析天平(精度 0.1 mg);酸式滴定管(50 mL);锥形瓶(250 mL);移液管(5 mL,25 mL);容量瓶(200 mL);研钵;电炉;恒温水浴;过滤装置等。

(2)试剂:锌标准溶液(0.02 mol·L^{-1},配制方法见实验 27);EDTA 溶液(0.02 mol·L^{-1});胃舒平药片;NH_3-NH_4Cl 缓冲溶液(pH≈10);HCl [$\varphi(1:1)$];$NH_3 \cdot H_2O$[$\varphi(1:1)$];$NH_4Cl(s)$;三乙醇胺 [$\varphi(1:2)$];甲基红指示剂(2 g·L^{-1} 乙醇溶液);铬黑 T 指示剂(5 g·L^{-1});六亚甲基四胺

$(200\ g \cdot L^{-1})$；二甲酚橙指示剂$(2\ g \cdot L^{-1})$。

【实验内容】

1. $0.02\ mol \cdot L^{-1}$EDTA溶液的标定(见实验27)

2. 试样处理

取胃舒平药片 10 片于研钵中，研成细粉末后混合均匀。准确称取药粉 1.6 g 左右于烧杯中，加入 20 mL HCl 溶液和 60 mL 蒸馏水，加热煮沸 2 min，冷却后过滤。用蒸馏水洗涤沉淀数次，合并滤液与洗涤液，转移至200 mL容量瓶中，用水稀释至刻度，摇匀备用。

3. Al_2O_3的测定

准确移取滤液 5.00 mL 于锥形瓶中，加入 20 mL 蒸馏水，并准确加入 EDTA 标准溶液 25.00 mL，加 2 滴二甲酚橙指示剂。用氨水调节溶液由黄色恰好变成紫红色，再滴加 HCl 溶液至黄色，将溶液煮沸 3～5 min，冷却至室温。加入六亚甲基四胺溶液 10 mL，使溶液 pH 为 5～6，补加 2 滴二甲酚橙指示剂，用 Zn^{2+} 标准溶液滴定剩余的 EDTA，当溶液由黄色变为紫红色时，即为终点。计算胃舒平药片中 Al_2O_3 的含量，以 $w(Al_2O_3)$ 表示。

4. MgO 的测定

移取滤液 25.00 mL 于烧杯中，滴加 $NH_3 \cdot H_2O$ 至溶液刚刚出现沉淀，再滴加 HCl 溶液至沉淀恰好溶解。加入 2 g NH_4Cl 固体，溶解后滴加六亚甲基四胺溶液至沉淀再次出现并过量 15 mL。将溶液加热至 80℃并保持此温度 10～15 min，冷却后过滤，用少量蒸馏水分几次洗涤沉淀，将滤液及洗涤液收集于锥形瓶中，加入 10 mL 三乙醇胺溶液、10 mL NH_3-NH_4Cl 缓冲溶液、1 滴甲基红和 2 滴铬黑 T 指示剂，用 EDTA 标准溶液滴定至溶液由暗红色变为蓝绿色即为终点。计算胃舒平药片中 MgO 的含量，以 $w(MgO)$ 表示。

【注意事项】

(1)样品处理时，为了使测定结果有代表性，应取较多药片，研磨后分取。

(2)在"Al_2O_3的测定"中，初次加入二甲酚橙指示剂是为了调整溶液的 pH 值，借此可控制氨水的加入量。再滴加 HCl 溶液，调节溶液 pH 值在 3～4 之间，此时颜色变化明显，易于观察和操作。并且在此酸度下加热煮沸，使 EDTA 与 Al^{3+} 反应完全。

【思考题】

(1)测定 Al^{3+} 的含量时为什么要用返滴定法？能否采用直接滴定法测定？为何要将试液与 EDTA 标准溶液混合后加热煮沸？

(2)能否采用 F^- 掩蔽 Al^{3+}，而直接测定 Mg^{2+}？

(3)能否在不沉淀分离 Al^{3+} 的试液中直接测定 Mg^{2+} 的含量?

7.3　氧化还原滴定法

实验 31　高锰酸钾溶液的配制与标定

【实验目的】

(1)掌握 $KMnO_4$ 溶液的配制、保存和标定方法。

(2)掌握用 $Na_2C_2O_4$ 基准物质标定 $KMnO_4$ 溶液的原理与条件。

【预习要点】

(1) $KMnO_4$ 溶液的配制与保存方法。

(2)用 $Na_2C_2O_4$ 基准物质标定 $KMnO_4$ 溶液的原理与条件。

【实验原理】

$KMnO_4$ 是氧化还原滴定中最常用的氧化剂之一。市售的 $KMnO_4$ 试剂中常含有少量 MnO_2 和其他杂质,如硫酸盐、氯化物及硝酸盐等。配制溶液所用的蒸馏水中也常含有少量的还原性物质,这些物质都能促使 $KMnO_4$ 还原而改变溶液的浓度。因此不能直接配制 $KMnO_4$ 的标准溶液,而是先配成近似所需浓度的溶液,然后再用基准物质进行标定。

标定 $KMnO_4$ 的基准物质较多,常用的有 $Na_2C_2O_4$,$H_2C_2O_4 \cdot 2H_2O$,As_2O_3 和纯铁丝等,其中以 $Na_2C_2O_4$ 最常用。$Na_2C_2O_4$ 不含结晶水,不易吸湿,易纯制,性质稳定。

$KMnO_4$ 与 $Na_2C_2O_4$ 反应需在酸性介质、适当温度和有 Mn^{2+} 作催化剂的条件下进行,其反应如下:

$$2MnO_4^- + 5\,C_2O_4^{2-} + 16H^+ = 2Mn^{2+} + 10CO_2(g) + 8H_2O$$

滴定过程中逐渐生成的 Mn^{2+} 对加快反应速率有催化作用,利用 MnO_4^- 本身的紫红色指示终点,称为自身指示剂。

【仪器和试剂】

(1)仪器:台秤(精度 0.1 g);分析天平(精度 0.1 mg);恒温水浴;玻璃砂芯漏斗 $P_{16}(G_4)$;酸式滴定管(50 mL);容量瓶(250 mL);移液管(25 mL);锥形瓶(250 mL);过滤装置等。

(2)试剂:$Na_2C_2O_4$ 基准试剂(于 105℃ 干燥 2 h 后备用);H_2SO_4(3 mol·L^{-1});$KMnO_4(s)$。

【实验内容】

1.0.02 mol·L^{-1}高锰酸钾溶液的配制

在台秤上称出预先计算好的配制 0.02 mol·L^{-1}KMnO$_4$溶液 500 mL 所需的 KMnO$_4$固体。用 500 mL 水溶解并加热至沸,保持微沸状态 1 h(随时加水,补充蒸发损失),在暗处静置 2~3 天后,用微孔玻璃漏斗过滤,滤液转入棕色试剂瓶中,保存备用。

2.高锰酸钾溶液的标定

准确称取 0.15~0.20 g Na$_2$C$_2$O$_4$基准试剂三份,分别置于锥形瓶中,加入约 30 mL 水、10 mL H$_2$SO$_4$溶液,在水浴中加热至 75℃~85℃,趁热用待标定的 KMnO$_4$溶液滴定。开始时滴定速度宜慢,待溶液中产生了 Mn^{2+}后,可加快滴定速度。接近终点时,由于溶液紫红色褪去较慢,应再减慢滴定速度,待滴定到溶液呈微红色,摇匀后保持 30 s 不褪色即为终点。根据 Na$_2$C$_2$O$_4$的质量和消耗 KMnO$_4$溶液的体积,计算 KMnO$_4$溶液的准确浓度,要求相对平均偏差应在 0.2% 以内。

$$c_{\text{KMnO}_4}=\frac{2}{5}\times\frac{m_{\text{Na}_2\text{C}_2\text{O}_4}}{M_{\text{Na}_2\text{C}_2\text{O}_4}\times V_{\text{KMnO}_4}}$$

【注意事项】

(1)蒸馏水中常含有少量的还原性物质等,使 KMnO$_4$还原为 MnO$_2$·nH$_2$O。市售高锰酸钾中所含的细粉状的 MnO$_2$·nH$_2$O 能加速 KMnO$_4$的分解。若不加热煮沸,则需放置 2 周,使还原性物质完全被氧化,并将沉淀过滤除去以后,再进行标定。

(2)在室温条件下,KMnO$_4$与 C$_2$O$_4^{2-}$之间的反应速度缓慢,需加热提高反应速率。但温度不易超过 85℃,否则会引起 H$_2$C$_2$O$_4$分解:

$$\text{H}_2\text{C}_2\text{O}_4=\text{CO}_2(\text{g})+\text{CO}(\text{g})+\text{H}_2\text{O}$$

(3)开始滴定时,溶液中能使反应加速进行的 Mn^{2+}少,所以反应很慢,在第 1 滴 KMnO$_4$还没有完全褪色以前,不要加入第 2 滴。待溶液产生 Mn^{2+}离子催化反应后,滴定速度可以相应加快,但过快会导致局部 KMnO$_4$过浓而分解,造成滴定误差。

(4)KMnO$_4$标准溶液应放在酸式滴定管中,由于 KMnO$_4$溶液的颜色较深,使溶液的弯月面不易看出,读数时应从液面两端最高点处读数。

【思考题】

(1)配制 KMnO$_4$溶液时,为什么要将 KMnO$_4$溶液煮沸一定时间并放置数天? 过滤后的滤器上沾污的物质是什么? 应选用什么物质清洗? 是否可以用滤纸代替微孔玻璃漏斗？

(2)标定 $KMnO_4$ 溶液时,溶液酸度过高或过低对滴定结果有何影响？是否可以在盐酸或硝酸介质中进行？为什么？

(3)用 $Na_2C_2O_4$ 标定 $KMnO_4$ 时,为什么要加热到 $75℃\sim85℃$？溶液温度过高或过低对反应有何影响？

(4)标定 $KMnO_4$ 溶液时,为什么第 1 滴 $KMnO_4$ 溶液加入后溶液的红色褪去很慢,而随着滴定的进行红色褪去会越来越快？

实验 32 双氧水中过氧化氢含量的测定——高锰酸钾法

【实验目的】

(1)掌握高锰酸钾法测定 H_2O_2 含量的原理及方法。

(2)了解 $KMnO_4$ 自身指示终点及自动催化反应的特点。

【预习要点】

(1)测定 H_2O_2 含量的原理和方法。

(2)介质对 $KMnO_4$ 还原产物的影响。

【实验原理】

H_2O_2 分子中含有一个过氧链—O—O—,在酸性溶液中 H_2O_2 虽然是一种强氧化剂,但遇到氧化性更强的 $KMnO_4$ 时,H_2O_2 表现为还原性。在稀 H_2SO_4 溶液中,很容易被 $KMnO_4$ 氧化成氧气和水,其反应如下:

$$5H_2O_2+2MnO_4^-+6H^+=2Mn^{2+}+5O_2(g)+8H_2O$$

由反应式可知,锰的氧化数由 $+7$ 变到 $+2$。开始时反应速率缓慢,加入的第 1 滴 $KMnO_4$ 溶液颜色不易褪去,待 Mn^{2+} 生成后,由于 Mn^{2+} 的催化作用,使得反应速率加快。至化学计量点时,稍过量的 $KMnO_4$ 溶液本身的紫红色即显示终点的到达。

H_2O_2 在工业、生物、医药等方面应用很广泛。利用 H_2O_2 的氧化性可漂白毛、丝织物和油画;在医药上常用它作为消毒杀菌剂;在生物化学中,常用此法间接测定过氧化氢酶的活性。由于 H_2O_2 有着广泛的应用,常常需要测定它的含量。

【仪器和试剂】

(1)仪器:酸式滴定管(50 mL);容量瓶(250 mL);移液管(25 mL);吸量管(1 mL);锥形瓶(250 mL)等。

(2)试剂:$KMnO_4$(0.02 mol·L^{-1});H_2SO_4(3 mol·L^{-1});H_2O_2 样品。

【实验内容】

1. 0.02 mol·L^{-1} KMnO$_4$ 溶液的配制与标定(见实验 31)

2. H$_2$O$_2$ 含量的测定

用吸量管吸取 1.00 mL 过氧化氢样品于 250 mL 容量瓶中,用水稀释至刻度,混合均匀。用移液管移取上述稀释溶液 25.00 mL 置于锥形瓶中,加 10 mL H$_2$SO$_4$ 溶液,摇匀。用 KMnO$_4$ 标准溶液滴定,开始滴定时的速度要慢,待红色褪去以后再继续滴定,直至溶液呈微红色并在 30 s 内不褪色即为终点。平行测定三份,计算未经稀释样品中 H$_2$O$_2$ 的含量。

$$w_{H_2O_2} = \frac{5}{2} \times \frac{c_{KMnO_4} \times V_{KMnO_4} \times M_{H_2O_2} \times 10^{-3}}{V_{样品} \times \rho_{H_2O_2} \times \frac{1}{10}}$$

式中,$\rho_{H_2O_2}$ 为 H$_2$O$_2$ 的密度,原装 H$_2$O$_2$ 的质量分数约为 30%,其密度约为 1.1 g·mL^{-1}。

【操作要点】

市售 H$_2$O$_2$(30%)的水溶液不稳定,为减少取样误差,有时滴定前先用水稀释一定倍数后取样测定。

【注意事项】

(1)吸取 H$_2$O$_2$ 原装溶液进行稀释时,操作中应防止 H$_2$O$_2$ 接触到皮肤。

(2)若 H$_2$O$_2$ 试样为工业产品,由于常加入少量稳定剂如乙酰苯胺、尿素、丙乙酰胺等,用上述方法测定误差较大,可改用碘量法测定。

【思考题】

(1)用高锰酸钾法测定 H$_2$O$_2$ 含量时,为何要在酸性条件下进行? 能否用 HNO$_3$,HCl 和 HAc 控制溶液的酸度? 为什么?

(2)用 KMnO$_4$ 法测定 H$_2$O$_2$ 含量时,有时滴定前先向 H$_2$O$_2$ 溶液中加入 1~2 滴 MnSO$_4$ 溶液,其作用是什么?

(3)滴定至终点时,溶液在放置一段时间后,溶液的颜色会有何变化? 请解释原因。

实验 33　硫代硫酸钠溶液的配制与标定

【目的要求】

(1)掌握 Na$_2$S$_2$O$_3$ 的化学性质和配制方法。

(2)掌握间接碘量法的实验原理及测定方法。

【预习要点】

(1)$Na_2S_2O_3$ 溶液的配制方法与保存条件。

(2)标定 $Na_2S_2O_3$ 溶液浓度的原理和方法。

【实验原理】

硫代硫酸钠是典型的还原性滴定剂,在氧化还原滴定中经常使用。常用的硫代硫酸钠试剂中,一般都含有少量的杂质,同时还容易风化和潮解,因此不能直接配制成标准溶液。

$Na_2S_2O_3$ 可以和空气中氧气或水中 CO_2、微生物等发生化学反应。为了避免以上化学反应降低 $Na_2S_2O_3$ 溶液的浓度,在配制 $Na_2S_2O_3$ 溶液时需要用新煮沸并冷却的蒸馏水,并且需要加入少量 Na_2CO_3。光照能促进 $Na_2S_2O_3$ 溶液的分解,所以 $Na_2S_2O_3$ 溶液应保存在棕色瓶中,并且应当放置在暗处。刚刚配制好的 $Na_2S_2O_3$ 溶液浓度不稳定,应当放置 $1\sim2$ 周后再标定。长期使用的 $Na_2S_2O_3$ 溶液,应定期标定。

由于 $K_2Cr_2O_7$ 和 $Na_2S_2O_3$ 之间反应没有明确的计量关系,因此不能采用直接滴定法。用 $K_2Cr_2O_7$ 为基准物质标定 $Na_2S_2O_3$ 溶液时,应先使 $K_2Cr_2O_7$ 与过量的 KI 反应,析出定量的 I_2,然后用 $Na_2S_2O_3$ 溶液滴定,以淀粉溶液作为指示剂指示滴定终点:

$$K_2Cr_2O_7 + 6KI + 14HCl = 2CrCl_3 + 8KCl + 3I_2 + 7H_2O$$
$$I_2 + 2Na_2S_2O_3 = 2NaI + Na_2S_4O_6$$

【仪器和试剂】

(1)仪器:台秤(精度 0.1 g);分析天平(精度 0.1 mg);酸式滴定管(50 mL);碘量瓶(250 mL);移液管(25 mL);容量瓶(250 mL)等。

(2)试剂:HCl(6 mol·L^{-1});淀粉溶液(5 g·L^{-1});$Na_2S_2O_3$·5H_2O(s);Na_2CO_3(s);$K_2Cr_2O_7$ 基准试剂(在 150℃~180℃下干燥 2 h,置于干燥器中,冷却后备用);KI(s)。

【实验内容】

1. 0.1 mol·L^{-1} $Na_2S_2O_3$ 溶液的配制

用台秤称取 25 g $Na_2S_2O_3$·5H_2O 置于合适的大烧杯中,加入新煮沸并冷却的蒸馏水约 400 mL,完全溶解后再加入 0.2 g Na_2CO_3,用水稀释至 1 000 mL,然后将溶液转移至 1 000 mL 棕色试剂瓶中。将溶液置于暗处保存,过 $1\sim$ 2 周后再标定。

2. $K_2Cr_2O_7$ 标准溶液的配制($c_{1/6\ K_2Cr_2O_7} = 0.100\ 0\ mol \cdot L^{-1}$)

用指定质量称量法准确称取 $1.225\ 8\ g\ K_2Cr_2O_7$ 基准试剂于小烧杯中,加入适量的蒸馏水溶解后,定量转移至 250 mL 容量瓶中,加水稀释到刻度,摇匀。

3. $Na_2S_2O_3$ 溶液的标定

用移液管移取 25.00 mL $K_2Cr_2O_7$ 溶液于碘量瓶中,加入 5 mL HCl 溶液,2 g KI,25 mL 蒸馏水。然后盖上瓶塞,轻轻摇匀,在暗处放置 10 min。待反应完全后,再加入 50 mL 蒸馏水稀释。立即用待标定的 $Na_2S_2O_3$ 溶液滴定至溶液呈淡黄色时,加入淀粉指示剂 2 mL,此时溶液变为蓝色,继续用 $Na_2S_2O_3$ 溶液滴定至溶液蓝色刚刚消失呈亮绿色,即为终点。平行测定三份,实验数据和计算结果填入下表。

记录项目	滴定编号		
	I	II	III
$K_2Cr_2O_7$ 标准溶液体积/mL	25.00	25.00	25.00
消耗 $Na_2S_2O_3$ 溶液体积/mL			
$Na_2S_2O_3$ 溶液浓度/mol·L^{-1}			
$Na_2S_2O_3$ 溶液平均浓度/mol·L^{-1}			
相对偏差/%			
相对平均偏差/%			

【注意事项】

(1)氧化还原反应生成的 Cr^{3+} 为绿色,浓度较大时妨碍终点观察,实验中应注意暗处反应完全后加蒸馏水稀释再滴定。

(2)$K_2Cr_2O_7$ 与 KI 化学反应不是立刻完成的,在稀溶液中反应速度更慢。在实验中要注意等反应完成后再加蒸馏水稀释。

(3)开始滴定时溶液中碘浓度较大,此时不要剧烈摇动,以免碘挥发造成实验误差。

【思考题】

(1)在本实验中用 $K_2Cr_2O_7$ 作基准物标定 $Na_2S_2O_3$ 时,为什么要加入过量的 KI 和 HCl?为什么要放置一段时间后才能加蒸馏水稀释?

(2)在用 $Na_2S_2O_3$ 滴定生成的 I_2 时,能不能在滴定开始之前就加入淀粉指示剂?为什么要在近终点时才加入?

(3)淀粉指示剂的用量为什么要多达 2 mL? 能否像其他滴定实验一样只加 1~2 滴?

(4)$Na_2S_2O_3$ 标准溶液能不能直接配制? $Na_2S_2O_3$ 溶液配制完成后为何要放置 1~2 周后才可以标定?

(5)在本实验中配制 $Na_2S_2O_3$ 溶液时为何要用新煮沸并冷却后的蒸馏水? 加入 Na_2CO_3 的目的是什么?

(6)实验中,能否不加入过量的 KI 而用 $Na_2S_2O_3$ 溶液直接滴定 $K_2Cr_2O_7$?

实验 34　维生素 C 含量的测定——直接碘量法

【实验目的】

(1)了解碘溶液的配制和标定方法。

(2)掌握 $Na_2S_2O_3$ 溶液的配制与标定方法。

(3)掌握直接碘量法测定维生素 C 含量的原理及其操作。

【预习要点】

(1)直接碘量法和间接碘量法的概念。

(2)$Na_2S_2O_3$ 溶液的配制方法及标定过程中的条件要求。

(3)测定维生素 C 含量的方法原理。

【实验原理】

碘量法是利用 I_2 的氧化性和 I^- 的还原性进行物质含量测定的分析方法。直接碘量法是利用 I_2 作标准溶液,直接滴定一些具有还原性物质的分析方法。

维生素 C 的分子式为 $C_6H_8O_6$,摩尔质量为 176.12 $g \cdot mol^{-1}$。分子中的烯二醇基具有还原性,能被 I_2 定量地氧化成二酮基,反应式为

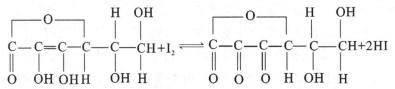

该方法可以用于测定药片、注射液、蔬菜及水果中维生素 C 的含量。

由于维生素 C 的还原性很强,尤其是在碱性介质中,更易被空气氧化。所以在测定时,通常加入适量的 HAc,使溶液呈弱酸性,以减少副反应的发生。

【仪器和试剂】

(1)仪器:台秤(精度 0.01 g);分析天平(精度 0.1 mg);容量瓶(50 mL);碘

量瓶(50 mL);棕色酸式滴定管(10 mL);移液管(5 mL);研钵等。

(2)试剂:

1)$Na_2S_2O_3$ 标准溶液 0.1 mol·L^{-1}:配制与标定见实验33。

2)I_2 溶液(0.10 mol·L^{-1}):称取 0.7 g I_2 和 1 g KI 于研钵中(在通风橱中操作),加入少量水研磨,待 I_2 全部溶解后,加水稀释至 50 mL,将溶液转移至棕色试剂瓶中。充分摇匀,放置暗处保存。

3)HAc:$\varphi(1:1)$。

4)淀粉溶液:5 g·L^{-1}。

5)维生素 C 药片粉末。

【实验内容】

1.I_2 溶液的标定

准确移取 5.00 mL $Na_2S_2O_3$ 标准溶液于碘量瓶中,加入10 mL蒸馏水,8 滴淀粉指示剂,用 I_2 溶液滴定至呈稳定的蓝色,且保持 30 s 内不褪色即为终点。平行测定三份,取平均值,计算 I_2 溶液的准确浓度。

$$c_{I_2}=\frac{1}{2}\times\frac{c_{Na_2S_2O_3}\times V_{Na_2S_2O_3}}{V_{I_2}}$$

2.维生素 C 含量的测定

准确称取维生素 C 药片粉末 0.05~0.08 g,加入 20 mL 新煮沸并冷却后的蒸馏水,再加 2 mL HAc 溶液,溶解后加入 8 滴淀粉指示剂,立即用 I_2 标准溶液滴定至溶液呈稳定的蓝色,计算维生素 C(Vc)的含量。

$$w_{Vc}=\frac{c_{I_2}\times V_{I_2}\times M_{Vc}}{m_{Vc}}$$

【操作要点】

(1)为节约试剂,本实验设计成半微量滴定实验。

(2)加水稀释,既可降低溶液的酸度,减缓 I^- 离子被空气氧化的速度,又可减少 $Na_2S_2O_3$ 的分解,并且便于终点的观察。

(3)Vc 药片需在洁净的研钵中快速研磨后,迅速转至称量瓶中,并于棕色干燥器中避光保存。研磨后应尽快测定,防止与空气接触。

(4)Vc 药片难以完全溶解,有少量未溶杂质沉于瓶底,但不影响滴定结果。

【思考题】

(1)配制碘溶液时,为什么要加入适量 KI? 配制好的溶液为什么要放在棕色瓶中保存?

（2）溶解维生素 C 药片时,为什么要用新煮沸并冷却后的蒸馏水? 测定维生素 C 的溶液中为何要加入稀 HAc?

（3）碘量法的主要误差来源有哪些? 如何避免?

实验 35　海水中溶解氧的测定

【实验目的】

（1）掌握海水中溶解氧的测定原理和方法。

（2）了解方法的实验条件及误差来源。

【预习要点】

（1）溶解氧的概念和测定原理。

（2）水样的采集和溶解氧测定中条件的控制。

【实验原理】

水体与大气交换或经化学、生物化学反应后而溶解于水体中的氧,称为溶解氧。溶解氧含量随水温和氯度的变化而变化。

在一定量的海水中,加入适量的硫酸锰和碱性碘化钾溶液,生成白色氢氧化锰沉淀:

$$MnSO_4 + 2NaOH = Mn(OH)_2(s) + Na_2SO_4$$
$$（白色）$$

在碱性溶液中,$Mn(OH)_2$ 不稳定,被海水中溶解氧定量地氧化为四价锰的褐色化合物沉淀:

$$2Mn(OH)_2 + O_2 = 2MnO(OH)_2(s)$$
$$（白色）\qquad\qquad（褐色）$$

然后将溶液用硫酸酸化,则四价锰与溶液中的 I^- 作用,析出与溶解氧含量相当的游离 I_2:

$$MnO(OH)_2 + 4H^+ + 2I^- = Mn^{2+} + I_2 + 3H_2O$$

析出的 I_2 以淀粉溶液为指示剂,用 $Na_2S_2O_3$ 标准溶液滴定:

$$I_2 + 2Na_2S_2O_3 = 2NaI + Na_2S_4O_6$$

根据滴定时所用 $Na_2S_2O_3$ 标准溶液的浓度和体积,可计算出海水中溶解氧的含量。

【仪器和试剂】

（1）仪器:分析天平(精度 10 mg);溶解氧样品瓶(125 mL,棕色);移液管

（25 mL）；碘量瓶（250 mL）；酸式滴定管（50 mL）；吸量管（1 mL）等。

（2）试剂：

1）$Na_2S_2O_3$：0.01 mol·L^{-1} 配制方法见实验 33。

2）KIO_3 标准溶液（$c_{1/6KIO_3}=0.01$ mol·L^{-1}）：准确称取 0.356 7 g 碘酸钾（优级纯，预先在 120℃ 干燥 2 h，置于干燥器中冷却）于烧杯中，以蒸馏水溶解后，定量转移到 1 L 容量瓶中，加水稀释至刻度，摇匀。

3）$MnSO_4$：2 mol·L^{-1}。

4）碱性碘化钾溶液：称取 250 g 氢氧化钠，在搅拌下溶于 250 mL 水中，冷却后加入 75 g 碘化钾，加水稀释至 500 mL，贮存于棕色试剂瓶中。

5）淀粉溶液：5 g·L^{-1}。

6）KI（s）。

7）硫酸：φ（1∶1）。

【实验内容】

1. 0.01 mol·L^{-1} $Na_2S_2O_3$ 溶液的标定

移取 25.00 mL KIO_3 标准溶液于碘量瓶中，加入 1 g KI，沿壁加入 1 mL H_2SO_4 溶液，加盖摇匀，加少许水封口，在暗处放置 5 min。轻轻旋开瓶塞，加入 50 mL 蒸馏水，用 $Na_2S_2O_3$ 溶液滴定至呈淡黄色时，再加入 1 mL 淀粉溶液，继续滴定至溶液的蓝色恰好消失，即为终点。重复滴定三次，要求三次所用 $Na_2S_2O_3$ 溶液体积之差不得超过 ±0.04 mL。取平均值，计算 $Na_2S_2O_3$ 溶液的准确浓度。

$$c_{Na_2S_2O_3}=\frac{6\times c_{KIO_3}\times V_{KIO_3}}{V_{Na_2S_2O_3}}$$

2. 溶解氧瓶体积的测定

将溶解氧瓶洗净、烘干、冷却，在分析天平上称取空瓶质量 m_1。然后将溶解氧瓶注满蒸馏水，盖好瓶塞（注：瓶内不能有气泡），用滤纸将瓶外擦干，再称取瓶和水的质量 m_2。同时测定蒸馏水的温度，查表求出在该温度下水的密度 ρ，由此可求出溶解氧瓶的体积。

$$V=\frac{m_2-m_1}{\rho}$$

式中，ρ 可查附表，由该温度下 1 升蒸馏水所具有的质量求出。

$$\rho=\frac{m_{20}}{1\,000}$$

式中，m_{20} 是在 20℃ 时，容积准确为 1 升的玻璃器皿中，蒸馏水在空气中于不同温度下的质量。

3.海水中溶解氧的测定

在采水器的龙头上分别接上适当长度的乳胶管及玻璃管,由采水器放出少量海水冲洗溶解氧瓶 2 次。然后再将玻璃管插到瓶的底部,让海水慢慢注入(注意:不要产生涡流,避免发生气泡),直到海水将瓶装满溢出,并使溢出的海水为溶解氧瓶体积的 1/2 时,将玻璃管慢慢抽出,盖上瓶塞,再拿下瓶塞。立即用吸量管加入 $MnSO_4$ 溶液和碱性碘化钾溶液各 1 mL(注意:吸量管要插入海水液面以下 1 cm)。盖好瓶塞(勿挤入气泡),然后按紧瓶塞,颠倒 30 余次,使之混合均匀。放在暗处静置约 1 h,平行做三份。待沉淀下降到瓶高的一半时,即可进行滴定。

打开瓶塞,小心将瓶里的上清液倒入锥形瓶中一部分(注意:不要倒出沉淀),接着向溶解氧瓶中加入 1 mL H_2SO_4 溶液,盖上瓶塞,上下颠倒数次至沉淀全部溶解。然后将瓶中溶液小心转入盛有上清液的锥形瓶中,立即用 $Na_2S_2O_3$ 标准溶液滴定至溶液呈淡黄色时,加入 1 mL 淀粉溶液,继续滴定至溶液的蓝色恰好褪去。然后把锥形瓶中的一部分溶液倒回溶解氧瓶,荡洗之后再倒入锥形瓶中,此时溶液又变为蓝色。再以 $Na_2S_2O_3$ 标准溶液滴定到溶液的蓝色消失。记录所用 $Na_2S_2O_3$ 标准溶液的体积,计算海水中溶解氧的含量。

根据各反应式间的关系可知,1 mol $Na_2S_2O_3$ 相当于 1/4 mol O_2,则

$$\rho_{O_2} = \frac{1}{4} \times \frac{c_{Na_2S_2O_3} \times V_{Na_2S_2O_3} \times M_{O_2}}{V}$$

式中,ρ_{O_2} 为海水中溶解氧的质量浓度;$c_{Na_2S_2O_3}$ 为 $Na_2S_2O_3$ 标准溶液的浓度;$V_{Na_2S_2O_3}$ 为 $Na_2S_2O_3$ 标准溶液的体积;M_{O_2} 为氧的摩尔质量;V 为所取海水的体积减去取样时所加入的 $MnSO_4$ 和碱性 KI 溶液的体积。

当溶解氧含量以标准状况时的"体积分数"表示时,因为在 0 ℃ 及 101.325 kPa 时,氧的密度为 1.429 g · L^{-1},则

$$\varphi_{O_2} = \frac{c_{Na_2S_2O_3} \times V_{Na_2S_2O_3} \times 8/1.429}{V}$$

附表：

20℃时容积准确为 1 升的玻璃容器中,蒸馏水在空气中于不同温度下的质量(m_{20})

$t/℃$	m_{20}/g	$t/℃$	m_{20}/g	$t/℃$	m_{20}/g	$t/℃$	m_{20}/g	$t/℃$	m_{20}/g	$t/℃$	m_{20}/g
0	998.30	15.2	997.92	19.2	997.30	23.2	996.54	27.2	995.60	31.2	994.52
1	998.40	15.4	997.89	19.4	997.28	23.4	996.50	27.4	995.55	31.4	994.47
2	998.46	15.6	997.87	19.6	997.24	23.6	996.45	27.6	995.50	31.6	994.41
3	998.51	15.8	997.84	19.8	997.21	23.8	996.41	27.8	995.45	31.8	994.35
4	998.54	16.0	997.81	20.0	997.17	24.0	996.36	28.0	995.40	32.0	994.29
5	998.56	16.2	997.78	20.2	997.14	24.2	996.32	28.2	995.35	32.2	994.23
6	998.56	16.4	997.76	20.4	997.10	24.4	996.27	28.4	995.29	32.4	994.17
7	998.55	16.6	997.73	20.6	997.06	24.6	996.23	28.6	995.24	32.6	994.11
8	998.52	16.8	997.70	20.8	997.02	24.8	996.18	28.8	995.19	32.8	994.05
9	998.48	17.0	997.67	21.0	996.99	25.0	996.14	29.0	995.14	33.0	993.99
10	998.42	17.2	997.64	21.2	996.95	25.2	996.09	29.2	995.08	33.2	993.93
11	998.35	17.4	997.61	21.4	996.91	25.4	996.04	29.4	995.03	33.4	993.87
12	998.27	17.6	997.58	21.6	996.87	25.6	996.00	29.6	994.97	33.6	993.81
13	998.17	17.8	997.55	21.8	996.83	25.8	995.95	29.8	994.92	33.8	993.75
14	998.06	18.0	997.51	22.0	996.79	26.0	995.90	30.0	994.86	34.0	993.68
14.2	998.04	18.2	997.48	22.2	996.75	26.2	995.85	30.2	994.81	34.2	993.62
14.4	998.02	18.4	997.45	22.4	996.71	26.4	995.80	30.4	994.75	34.4	993.56
14.6	997.99	18.6	997.42	22.6	996.66	26.6	995.75	30.6	994.69	34.6	993.50
14.8	997.97	18.8	997.38	22.8	996.62	26.8	995.70	30.8	994.64	34.8	993.43
15.0	997.94	19.0	997.35	23.0	996.58	27.0	995.65	31.0	994.58	35.0	993.37

【操作要点】

(1)溶解氧瓶的瓶塞为锥形,磨口要严密,容积须校正。

(2)水样采集后,为防止溶解氧的变化,一般在采样现场立即加固定液于水样中并保存于冷暗处,同时记录水温及大气压力。

(3)如果水体中含有氧化还原性物质、藻类及悬浮物时,会对测定产生干扰。氧化性物质可使碘析出而产生正干扰,还原性物质则会消耗碘而产生负干扰。

【思考题】

(1)往盛有水样的溶解氧瓶中加入试剂时,吸量管的管尖须插入液面,为什么?

(2)为什么要准确测出溶解氧瓶的体积?

实验36　铁矿石中铁含量的测定——重铬酸钾法

【目的要求】

(1)掌握重铬酸钾法的基本原理及测定方法。

(2)了解二苯胺磺酸钠指示剂的作用原理。

【预习要点】

(1)铁矿石试样的分解及预处理的方法。

(2)氧化还原滴定测定铁的原理及方法。

【实验原理】

铁矿石的种类很多,常见的有磁铁矿(Fe_3O_4)、赤铁矿(Fe_2O_3)和菱铁矿($FeCO_3$)等。用重铬酸钾法测定铁矿石中铁的含量,是目前广泛使用的一种分析方法。铁矿石样品溶解后,溶液中既含有 Fe^{3+} 又含有 Fe^{2+},为了用氧化还原滴定法测定总铁量,必须对样品溶液进行预处理。一般常用 $SnCl_2$ 作还原剂,将溶液中 Fe^{3+} 还原成 Fe^{2+},反应式为

$$2FeCl_3 + SnCl_2 = 2FeCl_2 + SnCl_4$$

为确保反应完全,需加入过量的 $SnCl_2$,多余的 $SnCl_2$ 用 $HgCl_2$ 除去:

$$SnCl_2 + 2HgCl_2 = SnCl_4 + Hg_2Cl_2(s)$$

Fe^{2+} 具有还原性,因此可以用 $K_2Cr_2O_7$ 溶液滴定,反应式如下:

$$6Fe^{2+} + Cr_2O_7^{2-} + 14H^+ = 6Fe^{3+} + 2Cr^{3+} + 7H_2O$$

此滴定体系可以采用二苯胺磺酸钠为指示剂,到达滴定终点后溶液呈现紫红色。由于在滴定过程中生成黄色的 Fe^{3+} 影响终点的观察,所以滴定前在溶液中加入 H_3PO_4 与 Fe^{3+} 结合生成无色的 $Fe(HPO_4)_2^-$,既可以消除 Fe^{3+} 黄色的影响,又能降低 Fe^{3+}/Fe^{2+} 电对的电极电位,使氧化还原滴定突跃增大。

【仪器和试剂】

(1)仪器:台秤(精度 0.1 g);分析天平(精度 0.1 mg);电炉;酸式滴定管(50 mL);移液管(25 mL);容量瓶(250 mL);锥形瓶(250 mL)等。

(2)试剂:$SnCl_2$($100 \ g \cdot L^{-1}$);硫磷混酸(将 150 mL 浓硫酸缓慢加至 700 mL 水中,冷却后再加 150 mL 磷酸,混匀);$HgCl_2$($50 \ g \cdot L^{-1}$);二苯胺磺酸钠

$(2\ \text{g}\cdot\text{L}^{-1})$；浓 HCl；$K_2Cr_2O_7$ 标准溶液 $(c_{1/6\ K_2Cr_2O_7}=0.050\ 00\ \text{mol}\cdot\text{L}^{-1})$，配制方法见实验 33）；铁矿石试样。

【实验内容】

1. 铁矿石样品的分解

将铁矿石样品粉碎后，准确称取 $1.0\sim1.5$ g 于烧杯中，加少量水润湿样品，然后加入 20 mL 浓 HCl。用表面皿盖上烧杯，在通风橱中低温加热样品 $20\sim30$ min，并不时摇动，避免沸腾。如果样品分解不完全，可滴加 $SnCl_2$ 溶液数滴助溶。铁矿石样品分解后溶液呈现红棕色，如果滴加 $SnCl_2$，溶液会变为浅黄色。如果样品分解完全，剩余残渣应为白色或接近白色。待溶液冷却后，将溶液转移至 250 mL 容量瓶中，注意要用少量蒸馏水吹洗表面皿和烧杯内壁并全部转移至容量瓶中。用蒸馏水稀释至刻度，摇匀备用。

2. 铁矿石样品中铁含量的测定

用移液管移取样品溶液 25.00 mL 置于锥形瓶中，然后加入 8 mL 浓 HCl。加热溶液至接近沸腾，趁热慢慢滴加 $SnCl_2$ 溶液，滴至溶液黄色刚好消失，再过量 $1\sim2$ 滴。迅速将锥形瓶中溶液用水冷却至室温，立即一次性加入 $HgCl_2$ 溶液 10 mL，摇匀，此时应出现白色丝状沉淀。将溶液静置 $3\sim5$ min，加入蒸馏水稀释至约 150 mL，加入硫磷混酸 15 mL，滴加二苯胺磺酸钠指示剂 $5\sim6$ 滴，立即用 $K_2Cr_2O_7$ 标准溶液滴定，至溶液呈现稳定的紫色即为终点。平行测定三份，实验数据和计算结果填入下表。

记录项目	滴定编号		
	Ⅰ	Ⅱ	Ⅲ
铁矿石样品质量/g			
吸取样品溶液体积/mL	25.00	25.00	25.00
消耗 $K_2Cr_2O_7$ 标准溶液体积/mL			
样品中铁的含量/%			
样品中铁的平均含量/%			
相对偏差/%			
相对平均偏差/%			

【注意事项】

(1) 注意铁矿石样品的溶解操作中，温度不可过高，以避免沸腾。

(2) 样品溶解要完全，剩余残渣应为白色或非常接近白色。若有带色不溶残渣,可适当滴加 $SnCl_2$ 溶液助溶。

(3)在还原 Fe^{3+} 时,$SnCl_2$ 溶液过量不可过多,溶液中淡黄色刚刚消失后再多加 $1\sim2$ 滴即可。

(4)加入 $HgCl_2$ 溶液后,如无沉淀出现,说明 $SnCl_2$ 试剂加入量可能不足。此种情况说明实验失败,应当弃去重做。

(5)一份样品预处理完成后要马上滴定,不能将三份试液都预处理完后再依次滴定。

【思考题】

(1)用 $K_2Cr_2O_7$ 标准溶液滴定铁含量时,加入 H_3PO_4 的作用是什么?

(2)在本实验中,为何加入硫磷混酸和指示剂后必须马上滴定?

(3)实验中用 $SnCl_2$ 溶液还原 Fe^{3+} 时,为什么 $SnCl_2$ 溶液要趁热滴加?

(4)在加入 $HgCl_2$ 溶液前,为什么要将锥形瓶中溶液冷却至室温?

7.4 沉淀滴定法

实验 37 海水中氯含量的测定——莫尔法

【实验目的】

(1)学习 $AgNO_3$ 溶液的配制与标定。

(2)掌握用莫尔法进行沉淀滴定的原理和方法。

(3)了解莫尔法的应用。

【预习要点】

(1)适合莫尔法测定的 pH 范围。

(2)分步沉淀的依据是什么?

(3)指示剂用量对滴定终点的影响。

【实验原理】

可溶性氯化物中氯含量的测定常采用莫尔法。此法是在中性或弱碱性溶液中,以 K_2CrO_4 为指示剂,用 $AgNO_3$ 标准溶液直接进行滴定。由于 $AgCl$ 的溶解度小于 Ag_2CrO_4,根据分步沉淀的原理,$AgCl$ 首先定量沉淀后,微过量的 Ag^+ 与 CrO_4^{2-} 生成砖红色的 Ag_2CrO_4 沉淀,由此指示滴定终点的到达。其反应式如下:

滴定反应:$Ag^+ + Cl^- = AgCl(s)$(白色) $\qquad K_{sp} = 1.8 \times 10^{-10}$

指示反应:$2Ag^+ + CrO_4^{2-} = Ag_2CrO_4(s)$(砖红色) $\qquad K_{sp} = 2.0 \times 10^{-12}$

滴定过程中,需保持溶液 pH 范围在 6.5～10.5 最适宜。但若有铵盐存在,则溶液的 pH 需控制在 6.5～7.2 之间。

指示剂用量对滴定终点的准确判断有影响。浓度过高,将使终点提前到达;浓度过低,则终点滞后,一般 K_2CrO_4 指示剂的浓度以 5×10^{-3} mol·L^{-1} 为宜。

莫尔法选择性较差,凡是能与 Ag^+ 或 CrO_4^{2-} 发生化学反应产生沉淀的阴、阳离子都会干扰测定。

莫尔法的应用比较广泛,可用于生活饮用水、工业用水、环境水质监测以及一些化工产品、药品、食品中氯的测定。

【仪器和试剂】

(1)仪器:台秤(精度 0.1 mg);分析天平(精度 0.1 g);高温炉;酸式滴定管(50 mL);移液管(20 mL,25 mL);吸量管(1 mL);容量瓶(250 mL);锥形瓶(250 mL)等。

(2)试剂:NaCl 基准试剂(将 NaCl 置于瓷坩埚中,于 500℃～600℃高温炉中灼烧 1 h 后,置于干燥器中,冷却后备用);$AgNO_3(s)$;K_2CrO_4(50 g·L^{-1});海水;固体试样。

【实验内容】

1. 0.1 mol·L^{-1} $AgNO_3$ 溶液的配制与标定

称取 4.3 g $AgNO_3$ 固体溶于少量蒸馏水中,加水稀释至 250 mL。将溶液转移到棕色试剂瓶中,放在暗处保存,以减缓见光分解的速度。

准确称取 1.3～1.5 g NaCl 基准试剂于小烧杯中,用蒸馏水溶解后,定量转移至 250 mL 容量瓶中,用水稀释至刻度,摇匀。

用移液管移取 25.00 mL NaCl 标准溶液三份于 3 个锥形瓶中,加入 25 mL 蒸馏水和 1.00 mL K_2CrO_4 溶液,在充分摇动下,用待标定的 $AgNO_3$ 溶液滴定至溶液呈砖红色即为终点(当溶液局部出现砖红色时,要减慢滴定速度)。根据所称 NaCl 的质量和 $AgNO_3$ 溶液的用量,计算 $AgNO_3$ 溶液的准确浓度,并将实验数据和计算结果记录于下列表格。

$$c_{AgNO_3} = \frac{m_{NaCl} \times \frac{25.00}{250.0}}{M_{NaCl} \times V_{AgNO_3}}$$

记录项目	滴定编号		
	I	II	III
称取 NaCl 基准试剂质量 m/g			
消耗 $AgNO_3$ 溶液体积 V/mL			
$AgNO_3$ 溶液浓度 c/mol·L^{-1}			
$AgNO_3$ 溶液平均浓度 c/mol·L^{-1}			
相对偏差/%			
相对平均偏差/%			

2.试样分析

(1)海水中氯含量的测定:用移液管移取 20.00 mL 海水于100 mL 容量瓶中,用蒸馏水稀释至刻度,摇匀。准确移取上述稀释后的海水25.00 mL 于锥形瓶中,加入 25 mL 蒸馏水和1.00 mL K_2CrO_4 溶液。在不断摇动下,用 $AgNO_3$ 标准溶液滴定至溶液呈砖红色,即为终点。平行测定三份,计算海水中的氯含量。

$$\rho_{Cl^-} = \frac{c_{AgNO_3} \times V_{AgNO_3} \times M_{Cl}}{25.00 \times \frac{1}{5}}$$

(2)固体试样分析:准确称取氯化物固体试样 0.8 g 于烧杯中,用蒸馏水溶解后,转移至 100 mL 容量瓶中,用水稀释至刻度,摇匀。

准确移取 25.00 mL 试样溶液于锥形瓶中,加入 25 mL 水、1.00 mL K_2CrO_4 溶液。在不断摇动下,用 $AgNO_3$ 标准溶液滴定至溶液呈砖红色即为终点。平行测定三份,计算试样中的氯含量。

$$w_{Cl^-} = \frac{c_{AgNO_3} \times V_{AgNO_3} \times M_{Cl}}{m_{样} \times \frac{1}{4}}$$

【操作要点】

(1)在酸性介质中,CrO_4^{2-} 与 H^+ 结合成 $HCrO_4^-$,使 CrO_4^{2-} 浓度降低,导致 Ag_2CrO_4 沉淀出现过迟,甚至不沉淀,CrO_4^{2-} 在溶液中存在下列平衡:

$$2H^+ + 2CrO_4^{2-} \Longrightarrow 2HCrO_4^- \Longrightarrow Cr_2O_7^{2-} + H_2O$$

若溶液的碱性太强,则会生成 Ag_2O 沉淀,反应式为

$$2Ag^+ + 2OH^- = Ag_2O(s) + H_2O$$

两种情况都会影响结果的准确度。

（2）凡是能与 Ag^+ 生成难溶化合物或配合物的阴离子都干扰测定。如 PO_4^{3-}，AsO_4^{3-}，SO_3^{2-}，S^{2-}，CO_3^{2-} 及 $C_2O_4^{2-}$ 等，其中 S^{2-} 可使其生成 H_2S，经加热煮沸而除去。SO_3^{2-} 可使之氧化成 SO_4^{2-} 而不再干扰。凡能与 CrO_4^{2-} 生成难溶化合物的阳离子也干扰测定，如 Ba^{2+}，Pb^{2+} 分别与 CrO_4^{2-} 生成 $BaCrO_4$ 和 $PbCrO_4$ 沉淀。但 Ba^{2+} 的干扰可借加入过量 Na_2SO_4 而消除。

大量 Cu^{2+}，Ni^{2+}，Co^{2+} 等有色离子将影响终点的观察。Al^{3+}，Fe^{3+}，Bi^{3+}，Sn^{4+} 等高价金属离子，在中性或弱碱性溶液中易水解产生沉淀，也会干扰测定。

（3）沉淀滴定中，为减少沉淀对被测离子的吸附，一般可适当增大滴定的体积，所以须加适量水以稀释试液。

（4）$AgCl$ 沉淀容易吸附 Cl^- 而使终点提前，因此，滴定时须充分摇动，使被吸附的 Cl^- 释放出来，以减小滴定误差。

（5）海水中大约含氯 1.9%，溴 0.0065%，碘 6×10^{-6}%。所以滴定 Cl^- 时，Br^- 与 I^- 也同时被滴定，但因其含量极少，故对测定影响不大。

（6）样品采集后，应在实验室内平衡温度，取样前应充分摇动海水样品瓶。

【注意事项】

银为贵金属，含氯化银的废液应注意回收处理。

【思考题】

（1）K_2CrO_4 指示剂的用量对 Cl^- 测定结果有何影响？

（2）莫尔法测定氯含量时，溶液的 pH 应控制在什么范围？ pH 过高或过低对测定有何影响？ 若有 NH_4^+ 存在时，对溶液的酸度控制为什么要有所不同？

（3）用 K_2CrO_4 作指示剂，能否用标准氯化钠溶液直接滴定 Ag^+？ 为什么？

（4）滴定完毕后，清洗盛有 $AgNO_3$ 溶液的滴定管时，能否按照一般洗涤仪器的程序，先用自来水洗，再用蒸馏水润洗，为什么？

（5）为什么配制好的 $AgNO_3$ 溶液要置于棕色瓶中并放在暗处保存？

实验 38　可溶性氯化物中氯含量的测定——佛尔哈德法

【目的要求】

（1）掌握用佛尔哈德法测定可溶性氯化物中氯含量的原理和方法。

（2）学习 $AgNO_3$ 和 NH_4SCN 标准溶液的配制和标定方法。

【预习要点】

（1）沉淀滴定法中返滴定的测定原理和操作方法。

（2）铁铵矾指示剂的变色原理和使用方法。

【实验原理】

沉淀滴定法是以沉淀反应为基础的滴定分析方法。常见的沉淀滴定法有莫尔法、佛尔哈德法和法扬司法等。以铁铵矾为指示剂的银量法称为佛尔哈德法。用佛尔哈德法返滴定可以测定可溶性氯化物中的氯。在含有待测样品的酸性溶液中，加入过量的 Ag^+ 标准溶液，则会发生沉淀反应产生 AgCl，反应如下：

$$Ag^+ + Cl^- = AgCl \text{ (s)（白色）} \qquad K_{sp} = 1.8 \times 10^{-10}$$

过量的 Ag^+ 以铁铵矾为指示剂，用 NH_4SCN 标准溶液返滴测定，反应如下：

$$Ag^+ + SCN^- = AgSCN \text{ (s)（白色）} \qquad K_{sp} = 1.0 \times 10^{-12}$$

滴定过程中首先生成 AgSCN 沉淀，到达化学计量点后，稍过量的 SCN^- 与 Fe^{3+} 会生成红色配合物，反应式如下：

$$Fe^{3+} + SCN^- = Fe(SCN)^{2+} \text{（红色）}$$

由于 AgSCN 的溶解度比 AgCl 低，化学计量点后过量的 SCN^- 会置换 AgCl 中的 Cl^- 生成 AgSCN。到达滴定终点出现红色后，如果继续振荡溶液，溶液红色会慢慢消失，这样会引起较大的分析误差。为此，在加入过量 Ag^+ 生成 AgCl 沉淀后，应在溶液中加入合适的有机溶剂。振荡溶液使 AgCl 沉淀外面包裹上一层有机溶剂，从而使 AgCl 沉淀和溶液体系隔离，有效地阻止了置换反应的发生。

【仪器和试剂】

(1)仪器：台秤(精度 0.1 g)；分析天平(精度 0.1 mg)；酸式滴定管(50 mL)；移液管(25 mL)；容量瓶(100 mL)；锥形瓶(250 mL)；碘量瓶(250 mL)等。

(2)试剂：硝基苯；铁铵矾（硫酸铁铵）指示剂（100 $g \cdot L^{-1}$）；HNO_3 [$\varphi(1:1)$]；K_2CrO_4(50 $g \cdot L^{-1}$)；$AgNO_3$(s)；NaCl 基准试剂；NH_4SCN(s)；粗食盐试样。

【实验内容】

1.0.1 $mol \cdot L^{-1} AgNO_3$ 溶液的配制与标定（见实验 37）

2.0.1 $mol \cdot L^{-1} NH_4SCN$ 溶液的配制与标定

用台秤称取 1.6 g NH_4SCN 于烧杯中，加适量蒸馏水溶解后稀释至 200 mL，将溶液转入试剂瓶中。

用移液管移取 25.00 mL $AgNO_3$ 标准溶液于锥形瓶中，加入 HNO_3 溶液 5 mL，铁铵矾指示剂溶液 1.0 mL。在不断充分摇动锥形瓶的同时用 NH_4SCN 溶液滴定，当滴定至溶液为稳定的浅红色时即为终点。平行标定 3 份，实验数据和计算结果填入下表。

记录项目	滴定编号		
	I	II	III
吸取 AgNO₃ 标准溶液体积/mL	25.00	25.00	25.00
消耗 NH₄SCN 溶液体积/mL			
NH₄SCN 溶液浓度/mol·L⁻¹			
NH₄SCN 溶液平均浓度/mol·L⁻¹			
相对偏差/%			
相对平均偏差/%			

3. 样品中氯含量的测定

用分析天平准确称取 2 g 粗食盐样品于小烧杯中,加入适量蒸馏水溶解后,定量转移至 250 mL 容量瓶中,用水稀释至刻度,摇匀后备用。

用移液管准确移取样品溶液 25.00 mL 置于碘量瓶中,加入 25 mL 蒸馏水和 5 mL HNO₃ 溶液,用滴定管加入 AgNO₃ 标准溶液至过量 15 mL 左右(过量加入 AgNO₃ 标准溶液的技巧是首先要注意检查沉淀是否完全,可以在滴定到化学计量点附近时振荡溶液,然后让溶液静置一段时间。等 AgCl 沉淀完全沉到碘量瓶底部后,在上层清液中滴入几滴 AgNO₃ 标准溶液,如没有新的沉淀生成则说明沉淀已经完全。此时再加入 AgNO₃ 标准溶液所要求过量的体积即可,注意记录加入 AgNO₃ 标准溶液的总体积)。然后在碘量瓶中加入 2 mL 硝基苯,盖上碘量瓶塞子,充分振荡 30 s 左右,使硝基苯包裹在 AgCl 沉淀表面。再加入铁铵矾指示剂溶液 1.0 mL,最后用 NH₄SCN 标准溶液滴至出现稳定的浅红色即为终点。平行测定三份,实验数据和计算结果记录于表格中。

记录项目	滴定编号		
	I	II	III
粗食盐样品质量/g			
吸取样品溶液体积/mL	25.00	25.00	25.00
加入过量 AgNO₃ 标准溶液体积/mL			
消耗 NH₄SCN 标准溶液体积/mL			
样品中氯的含量/%			
样品中氯的平均含量/%			
相对偏差/%			
相对平均偏差/%			

【注意事项】

(1)标定 $AgNO_3$ 溶液完毕后,将装 $AgNO_3$ 溶液的滴定管先用蒸馏水冲洗 2～3次后,再用自来水洗净,以免自来水中 Cl^- 和 Ag^+ 反应产生 AgCl 沉淀。

(2)测定样品中氯含量采用的是返滴定法,不要忘记记录加入过量 $AgNO_3$ 的准确体积。

【思考题】

(1)常见的沉淀滴定法有几种? 佛尔哈德法同其他方法相比有什么特点?

(2)在测定样品中氯含量时,生成沉淀后为什么要加入硝基苯?

(3)在本实验中,样品溶液为什么要加入 HNO_3 酸化? 能不能用 HCl 或 H_2SO_4 代替 HNO_3?

7.5 重量法

实验 39 氯化钡中钡含量的测定

【实验目的】

(1)了解沉淀重量法测定 Ba^{2+} 的基本原理。

(2)了解重量法的一般分析步骤和测定方法。

【预习要点】

(1)沉淀重量法对沉淀的要求。

(2)形成晶型沉淀的条件。

(3)采用沉淀重量法测定 Ba^{2+} 应该注意的问题。

【实验原理】

Ba^{2+} 能生成一系列难溶化合物,如 $BaCO_3$,BaC_2O_4,$BaCrO_4$ 和 $BaSO_4$ 等,其中以 $BaSO_4$ 的溶解度最小($K_{sp}=1.1\times10^{-10}$),并且很稳定,其组成与化学式相符,符合重量分析对沉淀的要求。所以通常以 $BaSO_4$ 为沉淀形式和称量形式测定 Ba^{2+} 或 SO_4^{2-}。

$$Ba^{2+}+SO_4^{2-}=BaSO_4(s)$$

为了得到粗大的 $BaSO_4$ 晶形沉淀,通常将钡盐溶液用稀 HCl 酸化,加热近沸,并在不断搅拌的情况下,缓慢地加入热的、过量的沉淀剂——稀 H_2SO_4 溶液。所得沉淀经陈化、过滤、洗涤、灼烧,最后以 $BaSO_4$ 形式称量,由此可求得试样中 Ba^{2+} 的含量。

【仪器和试剂】

(1)仪器:分析天平(精度 0.1 mg);漏斗;瓷坩埚;马福炉;干燥器;定量滤纸 (慢速或中速)等。

(2)试剂：HCl (2 mol · L^{-1})；H$_2$SO$_4$(1 mol · L^{-1})；AgNO$_3$(0.1 mol · L^{-1})；HNO$_3$(2 mol · L^{-1})；BaCl$_2$ · 2H$_2$O(s)。

【实验内容】

1.试样的称取、溶解和沉淀

在分析天平上准确称取 BaCl$_2$ · 2H$_2$O 试样0.5～0.6 g两份,分别置于 250 mL 烧杯中,各加蒸馏水 100 mL,搅拌溶解(注意:玻璃棒应于过滤、洗涤完毕后才取出)。加入 2 mol · L^{-1} HCl 溶液 4 mL,加热近沸(勿使沸腾溅失)。

另取 1 mol · L^{-1} H$_2$SO$_4$ 溶液 4 mL 两份,分别置于两个小烧杯中,加水 30 mL,加热至沸,趁热将稀 H$_2$SO$_4$ 用滴管逐滴加入到试样溶液中,并不断搅拌,至沉淀完全。待 BaSO$_4$ 沉淀下沉后,于上层清液中加入 1 滴 H$_2$SO$_4$ 溶液,观察是否有白色沉淀,以检验其沉淀是否完全。盖上表面皿,将沉淀在水浴中保温陈化 50 min,放置冷却后过滤。

2.沉淀的过滤和洗涤

选取慢速定量滤纸用倾泻法过滤,每次用 20～30 mL 洗涤液(由 3 mL 1 mol · L^{-1} H$_2$SO$_4$ 溶液,加 200 mL 蒸馏水稀释而成)洗涤沉淀3～4次。最后, 小心、定量地将烧杯中的沉淀全部转移至滤纸上,再以洗涤液洗涤沉淀,直到洗涤液中不含 Cl$^-$ 为止(收集数滴于表面皿上,加 1 滴 2 mol · L^{-1} HNO$_3$ 溶液,用 AgNO$_3$ 溶液检验)。

3.沉淀的灼烧和称重

取两个洁净带盖的坩埚在 800℃～850℃下灼烧,恒重后记下坩埚的质量。 将盛有沉淀的滤纸折成小包,放入已恒重的坩埚中,经烘干、炭化、灰化后放入 800℃～850℃的高温炉中灼烧 1 h,取出置于干燥器内冷却、称量;再进行第二 次灼烧 10～15 min,冷却,称量,直至恒重。计算样品中钡的含量。

【思考题】

(1)重量沉淀法中,沉淀剂一般过量多少?

(2)沉淀 BaSO$_4$ 时,为什么要在热的稀 HCl 介质中进行?不断搅拌的目的 是什么?

(3)洗涤 BaSO$_4$ 沉淀时,为什么要用洗涤液洗,而不直接用蒸馏水洗?

(4)包有 BaSO$_4$ 沉淀的滤纸,为什么先炭化、灰化后才能放入高温炉中灼烧?

7.6　分光光度法

实验 40　邻二氮菲分光光度法测定微量铁

【目的要求】

(1)掌握分光光度法测定微量铁的原理和方法。

(2)了解分光光度计的结构、性能并掌握其使用方法。

(3)学会刻度吸管的使用方法。

【预习要点】

(1)预习本教材 3.11 内容,熟悉分光光度计的结构、性能和操作要点。

(2)理解分光光度法测定微量铁的原理和方法。

【实验原理】

分光光度法测定铁可以选用的显色剂较多,其中邻菲罗啉吸光光度法的灵敏度高、选择性好、干扰容易消除,是测定铁的一种良好而又灵敏的方法,因而是目前普遍采用的方法。

在 pH 为 2～9 的溶液中,Fe^{2+} 与邻菲罗啉反应,生成稳定的橙红色配合物,其 $\lg K_稳 = 21.3$,摩尔吸收系数为 $1.1 \times 10^4 L \cdot mol^{-1} \cdot cm^{-1}$。

为了测定总铁含量,在显色之前需用盐酸羟胺或抗坏血酸将全部 Fe^{3+} 还原为 Fe^{2+},然后再加入邻菲啰啉,并调节溶液酸度至适宜的显色酸度范围。有关反应如下:

$$2Fe^{3+} + 2NH_2OH \cdot HCl = 2\ Fe^{2+} + N_2(g) + 2H_2O + 4H^+ + 2Cl^-$$

当不加盐酸羟胺时可用于 Fe^{2+} 的测定。

用分光光度法测定物质的含量,一般采用标准曲线法(又称工作曲线法),即配制一系列浓度由小到大的标准溶液,在实验条件下依次测量各标准溶液的吸光度 A,以溶液的浓度为横坐标、相应的吸光度为纵坐标,绘制标准曲线。在同样实验条件下,测定待测溶液的吸光度,根据测得的吸光度值从标准曲线上查出相应的浓度值,即可计算试样中被测物质的铁含量。

【仪器和试剂】

(1)仪器:分析天平(精度 0.1 mg);721 或 722 型分光光度计;容量瓶(50 mL,100 mL);吸量管(10 mL)。

(2)试剂:

1)铁标准溶液(100 mg · L^{-1}):准确称取 0.863 4 g 分析纯的 NH_4

$Fe(SO_4)_2 \cdot 12H_2O$ 于烧杯中,加入 $6\ mol \cdot L^{-1}\ HCl$ 溶液 $20\ mL$ 和少量蒸馏水,溶解后转移至 $1\ L$ 容量瓶中,加水稀释至刻度,摇匀。

2)邻菲罗啉水溶液:$1.5\ g \cdot L^{-1}$。

3)盐酸羟胺:$100\ g \cdot L^{-1}$。

4)NaAc:$1\ mol \cdot L^{-1}$。

5)HCl:$6\ mol \cdot L^{-1}$。

6)待测试样。

【实验内容】

1. 铁标准使用溶液的配制($\rho = 10\ mg \cdot L^{-1}$)

用移液管吸取 $10.00\ mL\ 100\ mg \cdot L^{-1}$ 铁标准溶液于 $100\ mL$ 容量瓶中,加入 $2\ mL\ 6\ mol \cdot L^{-1}\ HCl$ 溶液,用水稀释至刻度,摇匀。

2. 吸收曲线的绘制

用吸量管准确移取 $10\ mg \cdot L^{-1}$ 铁标准溶液 $0.0\ mL$ 和 $10.00\ mL$ 于两个 50 mL 容量瓶中,分别加入 $1\ mL$ 盐酸羟胺溶液,摇匀,放置 $1\ min$,再依次加入 5 mL NaAc 溶液和 $2\ mL$ 邻菲罗啉溶液,以蒸馏水稀释至刻度,摇匀。显色 10 min 后,用 $1\ cm$ 比色皿,以试剂空白为参比,于波长 $440 \sim 560\ nm$ 之间,每隔 10 nm 测一次吸光度,在最大吸收峰附近,每隔 $5\ nm$ 测量一次吸光度。以波长 λ 为横坐标、吸光度 A 为纵坐标,绘制 A-λ 吸收曲线,从吸收曲线上找出最大吸收峰的波长 λ_{max},以此作为测量波长。

3. 标准曲线的绘制

用吸量管准确移取 $10\ mg \cdot L^{-1}$ 铁标准溶液 $2.00,4.00,6.00,8.00,$ $10.00\ mL$ 分别置于 5 个 $50\ mL$ 容量瓶中,分别加入 $1\ mL$ 盐酸羟胺溶液,摇匀,放置 $1\ min$,再依次加入 $5\ mL$ NaAc 溶液和 $2\ mL$ 邻菲罗啉溶液,以蒸馏水稀释至刻度,摇匀后放置 $10\ min$。以试剂空白为参比,用 $1\ cm$ 比色皿,在所选择的吸收波长下,分别测量其吸光度。以铁标准溶液的浓度为横坐标、相应的吸光度为纵坐标,绘制标准曲线。

记录项目	试样编号					
	0	1	2	3	4	5
铁标准使用溶液体积/mL						
稀释后铁标准溶液浓度/mg · L⁻¹						
吸光度(A)						

4. 试样中铁含量的测定

准确移取适量待测试样溶液于 $50\ mL$ 容量瓶中,按标准溶液的配制步骤加入各种试剂,测量吸光度。再从标准曲线上查得其吸光度所对应的浓度值,由此计算出试液中铁的含量。

【操作要点】

(1)使用分光光度计调整仪器零点时,参比溶液要置于光路上。

(2)用手拿比色皿时,只能拿比色皿的毛玻璃面。

(3)配制标准溶液时,应在容量瓶 3/4 或 2/3 处预混,此时不能盖上瓶塞来回翻转;定容到刻线时应将容量瓶拿起来,视线与刻线处于同一水平线上。

【注意事项】

实验结果应换算成原始被测液中铁的浓度。

【思考题】

(1)用邻菲罗啉测定铁时,为什么在测定前要加入盐酸羟胺? 能否任意改变加入试剂的顺序?

(2)如果试液测得的吸光度不在标准曲线范围之内该怎么办?

(3)如果要测定试样中亚铁的含量,应如何测定?

实验 41 海水中亚硝酸盐的测定

【实验目的】

(1)掌握萘乙二胺分光光度法测定海水中亚硝酸盐的原理及方法。

(2)了解分光光度法在水质分析中的应用。

【预习要点】

(1)测定亚硝酸盐的意义。

(2)分光光度法测定亚硝酸盐的原理和操作。

【实验原理】

海水中的亚硝酸盐氮($NO_2^- $-N)来自河水的输入及海水中含氮物质氧化还原过程的中间产物,不稳定。亚硝酸盐是海洋植物的营养盐之一,当浓度过高或变化过快时,表明海洋生态环境恶化。亚硝酸盐氮($NO_2^- $-N)含量的测定是海洋调查、水产养殖、环境监测等方面的例行分析项目。

海水中亚硝酸盐的测定,普遍采用重氮-偶氮分光光度法。该法简便、快速、灵敏度高,并且不受海水中通常存在的其他组分的干扰,可用于海水、河口水、饮用水及一般污染的水中亚硝酸盐的测定。该方法的检出限为 $0.5~\mu g \cdot L^{-1}$。

在酸性条件下,水样中的亚硝酸盐与磺胺进行重氮化反应,其产物再与盐酸萘乙二胺反应,生成重氮-偶氮化合物(红色染料),可于最大吸收波长 543 nm 处测定其吸光度。

磺胺与亚硝酸的重氮化反应：

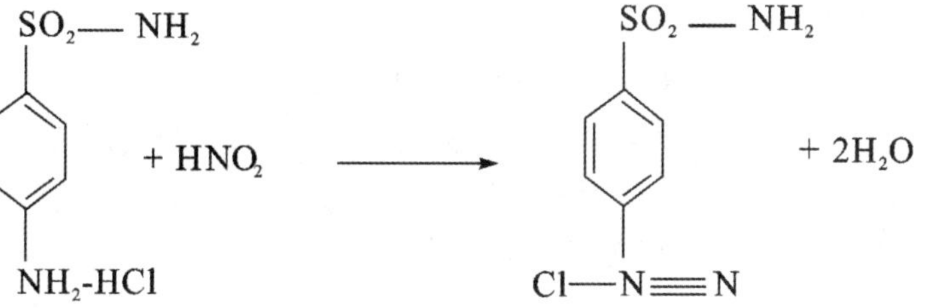

生成偶氮染料的反应：

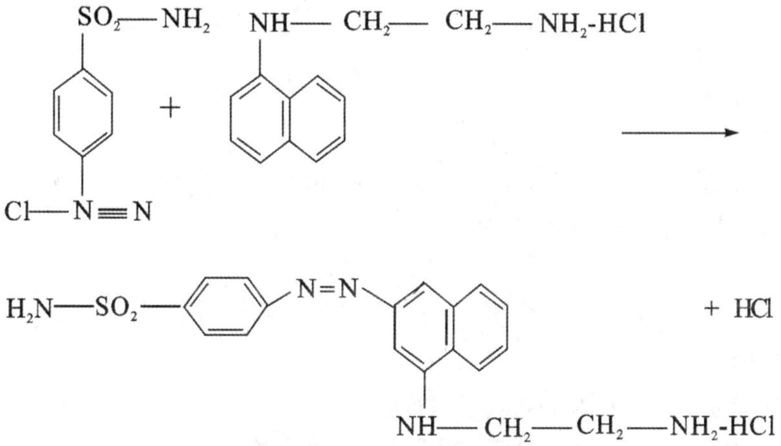

【仪器和试剂】

（1）仪器：721 或 722 型分光光度计；比色管或容量瓶（50 mL）；比色皿（5 cm）；吸量管等。

（2）试剂：实验用水均为不含亚硝酸盐的水。

1）磺胺（10 g·L^{-1}）：称取 5 g 磺胺（NH$_2$SO$_2$C$_6$H$_4$NH$_2$），加 100 mL 盐酸（c＝6 mol·L^{-1}）溶液和 200 mL 水，溶解后加水稀释至 500 mL，混匀，转移到棕色试剂瓶中。

2）盐酸萘乙二胺（1 g·L^{-1}）：称取 0.5 g 盐酸萘乙二胺（C$_{10}$H$_7$NHCH$_2$CH$_2$NH$_2$·2HCl），溶于 500 mL 水中，贮存于棕色试剂瓶中，于冰箱中保存，可稳定一个月。

3）亚硝酸盐氮标准贮备溶液（含 NO$_2^-$-N 100 mg·L^{-1}）：准确称取 0.492 6 g NaNO$_2$（A. R，110℃下烘干）于蒸馏水中，溶解后转移至 1 L 容量瓶中，加水定容至刻度，摇匀。贮存于棕色试剂瓶中，于冰箱中保存，有效期为 2 个月。

4）亚硝酸盐氮标准使用液（含 NO$_2^-$-N 5.0 mg·L^{-1}）：移取 5.00 mL 亚硝

酸盐氮的标准贮备液于 100 mL 容量瓶中,加水稀释至刻度,混匀,用时现配。

【实验内容】

1. 标准曲线的制作

在 6 个 50 mL 比色管中,用吸量管分别加入 0.00,0.10,0.20,0.30,0.40, 0.50 mL 亚硝酸盐标准使用液,加水至刻度,摇匀。然后依次加入 1.0 mL 磺胺溶液,摇匀,放置 5 min 后,分别再加入 1.0 mL 盐酸萘乙二胺溶液,摇匀后放置 15 min。用 5 cm 比色皿,以蒸馏水为参比,于 543 nm 波长处测量标准系列的吸光度值 A_1。

从所测得的吸光度,减去零浓度空白 A_0 后,获得校正吸光度值。以吸光度 (A_1-A_0) 为纵坐标、亚硝酸盐氮的质量浓度 ρ 为横坐标,绘制标准曲线。

2. 水样的测定

(1)将已过滤的待测水样于比色管中定容至 50.00 mL,按标准曲线制作步骤,加入各种试剂,测量其吸光度 A_w。

(2)将实验用水于比色管中定容至 50.00 mL,按上述步骤测量吸光度 A_b。

水样中亚硝酸盐氮的吸光度 A_n 为

$$A_n = A_w - A_b$$

由 A_n 值从标准曲线上查出,并计算水样中亚硝酸盐氮的含量。

【操作要点】

(1)无亚硝酸盐水的制备:在蒸馏水中加入少许 $KMnO_4$ 晶体,使溶液呈红色,再加氢氧化钡或氢氧化钙使溶液呈碱性。加热蒸馏,弃去 50 mL 初馏液,收集中间 70% 馏出液,待用。

(2)水样中加盐酸萘乙二胺溶液后,须在 2 h 内测量完毕,并避免阳光照射。

(3)温度对测定的影响不显著,但以 10℃～25℃时测定为宜。

(4)水样可用有机玻璃或塑料采水器采集,经 0.45 μm 滤膜过滤后,贮存于聚乙烯瓶中。须在 3 h 内完成测定,否则应快速冷冻至 -20℃ 保存,样品融化后立即分析。

(5)如果水样中含有大量的 H_2S,则会干扰测定,可在加入磺胺后通入氮气除去。

【思考题】

(1)$NO_2^- $-N 表示什么含义?

(2)为什么说亚硝酸盐是氮循环的中间产物?它有什么特点?

(3)亚硝酸盐含量的测定除了本实验的方法外,还可以用哪些方法来测定? 请叙述其原理。

第8章　综合与设计实验

8.1　综合性实验

实验 42　高锰酸钾的制备及纯度的测定

【实验目的】

(1)掌握由二氧化锰制备高锰酸钾的原理及方法。

(2)掌握锰的几种价态之间的转换关系。

(3)测定高锰酸钾的纯度,并掌握氧化还原滴定操作。

【预习要求】

(1)复习锰的各种价态化合物的性质和它们之间相互转化的条件。

(2)预习减压过滤、石棉纤维在过滤操作中的应用及玻璃砂漏斗的使用。

【实验原理】

在碱性介质中,氯酸钾可把二氧化锰氧化为锰酸钾:

$$3MnO_2 + KClO_3 + 6KOH \xrightarrow{\text{熔融}} 3K_2MnO_4 + KCl + 3H_2O$$

在酸性介质中,锰酸钾又可通过歧化反应转化为高锰酸钾:

$$3K_2MnO_4 + 2CO_2 = 2KMnO_4 + MnO_2(s) + 2K_2CO_3$$

所以把制得的锰酸钾固体溶于水,再通入二氧化碳气体,即可得到含有高锰酸钾的溶液,再把溶液浓缩,就会析出高锰酸钾晶体。

高锰酸钾纯度的测定,是在稀硫酸介质中,用高锰酸钾溶液滴定草酸生成硫酸锰,其反应式为

$$2KMnO_4 + 5H_2C_2O_4 + 3H_2SO_4 = K_2SO_4 + 2MnSO_4 + 10CO_2(g) + 8H_2O$$

开始时反应速率较慢,由于产物 Mn^{2+} 对反应有催化作用,故随着 Mn^{2+} 的生成,反应速率逐渐加快。当草酸全部作用完后,稍过量的高锰酸钾溶液本身的紫红色即显示终点。

【仪器和试剂】

(1)仪器:酒精喷灯(煤气灯);铁坩埚;坩埚钳;铁棒;真空泵;布氏漏斗;玻璃砂芯漏斗;烘箱;酸式滴定管(50 mL);容量瓶(250 mL);移液管(25 mL);锥形瓶(250 mL);分析天平(精度 0.1 mg);制取 CO_2 装置。

(2)试剂:H_2SO_4(1 mol·L^{-1});$H_2C_2O_4$标准溶液(0.05 mol·L^{-1});$KClO_3$(s);KOH(s);MnO_2(s);pH 试纸;的确良布(或石棉纤维)。

【实验内容】

1.高锰酸钾的制备

(1)熔融、氧化:把 5 g 氯酸钾固体和 10 g 氢氧化钾固体混合均匀,放在铁坩埚中,用自由夹把铁坩埚夹紧,在酒精喷灯上用小火加热,并用铁棒搅拌。待混合物熔融后,在不断搅拌下将 6 g 二氧化锰固体分批加入。随着反应的进行,熔融物的黏度逐渐增大,此时应用力搅拌,以防结块。等反应物干涸后应提高温度,强热 5 min(小心! 操作者应戴手套和防护眼镜,以防烫伤)。

(2)浸取:待熔融物冷却后,将熔块及坩埚一同放入盛有 200 mL 蒸馏水的烧杯中,不断地搅拌,并加热溶解之。

(3)歧化:产物溶解后,趁热通入二氧化碳气体,直至锰酸钾全部分解为高锰酸钾和二氧化锰为止(可用玻璃棒沾一些溶液滴在滤纸上,如果滤纸只显紫红色而无绿色痕迹,即可认为锰酸钾完全歧化)。然后用铺有的确良布(或石棉纤维)的布氏漏斗滤去二氧化锰残渣,滤液转入蒸发皿中。

(4)浓缩结晶:用小火(或水浴)加热蒸发浓缩上述溶液至液面出现一层晶膜为止。冷却结晶,用玻璃砂芯漏斗把高锰酸钾晶体抽干。然后把粗产品重结晶一次,并把高锰酸钾晶体放于烘箱内,在 80℃以下干燥 1~2 h,称重,计算产率。

2.高锰酸钾纯度的测定

用差减法称取 0.9~1.1 g(准确至 0.1 mg)制得的干燥的高锰酸钾固体(m_1)于小烧杯中,用少量煮沸过的蒸馏水溶解后,全部转移到 250 mL 容量瓶内,然后稀释至刻度。

用移液管量取 25.00 mL 标准草酸溶液(浓度约为 0.05 mol·L^{-1}),注入锥形瓶内,再加入 25 mL 1 mol·L^{-1}硫酸,混合均匀后,在水浴上把溶液加热至75℃~85℃,然后用高锰酸钾溶液滴定之。

滴定开始时,高锰酸钾溶液的紫色褪去得很慢。这时要慢慢加入,等加入的第 1 滴高锰酸钾溶液褪色后,再加第 2 滴。随着 Mn^{2+} 的产生,反应速率加快,最后当加入 1 滴高锰酸钾溶液摇匀后,在 30 s 内溶液的紫色不褪去,即表示已达到终点。

重复以上操作,直至得到平行数据为止。

3.高锰酸钾纯度的计算

$$c_1 = \frac{2}{5} c_2 \frac{V_2}{V_1}$$

式中,c_1 为高锰酸钾溶液的物质的量浓度;c_2 为标准草酸溶液的物质的量浓度;V_2 为标准草酸溶液的体积(mL);V_1 为高锰酸钾溶液的体积(mL)。

250 mL 高锰酸钾溶液中所含高锰酸钾的质量 m_2:

$$m_2 = c_1 \times 0.2500 \times 158.0$$

高锰酸钾的质量分数:

$$w = \frac{m_2}{m_1}$$

【注意事项】

(1)在整个实验过程中一定要小心操作,注意安全,以防烫伤。

(2)氢氧化钾和氯酸钾完全熔融后,分次加入 MnO_2 时,间隔时间要短,用小火加热,并不断地搅拌,以防止熔融物喷溅。MnO_2 加完以前熔融物增稠时可以加几粒 KOH 使熔融物保持流动。MnO_2 加完后,逐渐加大火焰。

【思考题】

(1)为什么由二氧化锰制备高锰酸钾时要用铁坩埚而不用瓷坩埚?用铁坩埚有什么优点?

(2)能否用盐酸代替通入锰酸钾溶液的二氧化碳气体?若用氯气代替二氧化碳是否可以?为什么?

(3)过滤 $KMnO_4$ 晶体为何要用玻璃砂芯漏斗?是否可用滤纸或石棉纤维来代替?

(4)在蒸发浓缩高锰酸钾溶液时为什么要用小火加热?

实验 43　过氧化钙的制备及含量分析

【实验目的】

(1)掌握制备过氧化钙的原理和方法。

(2)掌握过氧化钙含量的分析方法。

(3)巩固无机制备及化学分析的基本操作。

【预习要点】

反应的实验原理和操作步骤。

【实验原理】

纯净的 CaO_2 是白色的结晶粉末,工业品因含有超氧化物而呈淡黄色。它难溶于水,不溶于乙醇、乙醚,其活性氧含量为 22.2%。CaO_2 在室温下是稳定的,加热至 300℃ 时则分解为 CaO 和 O_2:

$$2CaO_2 \xrightarrow{300℃} 2CaO + O_2(g)$$

在潮湿的空气中也能够分解:

$$2CaO_2 + 2H_2O = 2Ca(OH)_2 + O_2$$

CaO_2 与稀酸反应生成盐和 H_2O_2:

$$CaO_2 + 2H^+ = Ca^{2+} + H_2O_2$$

在 CO_2 作用下,CaO_2 会逐渐变成碳酸盐,并放出氧气:

$$2CaO_2 + 2CO_2 = 2CaCO_3 + O_2(g)$$

过氧化钙水合物 $CaO_2 \cdot 8H_2O$ 在 0℃ 时是稳定的,但是室温时经过几天就会分解,加热至 130℃,则逐渐变为无水过氧化物 CaO_2。

本实验先由钙盐法制取 $CaO_2 \cdot 8H_2O$,再经脱水制得 CaO_2。

钙盐法制 CaO_2:用可溶性钙盐(如氯化钙、硝酸钙等)与 H_2O_2 和 $NH_3 \cdot H_2O$ 反应:

$$Ca^{2+} + H_2O_2 + 2NH_3 \cdot H_2O + 6H_2O = CaO_2 \cdot 8H_2O(s) + 2NH_4^+$$

该反应通常在 $-3℃ \sim 2℃$ 下进行。

【仪器和试剂】

(1)仪器:台秤;分析天平(精度 0.1 mg);烧杯;微型吸滤装置;点滴板;P_2O_5 干燥器;碘量瓶(25 mL);微量滴定管;表面皿。

(2)试剂:H_2O_2(30%);$NH_3 \cdot H_2O$(2 mol $\cdot$ L^{-1});KI(s);$KMnO_4$(0.010 0 mol $\cdot$ L^{-1});H_2SO_4(2 mol $\cdot$ L^{-1});HAc(36%);$Na_2S_2O_3$ 标准溶液(0.01 mol $\cdot$ L^{-1});淀粉溶液(1%);HCl(2 mol $\cdot$ L^{-1});无水乙醇;$CaCl_2$(s)或 $CaCl_2 \cdot 6H_2O$(s)。

【实验内容】

1. 过氧化钙的制备

在小烧杯中加入 1.5 mL 去离子水,边搅拌边加入 $CaCl_2$ 1.11 g(或 $CaCl_2 \cdot 6H_2O$ 2.22 g),使其溶解。用冰水将 $CaCl_2$ 溶液和 5 mL 30% H_2O_2 溶液冷却至 0℃ 左右,然后混合,在边冷却边搅拌下逐渐滴加 6 mol $\cdot$ L^{-1} $NH_3 \cdot H_2O$ 4 mL,静置冷却结晶,在微型抽滤瓶上过滤,用冷却至 0℃ 的去离子水洗涤沉淀 2~3 次,再用无水乙醇洗涤 2 次,然后将晶体置于表面皿上移至烘箱中,在

130℃下烘烤 20 min,再放在盛有 P_2O_5 的干燥器中至恒重。称重,计算产率。

将滤液用 2 mol·L^{-1} HCl 调至 pH 为 3~4,然后放在小烧杯(或蒸发皿)中,于石棉网(或泥三角)上小火加热浓缩,可得到副产品 NH_4Cl 晶体。

2. 产品检验

(1)CaO_2 的定性鉴定:在点滴板上滴 1 滴 0.001 0 mol·L^{-1} $KMnO_4$ 溶液,加 1 滴 2 mol·L^{-1} H_2SO_4 酸化,然后加入少量的 CaO_2 粉末搅匀,若有气泡逸出,且 MnO_4^- 褪色,证明有 CaO_2 的存在。

(2)CaO_2 的含量测定:于干燥的 25 mL 碘量瓶中准确称取 0.030 0 g CaO_2 晶体,加 3 mL 去离子水和 0.400 0 g KI(s),摇匀。在暗处放置 30 min,加 4 滴 36%HAc,用 0.01 mol·L^{-1} $Na_2S_2O_3$ 标准溶液滴定至近终点时,加 3 滴 1%淀粉溶液,然后继续滴定至蓝色恰好消失。同时作空白试验。

CaO_2 含量的计算如下:

$$\omega_{CaO_2} = \frac{c(V_1 - V_2) \times 0.072\ 08}{2\ m}$$

式中,V_1 为滴定样品时所消耗的 $Na_2S_2O_3$ 溶液的体积,mL;V_2 为空白实验时所消耗的 $Na_2S_2O_3$ 溶液的体积,mL;c 为 $Na_2S_2O_3$ 标准溶液的浓度,mol·L^{-1};m 为样品的质量,g;0.072 08 为每毫摩尔 CaO_2 的质量,g·mmol^{-1}。

注:如果没有 25 mL 的碘量瓶,可用 25 mL 磨口带塞锥形瓶代替。

【操作要点】

保证实验温度在 0℃左右。

【注意事项】

(1)称量 $CaCl_2$ 时速度要快,以免潮解。

(2)在烧杯中先加入水,然后再加入 $CaCl_2$,以防结块。

(3)CaO_2 含量的测定要及时进行,以免吸收 CO_2,转变为 $CaCO_3$。

【思考题】

(1)CaO_2 如何储存?为什么?

(2)计算本实验理论上可得 NH_4Cl 的质量。

(3)写出在酸性条件下用 $KMnO_4$ 定性鉴定 CaO_2 的反应方程式。

(4)测定产品中 CaO_2 含量时,为什么要做空白实验?如何做空白实验?

实验 44 四氧化三铅组成的测定

【实验目的】

(1)掌握 Pb_3O_4 的组成和性质。

(2)学会测定 Pb_3O_4 的组成。

(3)进一步练习碘量法操作。

(4)学习用 EDTA 测定溶液中的金属离子。

【预习要点】

(1)预习 Pb_3O_4 的组成和性质。

(2)复习碘量法的基本操作。

【实验原理】

Pb_3O_4 俗称为铅丹或红丹,为红色粉末状固体。该物质为混合价态氧化物,其化学式可以写成 $2PbO \cdot PbO_2$,即式中氧化数为 $+2$ 的 Pb 占 2/3,而氧化数为 $+4$ 的 Pb 占 1/3。

Pb_3O_4 与 HNO_3 反应时,由于 PbO_2 的生成,固体的颜色很快从红色变为棕黑色:

$$Pb_3O_4 + 4HNO_3 = PbO_2 + 2Pb(NO_3)_2 + 2H_2O$$

几乎所有的金属离子都能与多齿配体 EDTA 以 1:1 的比例生成稳定的螯合物,以 $+2$ 价金属离子 M^{2+} 为例,其反应如下:

$$M^{2+} + EDTA^{4-} = MEDTA^{2-}$$

因此,只要控制溶液的 pH,选用适当的指示剂,就可以用 EDTA 标准溶液,对溶液中的特定金属离子进行定量测定。本实验中 Pb_3O_4 经 HNO_3 作用分解后生成的 Pb^{2+},可用六亚甲基四胺控制溶液的 pH 为 5~6,以二甲酚橙为指示剂,用 EDTA 标准溶液进行测定。

PbO_2 是一种很强的氧化剂,在酸性溶液中,它能定量地氧化溶液中的 I^-:

$$PbO_2 + 4I^- + 4H^+ = PbI_2 + I_2 + 2H_2O$$

从而可用碘量法来测定所生成的 PbO_2。

【仪器和试剂】

(1)仪器:分析天平(精度 0.1 mg);台秤;称量瓶;干燥器;量筒(10 mL);烧杯(50 mL);吸滤瓶;锥形瓶(250 mL);布式漏斗;酸式滴定管(50 mL);碱式滴定管(50 mL);洗瓶;水泵;滤纸;pH 试纸。

(2)试剂:HNO_3(6 mol · L^{-1});EDTA 标准溶液(0.01 mol · L^{-1});$Na_2S_2O_3$ 标准溶液(0.01 mol · L^{-1});NaAc-HAc 混合液(二者浓度均为 0.5 mol · L^{-1});$NH_3 \cdot H_2O$(1:1);六亚甲基四胺(20%);Pb_3O_4(s);KI(s)。

【实验内容】

1. Pb_3O_4 的分解

用差减法准确称取干燥的 Pb_3O_4 0.5 g 于 50 mL 的小烧杯中,同时加入 2 mL 6 mol·L^{-1} HNO_3 溶液,用玻璃棒搅拌,使之充分反应,可以看到红色的 Pb_3O_4 很快变为棕黑色的 PbO_2。抽滤,用少量蒸馏水洗涤固体多次,保留滤液及固体供下面实验用。

2. PbO 含量的测定

把上述滤液全部定量转入锥形瓶中,往其中加入 4～6 滴二甲酚橙指示剂,并逐滴加入 1:1 的氨水,至溶液由黄色变为橙色,再加入 20% 的六亚甲基四胺至溶液呈稳定的紫红色(或橙红色),再过量 5 mL,此时溶液的 pH 为 5～6。然后以 EDTA 标准溶液滴定至溶液由紫红色变为亮黄色时,即为终点。记下所消耗的 EDTA 标准溶液的体积。

3. PbO_2 含量的测定

将上述固体 PbO_2 连同滤纸一并置于另一只锥形瓶中,往其中加入 30 mL HAc-NaAc 混合液,再加入 0.8 g KI 固体,摇动锥形瓶,使 PbO_2 全部反应而溶解,此时溶液呈透明棕色。以 $Na_2S_2O_3$ 标准溶液滴定至溶液呈淡黄色时,加入 1 mL 2% 淀粉溶液,继续滴定至溶液蓝色刚好褪去为止,记下所用的 $Na_2S_2O_3$ 标准溶液的体积。

4. 计算

由上述实验计算出试样中 +2 价铅与 +4 价铅的摩尔比以及 Pb_3O_4 在试样中的质量分数。

本实验要求 +2 价铅与 +4 价铅摩尔比为 2±0.05,Pb_3O_4 在试样中的质量分数应大于或等于 95% 方为合格。

【思考题】

(1) 能否用其他酸如 H_2SO_4 或 HCl 溶液使 Pb_3O_4 分解?为什么?

(2) PbO_2 氧化 I^- 需在酸性介质中进行,能否加 HNO_3 或 HCl 溶液代替 HAc?为什么?

(3) 从实验结果分析产生误差的原因。

(4) 自行设计另外一个实验,以测定 Pb_3O_4 的组成。

(5) 实验步骤 3 中往固体 PbO_2 中加入 30 mL HAc 与 NaAc 混合液的作用是什么?要达到该目的对 HAc 与 NaAc 混合溶液的浓度是否有要求,为什么?(提示:PbI_2 是黄色沉淀会影响滴定终点观测)

实验 45　硫代硫酸钠的制备及含量测定

【实验目的】

(1) 学习实验室制备硫代硫酸钠的方法。

(2)掌握练习气体发生和器皿连接操作。

【预习要点】

(1)预习气体的发生、收集和净化。

(2)预习回流操作。

【实验原理】

含有硫化钠和碳酸钠的溶液,用二氧化硫气体饱和,可制得硫代硫酸钠。

制备 SO_2 气体的反应为

$$Na_2SO_3 + H_2SO_4(浓) = Na_2SO_4 + SO_2(g) + H_2O$$

制备 $Na_2S_2O_3$ 的反应为

$$Na_2CO_3 + SO_2 = Na_2SO_3 + CO_2(g)$$
$$2Na_2S + 3SO_2 = 2Na_2SO_3 + 3S$$
$$Na_2SO_3 + S = Na_2S_2O_3$$

总反应式为

$$Na_2CO_3 + 2Na_2S + 4SO_2 = 3Na_2S_2O_3 + CO_2(g)$$

反应完毕后,过滤得到硫代硫酸钠溶液,然后蒸发浓缩,冷却,析出晶体为 $Na_2S_2O_3 \cdot 5H_2O$,干燥后即为产品。

用碘量法测定制得的硫代硫酸钠的纯度。

【仪器和试剂】

(1)仪器:圆底烧瓶;水浴铺;冷凝管;抽滤瓶;布氏漏斗;烧杯;锥形瓶;分液漏斗;橡皮塞;蒸馏烧瓶;洗气瓶;电磁搅拌器;螺旋夹;橡皮管。

(2)试剂: H_2SO_4(浓); $Na_2S \cdot 9H_2O$ (s); Na_2SO_3 (s); Na_2CO_3 (s); pH 试纸。

【实验内容】

1. 硫代硫酸钠的制备

(1)称取 $Na_2S \cdot 9H_2O$ 46.2 g(含硫化钠 15.0 g),并根据化学反应方程式计算出所需碳酸钠的用量(10.9 g),进行称量。然后,将硫化钠和碳酸钠一并放入 250 mL 锥形瓶中,注入 75 mL 蒸馏水使其溶解(可微热,促其溶解)。

(2)按图 8-1 安装制备硫代硫酸钠的装置。

(3)打开分液漏斗,使硫酸慢慢滴下,打开螺旋夹。适当调节螺旋夹(防止倒吸),使反应产生的二氧化硫气体较均匀地通入硫化钠-碳酸钠溶液中,并采用电磁搅拌器搅动。

(4)随着二氧化硫气体的进入,锥形瓶中逐渐有大量浅黄色的硫析出。继续通二氧化硫气体,反应进行约 1 h,待溶液的 pH 约等于 7 时(用 pH 试纸检验),

停止反应。

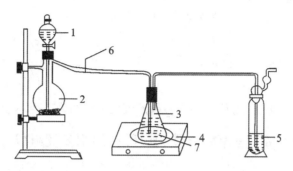

1.分液漏斗;2.支管蒸馏烧瓶;3.锥形瓶;4.电磁搅拌器;5.尾气吸收瓶;6.螺旋夹;7.磁子

图 8-1 硫代硫酸钠的制备装置

(5)将锥形瓶中的硫代硫酸钠溶液过滤,将滤液转移至烧杯中,进行浓缩,直至溶液中有少量晶体析出时,停止蒸发,冷却,抽滤,得 $Na_2S_2O_3 \cdot 5H_2O$ 晶体,将晶体放入烘箱中,在 40℃下,干燥 40~60 min。

(6)称量,计算产率。

$$Na_2S_2O_3 \cdot 5H_2O \text{ 的产率} = \frac{b \times 2 \times 240}{a \times 3 \times 248} \times 100\%$$

式中,b 为所得 $Na_2S_2O_3 \cdot 5H_2O$ 晶体的质量,g;a 为 $Na_2S \cdot 9H_2O$ 的用量,g。

2.产品检验

精确称取 0.5 g(准确到 0.1 mg)硫代硫酸钠试样于锥形瓶中,用少量水溶解,滴入 1~2 滴酚酞,再加入 10 mL HAc-NaAc 缓冲溶液,以保证溶液的弱酸性。然后用 0.1 mol · L^{-1} I_2 标准溶液滴定,以淀粉为指示剂,直到 1 min 内溶液的蓝色不褪掉为止。$Na_2S_2O_3 \cdot 5H_2O$ 的质量分数为

$$\omega_{Na_2S_2O_3 \cdot 5H_2O} = \frac{V \times c \times 0.248\,2 \times 2}{m}$$

式中,V 为所用 I_2 标准溶液的体积,mL;c 为 I_2 标准溶液的物质的量浓度,mol · L^{-1};m 为所称 $Na_2S_2O_3 \cdot 5H_2O$ 试样的质量,g。

【操作要点】

(1)制备装置的气密性要好。

(2)反应终点的判断要注意 pH 值不能小于 7。

【注意事项】

(1)反应中碳酸钠用量不宜过少,如用量过少,则中间产物亚硫酸钠量少,使析出的硫不能全部生成硫代硫酸钠。硫化钠和碳酸钠应按反应方程式中化学计

量系数的关系即 2：1 的摩尔比取量。

(2)螺旋夹开关大小调节要适当,防止倒吸。

【思考题】

(1)在 Na_2S-Na_2CO_3 溶液中通 SO_2 的反应是放热反应,还是吸热反应? 为什么?

(2)停止通 SO_2 时,为什么必须控制溶液的 pH 约为 7 而不能使 pH 小于 7?

实验 46　三草酸合铁(Ⅲ)酸钾的制备及组成分析

【实验目的】

(1)了解三草酸合铁(Ⅲ)酸钾的制备原理和方法。

(2)学习利用化学分析法确定化合物化学式的原理和方法。

(3)巩固无机合成、滴定分析和重量分析的基本操作。

(4)了解三草酸合铁(Ⅲ)酸钾的性质,理解影响配合物配位解离平衡的因素。

【预习要点】

(1)三草酸合铁(Ⅲ)酸钾的制备原理和方法。

(2)确定化合物化学式的基本原理和方法。

【实验原理】

1. 配合物的合成

三草酸合铁(Ⅲ)酸钾 $K_3[Fe(C_2O_4)_3] \cdot 3H_2O$ 为亮绿色单斜晶体,易溶于水,难溶于乙醇、丙酮等有机溶剂。受热时,110℃时失去结晶水,230℃时分解。该配合物为光敏物质,见光易分解生成 FeC_2O_4 而变为黄色,应避光保存。

制备三草酸合铁(Ⅲ)酸钾的方法一般有两种:一种是以 Fe^{3+} 为起始原料,在一定条件下直接与 $K_2C_2O_4$ 反应合成三草酸合铁(Ⅲ)酸钾;另外一种是以 Fe^{2+} 为原料,通过沉淀、氧化、配位等一系列过程制备三草酸合铁(Ⅲ)酸钾。本实验采用第二种方法。

首先利用 $(NH_4)_2Fe(SO_4)_2$ 与 $H_2C_2O_4$ 反应制取黄色的 FeC_2O_4:

$$(NH_4)_2Fe(SO_4)_2 + H_2C_2O_4 = FeC_2O_4(s) + (NH_4)_2SO_4 + H_2SO_4$$

在过量 $K_2C_2O_4$ 的存在下,用 H_2O_2 氧化 FeC_2O_4 生成 $K_3[Fe(C_2O_4)_3]$:

$$6FeC_2O_4 + 3H_2O_2 + 6K_2C_2O_4 = 4K_3[Fe(C_2O_4)_3] + 2Fe(OH)_3(s)$$

加入适量 $H_2C_2O_4$ 溶液可使反应中产生的 $Fe(OH)_3$ 也转化为 $K_3[Fe(C_2O_4)_3]$:

$$2Fe(OH)_3 + 3H_2C_2O_4 + 3K_2C_2O_4 = 2K_3[Fe(C_2O_4)_3] + 6H_2O$$

2.配合物的组成分析

(1)用重量分析法测定结晶水的含量:将一定量的产物于 110℃ 下干燥,根据失重情况便可计算结晶水的含量。

(2)用高锰酸钾滴定法测定 $C_2O_4^{2-}$ 的含量:草酸根在酸性介质中可被高锰酸钾定量氧化,反应式为

$$5C_2O_4^{2-} + 2MnO_4^- + 16H^+ = 2Mn^{2+} + 10CO_2 + 8H_2O$$

用已知准确浓度的 $KMnO_4$ 标准溶液滴定 $C_2O_4^{2-}$,由消耗的高锰酸钾标准溶液的体积,便可计算出 $C_2O_4^{2-}$ 的含量。

(3)用高锰酸钾滴定法测定铁的含量:先用锌粉将 Fe^{3+} 还原成 Fe^{2+},然后过滤掉未反应的锌粉,用 $KMnO_4$ 标准溶液滴定 Fe^{2+},反应方程式为

$$Zn + 2Fe^{3+} = 2Fe^{2+} + Zn^{2+}$$

$$5Fe^{2+} + MnO_4^- + 8H^+ = 5Fe^{3+} + Mn^{2+} + 4H_2O$$

由消耗 $KMnO_4$ 标准溶液的体积计算出 Fe^{3+} 的含量。

(4)钾含量的测定:根据配合物中结晶水,$C_2O_4^{2-}$,Fe^{3+} 的含量,用差减计算法便可求出钾的含量。

由上述测定结果可推断三草酸合铁(Ⅲ)酸钾的化学式。

【仪器和试剂】

(1)仪器:烧杯;量筒;表面皿;台秤;分析天平(精度 0.1 mg);恒温水浴;循环水泵;布氏漏斗;抽滤瓶;酸式滴定管;烘箱;称量瓶;锥形瓶;移液管;容量瓶。

(2)试剂:H_2SO_4(3 mol·L^{-1});$H_2C_2O_4$(0.5,1 mol·L^{-1});H_2O_2(6%);乙醇(95%);$K_3[Fe(CN)_6]$(0.1 mol·L^{-1});$BaCl_2$(1 mol·L^{-1});$KMnO_4$ 标准溶液(0.020 00 mol·L^{-1});$(NH_4)_2Fe(SO_4)_2·6H_2O$(s);锌粉;$K_2C_2O_4·H_2O$(s)。

【实验内容】

1.三草酸合铁(Ⅲ)酸钾的制备

(1)FeC_2O_4 的制备:称取 5.0 g $(NH_4)_2Fe(SO_4)_2·6H_2O$ 于烧杯中,加入 10 滴 3 mol·L^{-1} H_2SO_4,再加入 20 mL 蒸馏水,加热溶解。在搅拌下往上述溶液中加入 20 mL 1 mol·L^{-1} 的 $H_2C_2O_4$ 溶液,加热搅拌至沸,并维持微沸约 4 min。静置,待黄色 FeC_2O_4 沉淀完全沉降后,倾去上层清液,再用倾析法洗涤沉淀 2~3 次,至检测不到 SO_4^{2-} 为止(怎样检查?)。

(2)$K_3[Fe(C_2O_4)_3]·3H_2O$ 的制备:称取 3.5 g $K_2C_2O_4·H_2O$,加入 10 mL 蒸馏水,微热至溶解。将此 $K_2C_2O_4$ 溶液加入到已洗涤干净的 FeC_2O_4 沉淀中,水浴加热至 40℃,用滴管慢慢加入 10 mL 6% 的 H_2O_2 溶液,边滴加边搅拌并

维持温度在 40℃ 左右,此时溶液中在生成 $K_3[Fe(C_2O_4)_3]$ 的同时也有 $Fe(OH)_3$ 沉淀生成。加完 H_2O_2 后检查 $Fe(Ⅱ)$ 是否被充分氧化为 $Fe(Ⅲ)$(用 $K_3[Fe(CN)_6]$ 溶液检验),如果未被完全氧化,再加入适量的 H_2O_2 至检查不到 $Fe(Ⅱ)$ 为止。将上述溶液加热至沸,搅拌下先一次加入 6 mL 0.5 mol · L^{-1} $H_2C_2O_4$ 溶液,在保持微沸的情况下,继续滴加 0.5 mol · L^{-1} $H_2C_2O_4$ 溶液,至体系完全变成亮绿色透明溶液为止(溶液体积控制在 35 mL 左右)。若体系浑浊,可趁热过滤。在上述溶液中加入 10 mL 95% 的乙醇溶液,然后在冰水中冷却,即有绿色晶体析出。抽滤,晶体用少量乙醇洗涤 2~3 次,抽干,称重,计算产率。将晶体置于干燥器内避光保存。

2. 三草酸合铁(Ⅲ)酸钾的组成测定

(1)结晶水含量的测定:取干净的称量瓶放入烘箱中,在 110℃ 下干燥 1 h,放入干燥器中冷却至室温,称量。再在 110℃ 下干燥 20 min,再冷却、称量。重复上述操作,直至称量瓶恒重(两次称量相差不超过 0.2 mg)。

准确称取 0.6~0.7 g 自制产品(准确至 0.1 mg)于已恒重的称量瓶中,放入烘箱在 110℃ 下干燥 1 h,然后于干燥器中冷至室温,称量。重复干燥、冷却、称量的操作,直至恒重。根据称重结果,计算结晶水的质量分数。

(2)草酸根含量的测定:自行设计分析方案,测定产物中草酸根的含量。

提示:①$KMnO_4$ 标准溶液的浓度可采用 0.02 mol · L^{-1}。②$C_2O_4^{2-}$ 含量的测定参考实验 42。③滴定完成后保留滴定液,用来测定铁含量。

(3)铁含量的测定:在上述保留溶液中加入过量的还原剂锌粉,加热溶液近沸,直到黄色消失,使 Fe^{3+} 完全还原为 Fe^{2+}。趁热过滤除去多余的锌粉,滤液转入另一干净的锥形瓶中,用稀 H_2SO_4 洗涤漏斗与锌粉,使 Fe^{2+} 全部转移到滤液中,再用 $KMnO_4$ 标准溶液滴至溶液呈粉红色,且 30 s 内不褪色。记录消耗 $KMnO_4$ 标准溶液的体积,计算出铁的质量分数。

由测得的 $C_2O_4^{2-}$,H_2O,Fe^{3+} 的质量分数可计算出 K^+ 的质量分数,从而确定配合物的组成及化学式。

【注意事项】

用 H_2O_2 氧化 FeC_2O_4 时温度不能太高(保持 40℃ 左右),以免 H_2O_2 分解,同时需不断搅拌,使 $Fe(Ⅱ)$ 充分被氧化。

【思考题】

(1)在合成三草酸合铁(Ⅲ)酸钾时,为什么用 H_2O_2 作氧化剂?制备草酸亚铁之后要洗去哪种杂质?如何在 $C_2O_4^{2-}$ 存在的情况下检验 SO_4^{2-}?

(2)在合成过程中,滴完 H_2O_2 后为什么还要煮沸溶液?

(3)在制备三草酸合铁(Ⅲ)酸钾的最后一步,能否用蒸干的办法来提高产率? 为什么?

(4)本实验中 $K_3[Fe(C_2O_4)_3]\cdot 3H_2O$ 用加热脱水法测定其结晶水含量,含结晶水的物质能否都可用这种方法进行测定? 为什么?

实验 47　三氯化六氨合钴(Ⅲ)的制备及组成测定

【实验目的】

(1)掌握三氯化六氨合钴(Ⅲ)的合成及其组成测定的操作方法。

(2)加深理解配合物的形成对+3 价钴稳定性的影响。

(3)掌握碘量法分析原理及操作方法。

【预习要点】

(1)钴的重要化合物的性质。

(2)本实验中配合物的制备与配合物中钴(Ⅲ)及氯含量的测定原理。

【实验原理】

由 $\varphi_{Co^{3+}/Co^{2+}}^{\ominus}=+1.84$ V 可知,在通常情况下,二价钴盐较三价钴盐稳定得多,而它们形成配合物后却正相反,三价钴反而比二价钴稳定。因此,通常采用空气或过氧化氢氧化二价钴的配合物的方法,来制备三价钴的配合物。

氯化钴(Ⅲ)的氨配合物有许多种,主要有$[Co(NH_3)_6]Cl_3$(橙黄色晶体)、$[Co(NH_3)_5(H_2O)]Cl_3$(砖红色晶体)、$[Co(NH_3)_5Cl]Cl_2$(紫红色晶体)等。它们的制备条件各不相同。$[Co(NH_3)_6]Cl_3$的制备方法是以活性炭为催化剂,用过氧化氢氧化有氨及氯化铵存在的氯化钴(Ⅱ)溶液。反应方程式为

$$2CoCl_2+2NH_4Cl+10NH_3+H_2O_2=2[Co(NH_3)_6]Cl_3+2H_2O$$

所得产品$[Co(NH_3)_6]Cl_3$为橙黄色单斜晶体,20℃ 时在水中的溶解度为 0.26 mol $\cdot$ L^{-1}。

虽然该配合物很稳定,但在强碱介质中煮沸时可分解为氨气和 $Co(OH)_3$ 沉淀:

$$2[Co(NH_3)_6]Cl_3+6NaOH=2Co(OH)_3(s)+12NH_3(g)+6NaCl$$

在酸性溶液中,Co^{3+} 具有很强的氧化性,可被许多还原剂还原为 Co^{2+}。

【仪器和试剂】

(1)仪器:分析天平(精度0.1 mg);水浴加热装置;抽滤装置;干燥箱;锥形瓶(100 mL,250 mL);烧杯(100 mL,250 mL);温度计(100℃);碘量瓶(250

mL);量筒(10 mL,100 mL);酸式滴定管(50 mL)。

(2)试剂:浓氨水;H_2O_2(10%);HCl(2 mol · L^{-1},浓);H_2SO_4(3 mol · L^{-1});NaOH(10%);淀粉溶液(0.5%);$Na_2S_2O_3$标准溶液(0.1 mol · L^{-1});$AgNO_3$标准溶液(0.1 mol · L^{-1});K_2CrO_4(5%);$CoCl_2$ · $6H_2O$(s);NH_4Cl(s);KI(s);活性炭;冰;NaCl(基准);pH 试纸。

【实验内容】

1.[$Co(NH_3)_6$]Cl_3的制备

将研细的 4.5 g $CoCl_2$ · $6H_2O$ 和 3 g NH_4Cl 加入 6 mL 水中,加热溶解后,倒入盛有 0.25 g 活性炭的 100 mL 锥形瓶内。冷却后,加 10 mL 浓氨水,进一步冷至 10℃ 以下,用滴管逐滴加入 10 mL 10% H_2O_2 溶液,在水浴上加热至 60℃ 左右,恒温 20 min,并适当摇动锥形瓶。以水流冷却后,再以冰水冷却即有沉淀析出。用布氏漏斗抽滤,将沉淀溶于含有 1.5 mL 浓 HCl 的 40 mL 沸水中,趁热过滤。慢慢加入 5 mL 浓 HCl 于滤液中,以冰水冷却,即有晶体析出。抽滤,晶体先用冷的 2 mol · L^{-1} HCl 洗涤,再用少许无水乙醇洗涤,抽干,将产品于 105℃ 以下烘干。称重,计算产率。

2.[$Co(NH_3)_6$]Cl_3组成的测定

(1)配合物中钴(Ⅲ)含量的测定:准确称取 0.2 g 产品(准确至 0.1 mg)于 250 mL 锥形瓶中,加 50 mL 水溶解。加入 10% NaOH 溶液 8 mL,将锥形瓶放在水浴上加热至沸,并维持沸腾状态,此时有黑色沉淀生成。待氨全部被赶走后(用湿润的 pH 试纸检验,将其放在锥形瓶口处至显中性),冷却,加入 1 g 碘化钾固体及 10 mL 3 mol · L^{-1} H_2SO_4 溶液,于暗处放置 5 min 左右。然后用 0.1 mol · L^{-1} $Na_2S_2O_3$ 溶液滴定到浅黄色,加入 2 mL 新配制的 0.5% 的淀粉溶液,再滴定至溶液蓝色消失,呈现 Co^{2+} 的粉红色。计算钴的质量分数。

(2)氯含量的测定:准确称取 0.2 g 产品于锥形瓶内,用适量水溶解,以 2 mL 5% K_2CrO_4 为指示剂,在不断摇动下,用 0.1 mol · L^{-1} $AgNO_3$ 标准溶液滴定至出现稳定的砖红色即为终点。根据消耗 $AgNO_3$ 标准溶液的体积,计算出样品中氯的质量分数。根据上述分析结果,求出产品的实验式。

【思考题】

(1)在制备过程中,为什么在溶液中加入了过氧化氢溶液后要在约 60℃ 恒温一段时间?

(2)在加入 H_2O_2 和浓盐酸时都要求慢慢加入,为什么?它们在制备三氯化六氨合钴(Ⅲ)过程中起什么作用?

(3)将粗产品溶于含盐酸的沸水中,趁热过滤后,再加入浓盐酸的目的是什么? 为什么用冷的稀盐酸洗涤产品?

(4)要使三氯化六氨合钴(Ⅲ)合成产率高,你认为哪些步骤是比较关键的,为什么?

(5)实验中活性炭是在哪步除去的?

(6)在钴含量测定中,如果氨没有赶净,对分析结果有何影响? 写出分析过程中涉及的反应式。

(7)若钴的分析结果偏低,分析一下产生结果偏低的可能因素有哪些?

附注:

(1)NaCl 标准溶液(0.100 0 mol·L^{-1})的配制:称取预先在 550℃下干燥的 NaCl 基准试剂 5.844 3 g 于小烧杯中,加水溶解后,定量转移至 1 000 mL 容量瓶中,用水稀释至刻度,摇匀。

(2)AgNO$_3$ 溶液(0.1 mol·L^{-1})的配制:称取 16.9 g AgNO$_3$ 固体溶解于适量水中,稀释至 1 000 mL,将溶液保存于棕色试剂瓶中。

(3)AgNO$_3$ 溶液的标定:吸取 25.00 mL 0.100 0 mol·L^{-1}NaCl 标准溶液于 250 mL 锥形瓶中,加入 1 mL 5%K$_2$CrO$_4$ 溶液,在不断摇动下用 AgNO$_3$ 溶液滴定,直至溶液由黄色变为稳定的砖红色,即为终点。重复2~3次,求出 AgNO$_3$ 溶液的准确浓度。

实验 48　含 Cr(Ⅵ)废液的处理及比色测定

【实验目的】

(1)了解含 Cr(Ⅵ)废液的常用处理方法。

(2)了解比色法测定 Cr(Ⅵ)的基本原理与方法。

(3)复习巩固分光光度法的操作要领。

【预习要点】

(1)铬盐在许多工业中被大量使用,若排放不当则会造成污染,甚至影响饮用水。通过查阅资料,了解铬盐的污染问题及含铬工业废水的处理方法。

(2)比色法基本原理。

(3)未知试样中 Cr(Ⅵ)的测定方法。

(4)721 或 722 型分光光度计的使用方法。

【实验原理】

含铬的工业废液,其铬的存在形式多为 Cr(Ⅵ)及 Cr(Ⅲ)。Cr(Ⅵ)的毒性比 Cr(Ⅲ)大 100 倍,它损伤肝、肾,能诱发贫血、神经炎及皮肤溃疡等。工业废水排放要求 Cr(Ⅵ)含量不超过 0.3 mg·L^{-1},生活饮用水和地面用水要求 Cr(Ⅵ)含量不超过 0.05 mg·L^{-1}。

处理含铬废水的方法很多。本实验采用的方法是在酸性条件下,在含铬废水中加入过量的硫酸亚铁溶液,使 Cr(Ⅵ)还原为 Cr(Ⅲ),然后调节溶液的 pH,使 Cr(Ⅲ)沉淀为 Cr(OH)$_3$,经过滤除去沉淀而使水净化。

为检查废水处理结果,常采用比色法分析水中 Cr(Ⅵ)的含量。在微酸性条件下,Cr(Ⅵ)可与二苯碳酰二肼作用生成紫红色的螯合物,其最大吸收波长在 540 nm 处,对有色溶液进行分光光度测定,即可测出水中残留的 Cr(Ⅵ)的含量。

【仪器和试剂】

(1)仪器:分光光度计;吸量管(10 mL);移液管(20 mL);容量瓶(25 mL);烧杯(100 mL,250 mL);量筒(10 mL,100 mL);普通漏斗;漏斗架。

(2)试剂:Cr(Ⅵ)标准溶液(1.00 mg·L^{-1});NaOH(6 mol·L^{-1});H$_2$SO$_4$(6 mol·L^{-1});硫磷混酸;二苯碳酰二肼乙醇溶液;二苯胺磺酸钠(0.5%);含铬废水;FeSO$_4$·7H$_2$O(s);pH 试纸。

【实验内容】

1.标准工作曲线的绘制

取 7 个 25 mL 容量瓶,用吸量管分别加入 0.00,0.50,1.00,2.00,4.00,6.00,8.00 mL 1.00 mg·L^{-1}(1.00 μg·mL^{-1})的 Cr(Ⅵ)标准溶液,再各加入硫磷混酸 0.5 mL,然后加蒸馏水至 20 mL 左右,接着加入 1.5 mL 二苯碳酰二肼溶液,用蒸馏水定容至刻度,摇匀。静置 10 min 后,以试剂空白为参比溶液,在 540 nm 波长下测量各溶液吸光度 A,绘制 A-m[Cr(Ⅵ)]/μg 工作曲线。

2.含铬废水的处理

首先检查含铬废液的酸碱性,若为碱性或中性,则用硫酸调节废液至酸性(pH≈2)。取 100 mL 上述溶液,滴入几滴二苯胺磺酸钠指示剂,使溶液呈紫红色,缓慢加入 FeSO$_4$·7H$_2$O 并不断搅拌,直至溶液变为绿色,再多加入所加硫酸亚铁的 2% 左右,加热,继续搅拌 10 min。趁热向上述溶液中滴加 6 mol·L^{-1} NaOH 溶液,直至有大量棕黄色或棕黑色沉淀产生,并使溶液 pH 在 10 左右。待溶液冷却后过滤,滤液收集待测定(滤液应基本无色)。

3.水中 Cr(Ⅵ)残留量的测定

将上述滤液先用 6 mol·L^{-1} H$_2$SO$_4$ 调 pH 至中性,准确量取 20.00 mL 水样置于 25 mL 容量瓶中,按上述方法显色、定容,相同条件下测其吸光度。根据测定的吸光度,在标准工作曲线上查出相对应的 $Cr(Ⅵ)$ 的微克数。计算处理后水中残留的 $Cr(Ⅵ)$ 含量(单位为 $mg \cdot L^{-1}$)。

【注意事项】

(1)二苯碳酰二肼溶液应接近无色,若已变成棕色,则不宜使用。

(2)若废液中 $Cr(Ⅵ)$ 含量在 $1\ g \cdot L^{-1}$ 以下,可选用硫酸亚铁饱和溶液,以便控制亚铁离子的加入量。

【思考题】

(1)实验中如果加入 $FeSO_4 \cdot 7H_2O$ 的量不够,会产生什么后果?

(2)本实验以吸光度求得的是处理后废液中 $Cr(Ⅵ)$ 含量,三价铬的存在对测定有无影响?如何测定处理后废液中铬的总含量?

(3)含铬废液用硫酸亚铁处理后,加入 $NaOH$ 溶液至大量棕黄色沉淀产生,过滤后得水样,为什么测定水样前要用硫酸调至中性?

附注:

(1)$Cr(Ⅵ)$ 标准溶液的配制:准确称取 $0.141\ 4\ g$ 已在 $140℃$ 左右干燥 $2\ h$ 的 $K_2Cr_2O_7$ 于烧杯中,加蒸馏水溶解后,定量转移至 $500\ mL$ 容量瓶中,用水稀释至刻度,摇匀。此溶液 $Cr(Ⅵ)$ 含量为 $100\ mg \cdot L^{-1}$。准确吸取上述标准溶液 $10.00\ mL$ 于 $1\ 000\ mL$ 容量瓶中,用水稀释至刻度,摇匀,此溶液 $Cr(Ⅵ)$ 含量为 $1.00\ mg \cdot L^{-1}$,即 $1.00\ \mu g \cdot mL^{-1}$。

(2)二苯碳酰二肼乙醇溶液的配制:称取邻苯二甲酸酐 $2\ g$,溶于 $50\ mL$ 乙醇中,再加入二苯碳酰二肼 $0.25\ g$,溶解后贮于棕色瓶中。此试剂易变质,应保存于冰箱中。

(3)硫磷混酸:$150\ mL$ 浓硫酸与 $300\ mL$ 水混合,冷却,再加入 $150\ mL$ 浓磷酸,稀释至 $1\ 000\ mL$。

实验 49　维生素 B₁₂ 的鉴别及其注射液的含量测定

【实验目的】

(1)掌握用紫外分光光度法对物质进行鉴别的方法。

(2)掌握以吸光系数法测定物质含量的方法。

【预习要点】

预习紫外可见分光光度计的性能、构造和使用方法。

【实验原理】

维生素 B₁₂ 是含 Co 有机药物,为深红色吸湿性结晶,制成注射液可用于治疗贫血等疾病。注射液的标示含量有每毫升含维生素 B₁₂ $50\ \mu g$,$100\ \mu g$ 或 500

μg 等规格。

维生素 B_{12} 的水溶液在 $(278\pm1)nm$,$(361\pm1)nm$ 与 $(550\pm1)nm$ 三波长处有最大吸收。药典规定以上述三个吸收峰处测得的吸光度比值作为其定性鉴别的依据,比值范围应为

$$\frac{A_{361}}{A_{278}}=1.70\sim1.88 \qquad \frac{A_{361}}{A_{550}}=3.15\sim3.45$$

维生素 B_{12} 的水溶液在 361 nm 处的吸收峰强度较高,干扰较少,故药典规定以 $(361\pm1)nm$ 处吸收峰的吸收系数 $(2.07\times10^{-2}\ mL\cdot\mu g^{-1}\cdot cm^{-1})$ 作为测定注射液中维生素 B_{12} 实际含量的依据。

【仪器和试剂】

(1)仪器:紫外可见分光光度计;容量瓶;移液管。

(2)试剂:维生素 B_{12} 注射液。

【实验内容】

(1)准确量取样品 10.00 mL 于 50 mL 容量瓶中,加水稀释至刻度,摇匀。

(2)用 1 cm 石英比色皿,以蒸馏水作空白,从波长 $250\sim580$ nm,每间隔 20 nm 测定一次吸光度,在最大吸收峰 278 nm,361 nm 与 550 nm 附近每间隔 $4\sim5$ nm 测定一次吸光度,数据记录于下表。以波长为横坐标、吸光度为纵坐标绘制吸收曲线,并找出最大吸收峰波长。

λ/nm	250	270	274	278	282	302	322	342	352	357	361	365	370
A													
λ/nm	385	405	425	445	465	485	505	525	545	550	555	560	580
A													

(3)计算三个吸收峰处的吸光度比值 $\left(\frac{A_{361}}{A_{278}},\frac{A_{361}}{A_{550}}\right)$,并与药典规定的比值范围进行对照。

(4)按 361 ± 1 nm 处的吸光度计算样品稀释液中维生素 B_{12} 的含量 $(\mu g\cdot mL^{-1})$。原始注射液每毫升所含 B_{12} 的微克数按下式计算:

$$c=(A_{361}/2.07\times10^{-2}\times1)\times稀释倍数=A_{361}\times48.31\times稀释倍数(\mu g\cdot mL^{-1})$$

【操作要点】

每次改变波长,要进行空白测定。

【注意事项】

200～340 nm 时选择氘灯，340～1 000 nm 选择卤钨灯。

【思考题】

(1)注射液 B_{12} 三个最大吸收峰的意义何在？

(2)如果取注射液 2 mL 用水稀释 15 倍，在 361 nm 处测得 A 值为 0.698，试计算注射液每毫升含 B_{12} 多少？ 如果 1 mL 注射液标示量为 500 μg，试计算维生素 B_{12} 的百分含量。

实验 50　表面处理技术——塑料化学镀镍

【实验目的】

(1)了解氧化还原反应的基本原理及其实际应用。

(2)了解非金属电镀前处理——化学镀的原理和方法。

【预习要点】

表面处理技术——化学镀的原理。

【实验原理】

表面处理技术是一门新兴的工业加工技术，可对金属、非金属材料如塑料、陶瓷、玻璃等的表面进行物理化学处理以改善金属和非金属的性能，从而大大提高了金属、非金属材料的应用范围，具有很强的实际应用价值。

化学镀是利用氧化还原反应原理，使用合适的还原剂，使镀液中的金属离子还原为金属而紧密沉积在呈催化活性的非金属镀件表面，使之形成金属镀层的工艺过程。化学镀的最大特点是镀液的分散力强，凡接触镀液部位均有厚度基本相同的金属镀层镀上，而且镀层外观好、致密、耐腐蚀。常用的化学镀有化学镀银、镀镍、镀铜、镀钴、镀镍磷、镀镍磷硼等。

本实验为化学镀镍。为了使非金属镀件具有亲水性并能形成具有催化活性的金属原子催化中心，镀件表面必须进行除油、粗化、敏化、活化等预处理。

(1)除油处理：通常用碱性溶液除去非金属镀件表面的油污，使其表面清洁。

(2)粗化处理：粗化处理的实质是一种腐蚀作用，通常用强氧化剂的酸性溶液来腐蚀非金属镀件表面，使其表面呈微观的粗糙状态，这样非金属表面就具有亲水性能，而且增大了镀件与镀层的接触面积，更便于镀件表面活性中心的沉积。

(3)敏化处理：所谓敏化，就是使非金属镀件表面吸附一层具有较强还原性的金属离子，以利于在此后的活化处理时，"活化液"中的金属离子能在镀件表面还原析出,这样镀件表面就形成活化层。常用的敏化剂是酸性 $SnCl_2$ 溶液。

(4)活化处理:所谓活化,就是使非金属镀件表面沉积一层具有催化活性的金属微粒,形成催化中心,促使金属离子 M^{n+} 在催化中心上发生还原反应而均匀地沉积在镀件表面。常用的活化剂有 $AuCl_3$,$PdCl_2$ 和银氨溶液。一般选用催化性能较好的 $PdCl_2$ 溶液。当经过酸性 $SnCl_2$ 溶液敏化处理过的镀件浸入 $PdCl_2$ 溶液后,镀件表面会发生以下反应:

$$Sn^{2+}+Pd^{2+}=Sn^{4+}+Pd(s)$$

产生的 Pd 微粒成为还原 M^{n+} 的催化中心和金属 M 的结晶中心。

将经过活化处理的非金属镀件放入镀镍液中反应约 1 h 即可完成化学镀镍。

$$Ni^{2+}+H_2PO_2^-+H_2O=Ni(s)+HPO_3^{2-}+3H^+$$

【仪器和试剂】

(1)仪器:聚氯乙烯塑料片(4 cm ×3 cm);零号砂纸;镊子;酒精灯;恒温水浴箱。

(2)试剂:除油液:NaOH(80 g);Na_2CO_3(15 g);洗涤剂(30 mL);H_2O(250 mL)。

1)粗化液:CrO_3(10 g);H_2O(100 mL);浓 H_2SO_4(400 mL)。

2)敏化液:$SnCl_2 \cdot 2H_2O$(10 g);浓 HCl(50 mL);H_2O(450 mL);少量锡粒。

3)活化液:$PdCl_2$(0.125 g);浓 HCl(1 mL);H_2O(500 mL)。

4)镀镍液(A):$NiCl_2$(15 g);NaAc(25 g);H_2O(250 mL)。

5)镀镍液(B):$NaH_2PO_2 \cdot H_2O$(5 g);H_2O(250 mL)。

【实验内容】

1.化学镀预处理

(1)镀件除油:取一块塑料片(4 cm ×3 cm),用零号砂纸打磨塑料表面后,把塑料片用自来水洗净,然后把塑料片全浸入近沸的除油液中,并不断翻动塑料片,10 min 后用镊子取出塑料片并用自来水彻底清洗干净。

(2)镀件粗化:将塑料片全浸入 60℃~70℃ 的粗化液中,并不断翻动塑料片,粗化处理 30 min 即可,取出并依次用自来水、蒸馏水冲洗干净。

(3)镀件敏化:将塑料片全浸入敏化液中,在25℃的恒温水浴箱中恒温,并不断翻动塑料片,20 min后取出并用蒸馏水轻轻漂洗干净,切勿使塑料片受到水流的强烈冲击。

(4)镀件活化:将塑料片全浸入活化液中,室温下浸泡 10 min 即可,取出并用蒸馏水轻轻漂洗干净。

2.化学镀镍

在一干净的 100 mL 烧杯中先倒入 30 mL 镀镍液(A),再倒入 30 mL 镀镍液(B),将经过活化处理的塑料片浸入,镀镍反应即开始。每隔5 min翻动一次并时刻保持塑料片在液面以下,30 min 后取出并用蒸馏水漂洗干净后晾干。

【注意事项】

(1)用砂纸打磨塑料表面时一定要彻底,不能有未打磨的区域。

(2)除油处理时塑料片不能接触灼热的杯底。

(3)塑料片除油后,决不能用手再捏塑料片,一定要用镊子夹取。

(4)每个步骤完成后塑料片都应用蒸馏水漂洗干净,以免溶液相混。

【思考题】

(1)什么是化学镀?试以化学镀镍为例说明化学镀的基本原理。

(2)塑料化学镀镍时为什么要先打磨塑料片?

(3)影响镀层致密、牢固且光亮的因素有哪些?

(4)镀件敏化处理后为什么要漂洗而不能直接用水冲洗?

(5)镀件除油处理后为什么不能用手捏镀件?

8.2　设计性实验

实验 51　硫酸四氨合铜(Ⅱ)的制备

【实验目的】

学习硫酸四氨合铜(Ⅱ)的制备方法,并通过有关实验证明所得的化合物为 $[Cu(NH_3)_4]SO_4 \cdot H_2O$。

【实验要求】

(1)自己查阅有关文献资料,确定硫酸四氨合铜(Ⅱ)的制备及组成分析方案。

(2)列出实验所需仪器及试剂。

(3)写出详尽的实验步骤制得 $[Cu(NH_3)_4]SO_4$ 晶体。

(4)分析所得产物,确定配离子中 Cu^{2+} 与 NH_3 的比值。

【实验指导】

(1)分析所得产物的方法很多,如硫酸四氨合铜(Ⅱ)晶体中铜的含量可用碘量法、配位滴定法及比色分析测定,可根据条件许可范围选用合适方法。

(2)分析 NH_3 时,在配合物溶液中加入强碱并加热可使配合物破坏,氨就能挥发出来。吸收 NH_3 的 HCl 标准溶液需放入冰水中冷却。

【思考题】

(1)$[Cu(NH_3)_4]SO_4$ 在水中的溶解度较大,能否用加热浓缩的方法制备硫酸四氨合铜(Ⅱ)的晶体?

(2)根据 $[Cu(NH_3)_4]^{2+}$ 的 β 值,欲制备 $[Cu(NH_3)_4]SO_4$ 晶体,应如何考虑所用试剂的量及浓度?

(3)如果产物的分析结果 Cu^{2+} 与 NH_3 的摩尔比不是 1∶4,应如何分析误差原因?

实验 52　碱式碳酸铜的制备

【实验目的】

通过碱式碳酸铜制备条件的探求和对生成物颜色、状态等的分析,研究反应物的合理配比,并确定制备反应的浓度和温度条件,从而培养独立设计实验的能力。

【实验原理】

碱式碳酸铜 $Cu_2(OH)_2CO_3$ 为天然孔雀石的主要成分,呈暗绿色或淡蓝绿色粉末,俗称孔雀绿,密度 $4.0\ g \cdot cm^{-3}$,加热至 200℃即分解。碱式碳酸铜在水中的溶解度很小,溶于酸,新制备的试样在沸水中很易分解。

将碳酸钠溶液加入到铜盐中,可得碱式碳酸铜沉淀:

$$2CuSO_4 + 2Na_2CO_3 + H_2O = Cu_2(OH)_2CO_3(s) + 2Na_2SO_4 + CO_2(g)$$

碱式碳酸铜在工业中应用广泛,可用来制造信号弹、烟火、油漆颜料、杀虫剂和解毒剂,也可用于电镀等方面。

【实验要求】

(1)根据实验原理设计以硫酸铜和碳酸钠为主要原料制备碱式碳酸铜的工艺路线。

(2)探讨反应条件,确定最佳反应物配比和最佳反应温度。

(3)在最佳反应条件下制备碱式碳酸铜。要求产品中不含 SO_4^{2-}。

(4)计算产率。

【实验指导】

(1)本着节约试剂、减少污染的原则,每位同学在设计实验步骤时应尽量少消耗试剂,配制溶液的体积和浓度要计划好。

(2)探求反应条件时可以首先固定其中一个条件(如温度)改变另一个条件(如配比),并设计合理的表格来记录实验条件和现象。

(3)通过考察在不同投料比例、不同反应温度条件下沉淀生成的速度、沉淀的量、沉淀的颜色的不同,得出两种反应物溶液的最佳混合比例和最佳反应温度。

【思考题】

(1)除反应物的配比和反应温度对本实验结果有影响外,反应物的种类、反应进行的时间等因素是否对产物的质量也会有影响? 还可以选用哪些铜盐为原料?

(2)试设计一个较简单的实验,来测定碱式碳酸铜的质量分数,从而分析你所制得的碱式碳酸铜的质量。

实验 53　葡萄糖酸锌的制备

【实验目的】

了解由葡萄糖酸和氧化锌制备葡萄糖酸锌的方法。

【实验原理】

葡萄糖酸锌可由葡萄糖酸直接与锌的氧化物或盐制得。

(1)葡萄糖酸钙与硫酸锌直接反应:
$$Ca[CH_2OH(CHOH)_4COO]_2 + ZnSO_4 = Zn[CH_2OH(CHOH)_4COO]_2 + CaSO_4$$

(2)葡萄糖酸与氧化锌反应:
$$2CH_2OH(CHOH)_4COOH + ZnO = Zn[CH_2OH(CHOH)_4COO]_2 + H_2O$$

(3)葡萄糖酸钙用酸处理后,再与氧化锌作用得葡萄糖酸锌。

【实验要求】

(1)查阅有关资料,了解葡萄糖酸钙和葡萄糖酸锌的溶解性。

(2)设计制备 10 g 理论量葡萄糖酸锌的实验方案并试验之。

【实验指导】

(1)葡萄糖酸锌易溶于水,极难溶于乙醇。

(2)反应完成后用双层滤纸趁热抽滤,防止穿滤。

(3)反应体系的体积不要太大,以免蒸发结晶的时间过长。

【思考题】

(1)葡萄糖酸锌易溶于水,如何使其从溶液中析出?

(2)重结晶葡萄糖酸锌时,在滤液中加入 95％乙醇的作用是什么?

(3)如何能使葡萄糖酸锌的结晶较大?

实验 54　碘盐的制备与质量检验

【实验目的】

(1)巩固粗盐重结晶制备精盐的有关知识,掌握碘盐制备的方法。

(2)了解目视比色法检验碘盐的方法。

【实验原理】

碘盐的制备,其实质为粗盐重结晶提纯以及加入含碘活性成分的过程。碘盐中碘的活性成分主要是 KIO_3 或 KI。

因为 KIO_3 化学性质稳定,由于常温下不易挥发、不分解、不潮解、活性效果好、口感舒适和易保存等优点而被广泛采用,用来加工碘盐具有良好的防病效果。

KIO_3 加碘盐的检测试剂是由酸性介质中加还原剂 KSCN 或 NH_4SCN 组成,其反应如下:

$$6IO_3^- + 5SCN^- + H^+ + 2H_2O = 3I_2 + 5HCN + 5SO_4^{2-}$$

用 1％淀粉溶液显色,可半定量检测碘酸钾含量,也可定量测定。

【实验要求】

(1)查阅有关资料,掌握 KIO_3 的性质。

(2)设计制备 5 g 理论量碘盐的实验方案并试验之。

(3)设计目视比色法检测碘盐中碘酸钾含量的实验步骤并试验之。

【实验指导】

(1)纯 KIO_3 是有毒的,含碘量为 59.3％,但在治疗剂量范围($<60\ mg \cdot kg^{-1}$)对人体无毒害。

(2)KIO_3 必须加到提纯后的食盐固体中,而不能加入到精制食盐过程的浓缩溶液中。

(3)精盐加碘后,放入干燥箱在 100℃恒温烘干 1 h 即可。不建议采用在加碘后的精盐中加入酒精再点燃酒精的制备方式。

【思考题】

(1)碘剂能否直接加入到浓缩液中,为什么?

(2)若碘剂是 KI,可用什么方法检验? 如何半定量检验 KI 含量,请设计实验方法。

(3)炒菜时,应先放、中间放还是最后放入碘盐? 为什么?

实验 55   海水中可溶性磷酸盐的测定——磷钼蓝法

【实验目的】

(1)训练学生完成从查阅文献资料、确定分析方法、设计初步分析方案、进行实验操作到写出详细实验报告的全过程。

(2)学习海水中可溶性磷酸盐的测定方法。

【实验原理】

本实验采用钼蓝吸光光度法测定海水中可溶性磷酸盐。在水样中加入一定量混合试剂(硫酸-钼酸铵-抗坏血酸-酒石酸锑钾),在硫酸介质中,水样中的可溶性磷酸盐首先与钼酸铵作用形成磷钼黄(磷钼杂多酸 $H_7[P(Mo_2O_7)_6]$),后者在酒石酸锑钾的存在下,被抗坏血酸还原为磷钼蓝。在一定范围内溶液蓝色深度与磷酸盐的含量成正比。

【实验要求】

(1)首先明确分析目的和要求,查阅相关的文献资料,并做出详细记录。

(2)分组讨论各个方案的优缺点,共同确定最佳可行的实验方案。

(3)测定海水试样中可溶性磷酸盐的含量。

(4)实验后,写出详细的实验报告。实验报告大致包括以下内容:

1)分析方法的概述、方法原理。

2)样品采集、保存和过滤的措施。

3)仪器试剂的种类、所需试剂的浓度和用量、试剂的配制方法。

4)实验操作步骤。

5)数据处理及相关公式。

6)结果和讨论。

7)实验中的难点和注意事项。

8)参考文献。

(5)通过本实验方案的设计与实施,总结你对自己这次设计性实验的体会。

(6)通过阅读参考资料,谈谈测定海水中可溶性磷酸盐的意义。

【实验指导】

(1)测定时,若反应溶液的温度在 15℃以上,可在加入混合试剂 10 min 后进行测定。若溶液的温度低于 15℃,则需要放置 20 min 以后测定。

(2)在海上调查时,若更换试剂,需要重新绘制标准曲线。

(3)用过的器皿及比色皿必须及时清洗,若多次使用之后,会在器皿及比色皿的内壁淤积有磷钼蓝沉积物。

(4)取样时,试样瓶须用水样漂洗两次并完全注满水样。采样后应尽快测定,最好能于 30 min 内开始分析。若水样需贮存 2 h 以上,则需将水样过滤,再加入氯仿(150 mL 水样加 1 mL)并放在阴暗处,这样可在较短时间内保存水样。聚乙烯瓶对磷酸盐有吸收作用,故不宜采用。

【思考题】

(1)总磷和可溶性磷酸盐的测定有何区别?

(2)测定中可能存在哪些干扰因素,如何消除?

(3)试剂的加入顺序对实验结果有无影响?

实验 56   盐酸和硼酸混合酸的测定

【实验目的】

(1)培养学生运用所学知识及有关参考资料对试样制定分析方案及实际操作能力。

(2)学习盐酸和硼酸混合酸的测定原理和分析方法。

(3)巩固酸碱滴定基本操作。

【实验要求】

(1)根据实验题目,查阅有关资料后自拟一种最佳分析方案($T \leqslant \pm 0.5\%$)。

(2)测定试液中盐酸及硼酸的含量,并分别计算测定结果的相对标准偏差。

【实验指导】

因 H_3BO_3 的 $K_a = 5.8 \times 10^{-10}$,而 $c_{sp}K_a < 10^{-8}$,所以不能用 NaOH 标准溶液直接准确滴定。可在试液中加入甘露醇,使其与硼酸形成稳定的配合物甘露醇酸,反应方程式如下:

$$2\ \begin{matrix} & H \\ R-C-OH \\ R-C-OH \\ & H \end{matrix}\ + H_3BO_3 \Longleftrightarrow \left[\begin{matrix} & H & & H \\ R-C-O & & O-C-R \\ & & B \\ R-C-O & & O-C-R \\ & H & & H \end{matrix}\right]^- H^+ + H_2O$$

甘露醇酸的 $pK_a = 4.26$,可以酚酞为指示剂,用 NaOH 标准溶液直接滴定。

【思考题】

若是硼砂和硼酸的混合物该如何测定?试设计出具体分析方案。

实验 57　水泥熟料中铁、铝、钙、镁含量的测定

【实验目的】

(1)学习复杂试样中组分含量的分析方法。

(2)掌握提高配位滴定选择性的主要途径。

(3)学会通过控制溶液的酸度进行某些金属离子的分别滴定。

【实验原理】

水泥熟料主要化学成分的含量为 SiO_2 18%～24%；Fe_2O_3 2.0%～5.5%；Al_2O_3 4.0%～9.5%；CaO 60%～70%；$MgO<4.5\%$。除去 SiO_2 后测定混合液中铁、铝、钙、镁等组分的含量，可以根据这 4 种离子在一定条件下都能与 EDTA 形成稳定的螯合物，但形成螯合物的稳定常数不同，通过控制酸度与掩蔽分别进行测定。

【实验要求】

(1)根据水泥熟料中各主要成分的酸碱性，确定溶样方案。

(2)确定试样分析方案。

(3)列出分步测定铁、铝、钙、镁的详细实验方案并试验之。

【实验指导】

(1)在水泥熟料的主要化学成分中，铁、铝、钙及镁等组分可用酸溶解，酸不溶物即为 SiO_2。经过滤可在滤液中用 EDTA 滴定法测定铁、铝、钙、镁的含量。

(2)Fe^{3+} 与 EDTA 的反应速率比较慢，需要加热来加快反应速率，滴定时溶液温度以 60℃～70℃为宜。

(3)Al^{3+} 在酸度不高时易水解，且它与 EDTA 反应速率较慢，因此测定 Al^{3+} 时要采用返滴定法。

【思考题】

(1)Fe^{3+}，Al^{3+}，Ca^{2+} 及 Mg^{2+} 共存时，能否通过控制酸度法用 EDTA 标准溶液测定 Fe^{3+}？

(2)EDTA 滴定 Ca^{2+} 和 Mg^{2+} 时，怎样消除 Fe^{3+}，Al^{3+} 的干扰？

(3)用 EDTA 滴定 Fe^{3+} 时，溶液的温度过高对分析结果是否有影响？为什么？

(4)EDTA 滴定 Al^{3+} 时，为什么用返滴定法？

附　录

附录 1　某些弱酸的解离常数 (298.2 K)

弱酸	解离常数 $K_a^{\ominus}$	弱酸	解离常数 $K_a^{\ominus}$
H_3AlO_3	$K_1 = 6.3 \times 10^{-12}$	HIO	$K_1 = 2.3 \times 10^{-11}$
H_3AsO_4	$K_1 = 6.0 \times 10^{-3}$	HIO_3	$K_1 = 0.16$
	$K_2 = 1.0 \times 10^{-7}$		
	$K_3 = 3.2 \times 10^{-12}$		
H_3AsO_3	$K_1 = 6.6 \times 10^{-10}$	H_5IO_6	$K_1 = 2.8 \times 10^{-2}$
			$K_2 = 5.0 \times 10^{-9}$
H_3BO_3	$K_1 = 5.8 \times 10^{-10}$	H_2MnO_4	$K_2 = 7.1 \times 10^{-11}$
$H_2B_4O_7$	$K_1 = 1.0 \times 10^{-4}$	HNO_2	$K_1 = 7.2 \times 10^{-4}$
	$K_2 = 1.0 \times 10^{-9}$		
HBrO	$K_1 = 2.0 \times 10^{-9}$	HN_3	$K_1 = 1.9 \times 10^{-5}$
H_2CO_3	$K_1 = 4.4 \times 10^{-7}$	H_2O_2	$K_1 = 2.2 \times 10^{-12}$
HCN	$K_1 = 6.2 \times 10^{-10}$	H_2O	$K_1 = 1.8 \times 10^{-16}$
H_2CrO_4	$K_1 = 9.55$	H_3PO_4	$K_1 = 7.1 \times 10^{-3}$
	$K_2 = 3.2 \times 10^{-7}$		$K_2 = 6.3 \times 10^{-8}$
			$K_3 = 4.2 \times 10^{-13}$
HClO	$K_1 = 2.8 \times 10^{-8}$	$H_4P_2O_7$	$K_1 = 3.0 \times 10^{-2}$
			$K_2 = 4.4 \times 10^{-3}$
			$K_3 = 2.5 \times 10^{-7}$
			$K_4 = 5.6 \times 10^{-10}$

续表

弱酸	解离常数 $K_a^{\ominus}$	弱酸	解离常数 $K_a^{\ominus}$
HF	$K_1 = 6.6 \times 10^{-4}$	CCl_3COOH (三氯乙酸)	$K_1 = 0.23$
$H_5P_3O_{10}$	$K_3 = 1.6 \times 10^{-3}$ $K_4 = 3.4 \times 10^{-7}$ $K_5 = 5.8 \times 10^{-10}$	$^+NH_3CH_2COOH$	$K_1 = 4.5 \times 10^{-3}$ $K_2 = 2.5 \times 10^{-10}$
		$^+NH_3CH_2COO^-$ (氨基乙酸)	$K_1 = 5.0 \times 10^{-5}$ $K_2 = 1.5 \times 10^{-10}$
H_3PO_3	$K_1 = 6.3 \times 10^{-2}$ $K_2 = 2.0 \times 10^{-7}$	抗坏血酸	
H_2SO_4	$K_2 = 1.0 \times 10^{-2}$	$CH_3CHOHCOOH$ (乳酸)	$K_1 = 1.4 \times 10^{-4}$
H_2SO_3	$K_1 = 1.3 \times 10^{-2}$ $K_2 = 6.1 \times 10^{-8}$	C_6H_5COOH (苯甲酸)	$K_1 = 6.2 \times 10^{-5}$
$H_2S_2O_3$	$K_1 = 0.25$ $K_2 = 3.2 \times 10^{-2} \sim 2.0 \times 10^{-2}$	$H_2C_2O_4$	$K_1 = 5.9 \times 10^{-2}$ $K_2 = 6.4 \times 10^{-5}$
$H_2S_2O_4$	$K_1 = 0.45$ $K_2 = 3.5 \times 10^{-3}$	$CH(OH)COOH$ $\mid$ $CH(OH)COOH$ (d 酒石酸)	$K_1 = 9.1 \times 10^{-4}$ $K_2 = 4.3 \times 10^{-5}$
H_2Se	$K_1 = 1.3 \times 10^{-4}$ $K_2 = 1.0 \times 10^{-11}$	邻苯二甲酸	$K_1 = 1.1 \times 10^{-3}$ $K_2 = 3.9 \times 10^{-6}$
H_2S	$K_1 = 1.32 \times 10^{-7}$ $K_2 = 7.10 \times 10^{-15}$	柠檬酸	$K_1 = 1.1 \times 10^{-3}$ $K_2 = 3.9 \times 10^{-6}$ $K_3 = 4.0 \times 10^{-7}$
H_2SeO_4	$K_2 = 2.2 \times 10^{-2}$	C_6H_5OH(苯酚)	$K_1 = 1.1 \times 10^{-10}$
H_2SeO_3	$K_1 = 2.3 \times 10^{-3}$ $K_2 = 5.0 \times 10^{-9}$	$H_6\text{-EDTA}^{2+}$	$K_1 = 0.13$
HSCN	$K_1 = 1.41 \times 10^{-1}$	$H_5\text{-EDTA}^+$	$K_2 = 3 \times 10^{-2}$
H_2SiO_3	$K_1 = 1.7 \times 10^{-10}$ $K_2 = 1.6 \times 10^{-12}$	$H_4\text{-EDTA}$	$K_3 = 1 \times 10^{-2}$

续表

弱酸	解离常数 $K_a^{\ominus}$	弱酸	解离常数 $K_a^{\ominus}$
$HSb(OH)_6$	$K_1=2.8\times10^{-3}$	$H_3\text{-}EDTA^-$	$K_4=2.1\times10^{-3}$
H_2TeO_3	$K_1=3.5\times10^{-3}$	$H_2\text{-}EDTA^{2-}$	$K_5=6.9\times10^{-7}$
	$K_2=1.9\times10^{-8}$		
H_2Te	$K_1=2.3\times10^{-3}$	$H\text{-}EDTA^{3-}$	$K_6=5.5\times10^{-11}$
	$K_2=1.0\times10^{-11}\sim10^{-12}$		
H_2WO_4	$K_1=3.2\times10^{-4}$	$CH_2ClCOOH$	$K_1=1.4\times10^{-3}$
	$K_2=2.5\times10^{-5}$	（一氯乙酸）	
$HCOOH$（甲酸）	$K_1=1.8\times10^{-4}$	$CHCl_2COOH$	$K_1=5.0\times10^{-2}$
		（二氯乙酸）	
CH_3COOH（乙酸）	$K_1=1.8\times10^{-5}$		

附录 2　某些弱碱的解离常数(298.2 K)

化学式	$K_b^{\ominus}$	pK_b	化学式	$K_b^{\ominus}$	pK_b
CH_3COO^-	5.71×10^{-10}	9.24	NO_3^-	5×10^{-17}	16.30
NH_3	1.8×10^{-4}	3.90	NO_2^-	1.92×10^{-11}	10.71
$C_6H_5NH_2$	4.17×10^{-10}	9.38	$C_2O_4^{2-}$	1.6×10^{-10}	9.80
AsO_4^{3-}	3.3×10^{-12}		$HC_2O_4^-$	1.79×10^{-13}	12.75
$HAsO_4^{2-}$	9.1×10^{-8}		MnO_4^-	5.0×10^{-17}	16.30
$H_2AsO_4^-$	1.5×10^{-12}		PO_4^{3-}	4.55×10^{-2}	1.34
$H_2BO_3^-$	1.6×10^{-5}		HPO_4^{2-}	1.61×10^{-7}	6.79
Br^-	1×10^{-23}	23.0	$H_2PO_4^-$	1.33×10^{-12}	11.88
CO_3^{2-}	1.78×10^{-4}	3.75	SiO_3^{2-}	6.76×10^{-3}	2.17
HCO_3^-	2.33×10^{-8}	7.63	$HSiO_3^-$	3.1×10^{-5}	4.51
Cl^-	3.02×10^{-23}	22.52	SO_4^{2-}	1.0×10^{-12}	12.00
CN^-	2.03×10^{-5}	4.69	SO_3^{2-}	2.0×10^{-7}	6.70
$(C_2H_5)_2NH$	8.51×10^{-4}	3.07	HSO_3^-	6.92×10^{-13}	12.16

续表

化学式	$K_b^{\ominus}$	pK_b	化学式	$K_b^{\ominus}$	pK_b
$(CH_3)_2NH$	5.9×10^{-4}	3.23	S^{2-}	8.33×10^{-2}	1.08
$C_2H_5NH_2$	4.3×10^{-4}	3.37	HS^-	1.12×10^{-7}	6.95
F^-	2.83×10^{-11}	10.55	SCN^-	7.09×10^{-14}	13.15
$HCOO^-$	5.64×10^{-11}	10.25	$S_2O_3^{2-}$	4.00×10^{-14}	13.40
I^-	3×10^{-24}	23.52	$(C_2H_5)_3N$	5.2×10^{-4}	3.28
CH_3NH_2	4.2×10^{-4}	3.38	$(CH_3)_3N$	6.3×10^{-5}	4.20

附录3　某些难溶电解质的溶度积常数(298.2 K)

化学式	$K_{sp}^{\ominus}$	化学式	$K_{sp}^{\ominus}$
AgAc	1.9×10^{-3}	$BiONO_3$	4.1×10^{-5}
Ag_3AsO_4	1.0×10^{-22}	$CaCO_3$	4.9×10^{-9}
AgBr	5.3×10^{-13}	$CaC_2O_4 \cdot H_2O$	2.3×10^{-9}
AgCl	1.8×10^{-10}	$CaCrO_4$	(7.1×10^{-4})
Ag_2CO_3	8.3×10^{-12}	CaF_2	1.5×10^{-10}
Ag_2CrO_4	1.1×10^{-12}	$Ca(OH)_2$	4.6×10^{-6}
AgCN	5.9×10^{-17}	$CaHPO_4$	1.8×10^{-7}
$Ag_2Cr_2O_7$	(2.0×10^{-7})	$Ca_3(PO_4)_2$(低温)	2.1×10^{-33}
$Ag_2C_2O_4$	5.3×10^{-12}	$CaSO_4$	7.1×10^{-5}
$AgIO_3$	3.1×10^{-8}	$Cd(OH)_2$(沉淀)	5.3×10^{-15}
AgI	8.3×10^{-17}	$Ce(OH)_3$	(1.6×10^{-20})
Ag_2MoO_4	2.8×10^{-12}	$Ce(OH)_4$	(2×10^{-28})
$AgNO_2$	3.0×10^{-5}	$Co(OH)_2$(陈)	2.3×10^{-16}
Ag_3PO_4	8.7×10^{-17}	$Co(OH)_3$	(1.6×10^{-44})
Ag_2SO_4	1.2×10^{-5}	$Cr(OH)_3$	(6.3×10^{-31})
Ag_2SO_3	1.5×10^{-14}	CuBr	6.9×10^{-9}
AgSCN	1.0×10^{-12}	CuCl	1.7×10^{-7}

续表

化学式	$K_{sp}^{\ominus}$	化学式	$K_{sp}^{\ominus}$
$Al(OH)_3$(无定形)	(1.3×10^{-33})	$CuCN$	3.5×10^{-20}
$AuCl$	(2.0×10^{-13})	CuI	1.2×10^{-12}
$AuCl_3$	(3.2×10^{-25})	$CuSCN$	1.8×10^{-13}
$BaCO_3$	2.6×10^{-9}	$CuCO_3$	(1.4×10^{-10})
$BaCrO_4$	1.2×10^{-10}	$Cu(OH)_2$	(2.2×10^{-20})
BaF_2	1.8×10^{-7}	$Cu_2P_2O_7$	7.6×10^{-16}
$Ba(NO_3)_2$	6.1×10^{-4}	$FeCO_3$	3.1×10^{-11}
$Ba_3(PO_4)_2$	(3.4×10^{-23})	$Fe(OH)_2$	4.86×10^{-17}
$BaSO_4$	1.1×10^{-10}	$Fe(OH)_3$	2.8×10^{-39}
$Be(OH)_2$	6.7×10^{-22}	HgI_2	2.8×10^{-29}
$Bi(OH)_3$	(4×10^{-31})	$HgCO_3$	3.7×10^{-17}
BiI_3	7.5×10^{-19}	$HgBr_2$	6.3×10^{-20}
$BiOBr$	6.7×10^{-9}	Hg_2Cl_2	1.4×10^{-18}
$BiOCl$	1.6×10^{-8}	Hg_2CrO_4	(2.0×10^{-9})
Hg_2I_2	5.3×10^{-29}	$PbBr_2$	6.6×10^{-6}
Hg_2SO_4	7.9×10^{-7}	$PbCl_2$	1.7×10^{-5}
$K_2[PtCl_6]$	7.5×10^{-6}	$PbCrO_4$	(2.8×10^{-13})
Li_2CO_3	8.1×10^{-4}	PbI_2	8.4×10^{-9}
LiF	1.8×10^{-3}	$Pb(N_3)_2$(斜方)	2.0×10^{-9}
Li_3PO_4	(3.2×10^{-9})	$PbSO_4$	1.8×10^{-8}
$MgCO_3$	6.8×10^{-6}	$Sn(OH)_2$	5.0×10^{-27}
MgF_2	7.4×10^{-11}	$Sn(OH)_4$	(1×10^{-56})
$Mg(OH)_2$	5.1×10^{-12}	$SrCO_3$	5.6×10^{-10}
$Mg_3(PO_4)_2$	1.0×10^{-24}	$SrCrO_4$	(2.2×10^{-5})
$MnCO_3$	2.2×10^{-11}	$SrSO_4$	3.4×10^{-7}
$Mn(OH)_2$(am)	2.1×10^{-13}	$TlCl$	1.9×10^{-4}
$NiCO_3$	1.4×10^{-7}	TlI	5.5×10^{-8}
$Ni(OH)_2$(新)	5.0×10^{-16}	$Tl(OH)_3$	1.5×10^{-44}
$Pb(OH)_2$	1.43×10^{-20}	$ZnCO_3$	1.2×10^{-10}
$PbCO_3$	1.5×10^{-13}	$Zn(OH)_2$	6.8×10^{-17}

附录 4 标准电极电势(298.15 K)

电极反应	$\varphi^{\ominus}/V$
氧化型＋ze⁻⇌还原型	
$Li^+(aq)+e^-\rightleftharpoons Li(s)$	−3.040
$Cs^+(aq)+e^-\rightleftharpoons Cs(s)$	−3.027
$Rb^+(aq)+e^-\rightleftharpoons Rb(s)$	−2.943
$K^+(aq)+e^-\rightleftharpoons K(s)$	−2.936
$Ra^{2+}(aq)+2e^-\rightleftharpoons Ra(s)$	−2.910
$Ba^{2+}(aq)+2e^-\rightleftharpoons Ba(s)$	−2.906
$Sr^{2+}(aq)+2e^-\rightleftharpoons Sr(s)$	−2.899
$Ca^{2+}(aq)+2e^-\rightleftharpoons Ca(s)$	−2.869
$Na^+(aq)+e^-\rightleftharpoons Na(s)$	−2.714
$La^{3+}(aq)+3e^-\rightleftharpoons La(s)$	−2.362
$Mg^{2+}(aq)+2e^-\rightleftharpoons Mg(s)$	−2.357
$Sc^{3+}(aq)+3e^-\rightleftharpoons Sc(s)$	−2.027
$Be^{2+}(aq)+2e^-\rightleftharpoons Be(s)$	−1.968
$Al^{3+}(aq)+3e^-\rightleftharpoons Al(s)$	−1.68
$[SiF_6]^{2-}(aq)+4e^-\rightleftharpoons Si(s)+6F^-(aq)$	−1.365
$Mn^{2+}(aq)+2e^-\rightleftharpoons Mn(s)$	−1.182
$SiO_2(am)+4H^+(aq)+4e^-\rightleftharpoons Si(s)+2H_2O$	−0.975 4
＊$SO_4^{2-}(aq)+H_2O(l)+2e^-\rightleftharpoons SO_3^{2-}(aq)+2OH^-(aq)$	−0.936 2
＊$Fe(OH)_2(s)+2e^-\rightleftharpoons Fe(s)+2OH^-(aq)$	−0.891 4
$H_3BO_3(s)+3H^++3e^-\rightleftharpoons B(s)+3H_2O(l)$	−0.889 4
$Zn^{2+}(aq)+2e^-\rightleftharpoons Zn(s)$	−0.762 1
$Cr^{3+}(aq)+3e^-\rightleftharpoons Cr(s)$	−0.74
＊$FeCO_3(s)+2e^-\rightleftharpoons Fe(s)+CO_3^{2-}(aq)$	−0.719 6
$2CO_2(g)+2H^+(aq)+2e^-\rightleftharpoons H_2C_2O_4$	−0.595 0

续表

电极反应	$\varphi^{\ominus}/V$
* $2SO_3^{2-}(aq)+3H_2O(l)+4e^- \Longrightarrow S_2O_3^{2-}(aq)+6OH^-(aq)$	$-0.565\ 9$
$Ga^{3+}(aq)+3e^- \Longrightarrow Ga(s)$	$-0.549\ 3$
$Fe(OH)_3(s)+e^- \Longrightarrow Fe(OH)_2(s)+OH^-(aq)$	$-0.546\ 8$
$Sb(s)+3H^+(aq)+3e^- \Longrightarrow SbH_3(g)$	$-0.510\ 4$
$In^{2+}(aq)+2e^- \Longrightarrow In(aq)$	-0.445
* $S(s)+2e^- \Longrightarrow S^{2-}(aq)$	-0.445
$Cr^{3+}(aq)+e^- \Longrightarrow Cr^{2+}(aq)$	(-0.41)
$Fe^{2+}+2e^- \Longrightarrow Fe(s)$	$-0.408\ 9$
* $Ag(CN)_2^-(aq)+e^- \Longrightarrow Ag(s)+2CN^-(aq)$	$-0.407\ 3$
$Cd^{2+}(aq)+2e^- \Longrightarrow Cd(s)$	$-0.402\ 2$
$PbI_2(s) \Longrightarrow Pb(s)+2I^-(aq)$	$-0.365\ 3$
* $Cu_2O(s)+H_2O(l)+2e^- \Longrightarrow 2Cu(s)+2OH^-(aq)$	$-0.355\ 7$
$PbSO_4(s)+2e^- \Longrightarrow Pb(s)+SO_4^{2-}(aq)$	$-0.355\ 5$
$In^{3+}(aq)+3e^- \Longrightarrow In(s)$	-0.338
$Tl^+(aq)+e^- \Longrightarrow Tl(s)$	$-0.335\ 8$
$Co^{2+}(aq)+2e^- \Longrightarrow Co(s)$	-0.282
$PbBr_2(s)+2e^- \Longrightarrow Pb(s)+2Br^-(aq)$	$-0.279\ 8$
$PbCl_2(s)+2e^- \Longrightarrow Pb(s)+2Cl^-(aq)$	$-0.267\ 6$
$As(s)+3H^+(aq)+3e^- \Longrightarrow AsH_3(g)$	$-0.238\ 1$
$Ni^{2+}(aq)+2e^- \Longrightarrow Ni(s)$	$-0.236\ 3$
$VO_2^+(aq)+4H^++5e^- \Longrightarrow V(s)+2H_2O(l)$	$-0.233\ 7$
$N_2(g)+5H^+(aq)+4e^- \Longrightarrow N_2H_5^+(aq)$	$-0.213\ 8$
$CuI(s)+e^- \Longrightarrow Cu(s)+I^-(aq)$	$-0.185\ 8$
$AgCN(s)+e^- \Longrightarrow Ag(s)+CN^-(aq)$	$-0.160\ 6$

续表

电极反应	$\varphi^{\ominus}/V$
$AgI(s)+e^- \rightleftharpoons Ag(s)+I^-(aq)$	-0.1515
$Sn^{2+}(aq)+2e^- \rightleftharpoons Sn(s)$	-0.1410
$Pb^{2+}(aq)+2e^- \rightleftharpoons Pb(s)$	-0.1266
$In^+(aq)+e^- \rightleftharpoons In(s)$	-0.125
$* CrO_4^{2-}(aq)+2H_2O(l)+3e^- \rightleftharpoons CrO_2^-(aq)+4OH^-(aq)$	(-0.12)
$Se(s)+2H^+(aq)+2e^- \rightleftharpoons H_2Se(aq)$	-0.1150
$WO_3(s)+6H^+(aq)+6e^- \rightleftharpoons W(s)+3H_2O(l)$	-0.0909
$* 2Cu(OH)_2(s)+2e^- \rightleftharpoons Cu_2O(s)+2OH^-(aq)+H_2O(l)$	(-0.08)
$MnO_2(s)+2H_2O(l)+2e^- \rightleftharpoons Mn(OH)_2(am)+2OH^-(aq)$	-0.0514
$[HgI_4]^{2-}(aq)+2e^- \rightleftharpoons Hg(l)+4I^-(aq)$	-0.02809
$2H^+(aq)+2e^- \rightleftharpoons H_2(g)$	0
$* NO_3^-(aq)+H_2O(l)+e^- \rightleftharpoons NO_2^-(aq)+2OH^-(aq)$	0.00849
$S_4O_6^{2-}(aq)+2e^- \rightleftharpoons 2S_2O_3^{2-}(aq)$	0.02384
$AgBr(s)+e^- \rightleftharpoons Ag(s)+Br^-(aq)$	0.07317
$S(s)+2H^+(aq)+2e^- \rightleftharpoons H_2S(aq)$	0.1442
$Sn^{4+}(aq)+2e^- \rightleftharpoons Sn^{2+}(aq)$	0.1539
$SO_4^{2-}(aq)+4H^+(aq)+2e^- \rightleftharpoons H_2SO_3(aq)+H_2O(l)$	0.1576
$Cu^{2+}(aq)+e^- \rightleftharpoons Cu^+(aq)$	0.1607
$AgCl(s)+e^- \rightleftharpoons Ag(s)+Cl^-$	0.2222
$[HgBr_4]^{2-}(aq)+2e^- \rightleftharpoons Hg(l)+4Br^-(aq)$	0.2318
$HAsO_2(aq)+3H^+(aq)+3e^- \rightleftharpoons As(s)+2H_2O(l)$	0.2473
$PbO_2(s)+H_2O(l)+2e^- \rightleftharpoons PbO(s,黄色)+2OH^-(aq)$	0.2483
$Hg_2Cl_2(s)+2e^- \rightleftharpoons 2Hg(l)+2Cl^-(aq)$	0.2680
$BiO^+(aq)+2H^+(aq)+3e^- \rightleftharpoons Bi(s)+H_2O(l)$	0.3134
$Cu^{2+}(aq)+e^- \rightleftharpoons Cu^+(s)$	0.3394
$* Ag_2O(s)+H_2O(l)+2e^- \rightleftharpoons 2Ag(s)+2OH^-(aq)$	0.3428
$[Fe(CN)_6]^{3-}(aq)+e^- \rightleftharpoons [Fe(CN)_6]^{4-}(aq)$	0.3557

续表

电极反应	$\varphi^{\ominus}/V$
$[Ag(NH_3)_2]^+(aq)+e^- \rightleftharpoons Ag(s)+2NH_3(aq)$	0.371 9
* $ClO_4^-(aq)+H_2O(l)+2e^- \rightleftharpoons ClO_3^-(aq)+2OH^-(aq)$	0.397 9
* $O_2(g)+2H_2O(l)+4e^- \rightleftharpoons 4OH^-(aq)$	0.400 9
$2H_2SO_3(aq)+2H^+(aq)+4e^- \rightleftharpoons S_2O_3^{2-}(aq)+3H_2O(l)$	0.410 1
$Ag_2CrO_4(s)+2e^- \rightleftharpoons 2Ag(s)+CrO_4^{2-}(aq)$	0.445 6
$2BrO^-(aq)+2H_2O(l)+2e^- \rightleftharpoons Br_2(l)+4OH^-(aq)$	0.455 6
$H_2SO_3(aq)+4H^+(aq)+4e^- \rightleftharpoons S(s)+3H_2O(l)$	0.449 7
$Cu^+(aq)+e^- \rightleftharpoons Cu(s)$	0.518 0
$TeO_2(s)+4H^+(aq)+4e^- \rightleftharpoons Te(s)+2H_2O(l)$	0.528 5
$I_2(s)+2e^- \rightleftharpoons 2I^-(aq)$	0.534 5
$MnO_4^-(aq)+e^- \rightleftharpoons MnO_4^{2-}(aq)$	0.554 5
$H_3AsO_4(aq)+2H^+(aq)+2e^- \rightleftharpoons H_3AsO_3(aq)+H_2O(l)$	0.574 8
* $MnO_4^-+2H_2O(l)+3e^- \rightleftharpoons MnO_2(s)+4OH^-(aq)$	0.596 5
* $BrO_3^-(aq)+3H_2O(l)+6e^- \rightleftharpoons Br^-(aq)+6OH^-(aq)$	0.612 6
* $MnO_4^{2-}(aq)+2H_2O(l)+2e^- \rightleftharpoons MnO_2(s)+4OH^-(aq)$	0.617 5
$2HgCl_2(aq)+2e^- \rightleftharpoons Hg_2Cl_2(s)+2Cl^-(aq)$	0.657 1
* $ClO_2^-(aq)+H_2O(l)+2e^- \rightleftharpoons ClO^-(aq)+2OH^-(aq)$	0.680 7
$O_2(g)+2H^+(aq)+2e^- \rightleftharpoons H_2O_2(aq)$	0.694 5
$Fe^{3+}(aq)+e^- \rightleftharpoons Fe^{2+}(aq)$	0.769
$Hg_2^{2+}(aq)+2e^- \rightleftharpoons 2Hg(l)$	0.795 6
$NO_3^-(aq)+2H^+(aq)+e^- \rightleftharpoons NO_2(g)+H_2O(l)$	0.798 9
$Ag^+(aq)+e^- \rightleftharpoons Ag(s)$	0.799 1
$[PtCl_4]^{2-}(aq)+2e^- \rightleftharpoons Pt(s)+4Cl^-(aq)$	0.847 3
$Hg^{2+}(aq)+2e^- \rightleftharpoons Hg(l)$	0.851 9
* $HO_2^-(aq)+H_2O(l)+2e^- \rightleftharpoons 3OH^-(aq)$	0.867 0
* $ClO^-(aq)+H_2O(l)+2e^- \rightleftharpoons Cl^-(aq)+2OH^-$	0.890 2
$2Hg^{2+}(aq)+2e^- \rightleftharpoons Hg_2^{2+}(aq)$	0.908 3

续表

电极反应	$\varphi^{\ominus}/V$
$NO_3^-(aq)+3H^+(aq)+2e^- \Longrightarrow HNO_2(aq)+H_2O(l)$	0.927 5
$NO_3^-(aq)+4H^+(aq)+3e^- \Longrightarrow NO(g)+2H_2O(l)$	0.963 7
$HNO_2(aq)+H^+(aq)+e^- \Longrightarrow NO(g)+H_2O(l)$	1.04
$NO_2(g)+H^+(aq)+e^- \Longrightarrow HNO_2(aq)$	1.056
$*ClO_2(aq)+e^- \Longrightarrow ClO_2^-(aq)$	1.066
$Br_2(l)+2e^- \Longrightarrow 2Br^-(aq)$	1.077 4
$ClO_3^-(aq)+3H^+(aq)+2e^- \Longrightarrow HClO_2(aq)+H_2O(l)$	1.157
$ClO_2(aq)+H^+(aq)+e^- \Longrightarrow HClO_2(aq)$	1.184
$2IO_3^-(aq)+12H^+(aq)+10e^- \Longrightarrow I_2(s)+6H_2O(l)$	1.209
$ClO_4^-(aq)+2H^+(aq)+2e^- \Longrightarrow ClO_3^-(aq)+H_2O(l)$	1.226
$O_2(g)+4H^+(aq)+4e^- \Longrightarrow 2H_2O(l)$	1.229
$MnO_2(s)+4H^+(aq)+2e^- \Longrightarrow Mn^{2+}(aq)+2H_2O(l)$	1.229 3
$*O_3(g)+H_2O(l)+2e^- \Longrightarrow O_2(g)+2OH^-(aq)$	1.247
$Tl^{3+}(aq)+2e^- \Longrightarrow Tl^+(aq)$	1.280
$2HNO_2(aq)+4H^+(aq)+4e^- \Longrightarrow N_2O(g)+3H_2O(l)$	1.311
$Cr_2O_7^{2-}(aq)+14H^+(aq)+6e^- \Longrightarrow 2Cr^{3+}(aq)+7H_2O(l)$	(1.33)
$Cl_2(g)+2e^- \Longrightarrow 2Cl^-(aq)$	1.360
$2HIO(aq)+2H^+(aq)+2e^- \Longrightarrow I_2(s)+2H_2O(l)$	1.431
$PbO_2(s)+4H^+(aq)+2e^- \Longrightarrow Pb^{2+}(aq)+2H_2O(l)$	1.458
$Au^{3+}(aq)+3e^- \Longrightarrow Au(s)$	(1.50)
$Mn^{3+}(aq)+e^- \Longrightarrow Mn^{2+}(aq)$	(1.51)
$MnO_4^-(aq)+8H^+(aq)+5e^- \Longrightarrow Mn^{2+}(aq)+4H_2O(l)$	1.512
$2BrO_3^-(aq)+12H^+(aq)+10e^- \Longrightarrow Br_2(l)+6H_2O(l)$	1.513
$Cu^{2+}(aq)+2CN^-(aq)+e^- \Longrightarrow Cu(CN)_2^-(aq)$	1.580
$H_5IO_6(aq)+H^+(aq)+2e^- \Longrightarrow IO_3^-(aq)+3H_2O(l)$	(1.60)
$2HBrO(aq)+2H^+(aq)+2e^- \Longrightarrow Br_2(l)+2H_2O(l)$	1.604
$2HClO(aq)+2H^+(aq)+2e^- \Longrightarrow Cl_2(g)+2H_2O(l)$	1.630

续表

电极反应	$\varphi^{\ominus}/V$
$HClO_2(aq)+2H^+(aq)+2e^- \rightleftharpoons HClO(aq)+H_2O(l)$	1.67 3
$Au^+(aq)+e^- \rightleftharpoons Au(s)$	(1.68)
$MnO_4^-(aq)+4H^+(aq)+3e^- \rightleftharpoons MnO_2(s)+2H_2O(l)$	1.700
$H_2O_2(aq)+2H^+(aq)+2e^- \rightleftharpoons 2H_2O(l)$	1.763
$S_2O_8^{2-}(aq)+2e^- \rightleftharpoons 2SO_4^{2-}(aq)$	1.939
$Co^{3+}(aq)+e^- \rightleftharpoons Co^{2+}(aq)$	1.95
$Ag^{2+}(aq)+e^- \rightleftharpoons Ag^+(aq)$	1.989
$O_3(g)+2H^+(aq)+2e^- \rightleftharpoons O_2(g)+H_2O(l)$	2.075
$F_2(g)+2e^- \rightleftharpoons 2F^-(aq)$	2.889
$F_2(g)+2H^+(aq)+2e^- \rightleftharpoons 2HF(aq)$	3.076

附录5 某些离子和化合物的颜色

离子及化合物	离子及化合物	离子及化合物
Ag_2O 褐色	$CaHPO_4$ 白色	$Fe_2(SiO_3)_3$ 棕红色
$AgCl$ 白色	$CaSO_3$ 白色	FeC_2O_4 淡黄色
Ag_2CO_3 白色	$[Co(H_2O)_6]^{2+}$ 粉红色	$Fe_3[Fe(CN)_6]_2$ 蓝色
Ag_3PO_4 黄色	$[Co(NH_3)_6]^{2+}$ 黄色	$Fe_4[Fe(CN)_6]_3$ 蓝色
Ag_2CrO_4 砖红色	$[Co(NH_3)_6]^{3+}$ 橙黄色	HgO 红(黄)色
$Ag_2C_2O_4$ 白色	$[Co(SCN)_4]^{2-}$ 蓝色	Hg_2Cl_2 白黄色
$AgCN$ 白色	CoO 灰绿色	Hg_2I_2 黄色
$AgSCN$ 白色	Co_2O_3 黑色	HgS 红或黑
$Ag_2S_2O_3$ 白色	$Co(OH)_2$ 粉红色	CuO 黑色
$Ag_3[Fe(CN)_6]$ 橙色	$Co(OH)Cl$ 蓝色	Cu_2O 暗红色
$Ag_4[Fe(CN)_6]$ 白色	$Co(OH)_3$ 褐棕色	$Cu(OH)_2$ 淡蓝色

续表

离子及化合物	离子及化合物	离子及化合物
AgBr 淡黄色	$[Cu(H_2O)_4]^{2+}$ 蓝色	$Cu(OH)$ 黄色
AgI 黄色	$[CuCl_2]^-$ 白色	CuCl 白色
Ag_2S 黑色	$[CuCl_4]^{2-}$ 黄色	CuI 白色
Ag_2SO_4 白色	$[CuI_2]^-$ 黄色	CuS 黑色
$Al(OH)_3$ 白色	$[Cu(NH_3)_4]^{2+}$ 深蓝色	$CuSO_4 \cdot 5H_2O$ 蓝色
$BaSO_4$ 白色	$K_2Na[Co(NO_2)_6]$ 黄色	$Cu_2(OH)_2SO_4$ 浅蓝色
$BaSO_3$ 白色	$(NH_4)_2Na[CO(NO_2)_6]$ 黄色	$Cu_2(OH)_2CO_3$ 蓝色
BaS_2O_3 白色	CdO 棕灰色	$Cu_2[Fe(CN)_6]$ 红棕色
$BaCO_3$ 白色	$Cd(OH)_2$ 白色	$Cu(SCN)_2$ 黑绿色
$Ba_3(PO_4)_2$ 白色	$CdCO_3$ 白色	$[Fe(H_2O)_6]^{2+}$ 浅绿色
$BaCrO_4$ 黄色	CdS 黄色	$[Fe(H_2O)_6]^{3+}$ 淡紫色
BaC_2O_4 白色	$[Cr(H_2O)_6]^{2+}$ 天蓝色	$[Fe(CN)_6]^{4-}$ 黄色
$CoCl_2 \cdot 2H_2O$ 紫红色	$[Cr(H_2O)_6]^{3+}$ 蓝紫色	$[Fe(CN)_6]^{3-}$ 红棕色
$CoCl_2 \cdot 6H_2O$ 粉红色	CrO_2^- 绿色	$[Fe(NCS)_n]^{3-n}$ 血红色
CoS 黑色	CrO_4^{2-} 黄色	FeO 黑色
$CoSO_4 \cdot 7H_2O$ 红色	$Cr_2O_7^{2-}$ 橙色	Fe_2O_3 砖红色
$CoSiO_3$ 紫色	Cr_2O_3 绿色	$Fe(OH)_2$ 白色
$K_3[CO(NO_2)_6]$ 黄色	CrO_3 橙红色	$Fe(OH)_3$ 红棕色
BiOCl 白色	$Cr(OH)_3$ 灰绿色	$[Mn(H_2O)_6]^{2+}$ 浅红色
BiI_3 白色	$CrCl_3 \cdot 6H_2O$ 绿色	MnO_4^{2-} 绿色
Bi_2S_3 黑色	$Cr_2(SO_4)_3 \cdot 6H_2O$ 绿色	MnO_4^- 紫红色
Bi_2O_3 黄色	$Cr_2(SO_4)_3$ 桃红色	MnO_2 棕色
$Bi(OH)_3$ 黄色	$Cr_2(SO_4)_3 \cdot 18H_2O$ 紫色	$Mn(OH)_2$ 白色
BiO(OH) 灰黄色	$FeCl_3 \cdot 6H_2O$ 黄棕色	MnS 肉色

续表

离子及化合物	离子及化合物	离子及化合物
$Bi(OH)CO_3$ 白色	FeS 黑色	$MnSiO_3$ 肉色
$NaBiO_3$ 黄棕色	Fe_2S_3 黑色	$MgNH_4PO_4$ 白色
CaO 白色	$[Fe(NO)]SO_4$ 深棕色	$MgCO_3$ 白色
$Ca(OH)_2$ 白色	$(NH_4)_2Fe(SO_4)_2 \cdot 6H_2O$ 蓝绿色	$Mg(OH)_2$ 白色
$CaSO_4$ 白色	$(NH_4)_2Fe(SO_4)_2 \cdot 12H_2O$ 浅紫色	$[Ni(H_2O)_6]^{2+}$ 亮绿色
$CaCO_3$ 白色	$FeCO_3$ 白色	$[Ni(NH_3)_6]^{2+}$ 蓝色
$Ca_3(PO_4)_2$ 白色	$FePO_4$ 浅黄色	NiO 暗绿色
$Ni(OH)_2$ 淡绿色	$Sb(OH)_3$ 白色	$PbBr_2$ 白色
$Ni(OH)_3$ 黑色	$SbOCl$ 白色	V_2O_5 红棕、橙
Hg_2SO_4 白色	SbI_3 黄色	ZnO 白色
$Hg_2(OH)_2CO_3$ 红褐色	$Na[Sb(OH)_6]$ 白色	$Zn(OH)_2$ 白色
I_2 紫色	$Sn(OH)Cl$ 白色	ZnS 白色
I_{3-}（碘水）棕黄色	SnS 棕色	$Zn_2(OH)_2CO_3$ 白色
$\left[\begin{smallmatrix} & Hg & \\ O & & NH_2 \\ & Hg & \end{smallmatrix}\right]I$ 红棕色	SnS_2 黄色	ZnC_2O_4 白色
	$Sn(OH)_4$ 白色	$ZnSiO_3$ 白色
	TiO_2^{2+} 橙红色	$Zn_2[Fe(CN)_6]$ 白色
PbI_2 黄色	$[V(H_2O)_6]^{2+}$ 蓝紫色	$Zn_3[Fe(CN)_6]_2$ 黄褐色
PbS 黑色	VO^{2+} 蓝色	$NaAc \cdot Zn(Ac)_2 \cdot 3UO_2(Ac)_2 \cdot 9H_2O$ 黄色
$PbSO_4$ 白色	NiS 黑色	$Na_3[Fe(CN)_5NO] \cdot 2H_2O$ 红色
$PbCO_3$ 白色	$NiSiO_3$ 翠绿色	$(NH_4)_3PO_4 \cdot 12MoO_3 \cdot 6H_2O$
$PbCrO_4$ 黄色	$Ni(CN)_2$ 浅绿色	$[Ti(H_2O)_6]$ 紫色
PbC_2O_4 白色	PbO_2 棕褐色	$TiCl_3 \cdot 6H_2O$ 紫或绿
$PbMoO_4$ 黄色	Pb_3O_4 红色	$[V(H_2O)_6]^{3+}$ 绿色
Sb_2O_3 白色	$Pb(OH)_2$ 白色	VO_2^+ 黄色
Sb_2O_5 淡黄色	$PbCl_2$ 白色	

附录6 化合物的相对分子质量

化合物	相对分子质量	化合物	相对分子质量	化合物	相对分子质量
Ag_3AsO_4	462.52	$CaSO_4$	136.14	$FeCl_2$	126.75
$AgBr$	187.77	$CdCO_3$	172.42	$FeCl_2 \cdot 4H_2O$	198.81
$AgCl$	143.32	$CdCl_2$	183.32	$FeCl_3$	162.21
$AgCN$	133.89	CdS	144.47	$FeCl_3 \cdot 6H_2O$	270.30
$AgSCN$	165.95	$Ce(SO_4)_2$	332.24	$FeNH_4(SO_4)_2 \cdot 12H_2O$	482.18
Ag_2CrO_4	331.73	$Ce(SO_4)_2 \cdot 4H_2O$	404.30	$Fe(NO_3)_3$	241.86
AgI	234.77	$CoCl_2$	129.84	$Fe(NO_3)_3 \cdot 9H_2O$	404.00
$AgNO_3$	169.87	$CoCl_2 \cdot 6H_2O$	237.93	FeO	71.846
$AlCl_3$	133.34	$Co(NO_3)_2$	182.94	Fe_2O_3	159.69
$AlCl_3 \cdot 6H_2O$	241.43	$Co(NO_3)_2 \cdot 6H_2O$	291.03	Fe_3O_4	231.54
$Al(NO_3)_3$	213.00	CoS	90.99	$Fe(OH)_3$	106.87
$Al(NO_3)_3 \cdot 9H_2O$	375.13	$CoSO_4$	154.99	FeS	87.91
Al_2O_3	101.96	$CoSO_4 \cdot 7H_2O$	281.10	Fe_2S_3	207.87
$Al(OH)_3$	78.00	$CO(NH_2)_2$	60.06	$FeSO_4$	151.90
$Al_2(SO_3)_3$	342.14	$CrCl_3$	158.35	$FeSO_4 \cdot 7H_2O$	278.01
$Al_2(SO_3)_3 \cdot 18H_2O$	666.41	$CrCl_3 \cdot 6H_2O$	266.45	$FeSO_4 \cdot (NH_4)_2 \cdot 6H_2O$	392.13
As_2O_3	197.84	$Cr(NO_3)_3$	238.01		
As_2O_5	229.84	Cr_2O_3	151.99	H_3AsO_3	125.94
As_2S_3	246.02	$CuCl$	98.999	H_3AsO_4	141.94
		$CuCl_2$	134.45	H_3BO_3	61.83
$BaCO_3$	197.34	$CuCl_2 \cdot 2H_2O$	170.48	HBr	80.912

续表

化合物	相对分子质量	化合物	相对分子质量	化合物	相对分子质量
BaC_2O_4	225.35	$CuSCN$	121.62	HCN	27.026
$BaCl_2$	208.24	CuI	190.45	$HCOOH$	46.026
$BaCl_2 \cdot 2H_2O$	244.27	$Cu(NO_3)_2$	187.56	H_2CO_3	62.025
$BaCrO_4$	253.32	$Cu(NO_3)_2 \cdot 3H_2O$	241.60	$H_2C_2O_4$	90.035
BaO	153.33	CuO	79.545	$H_2C_2O_4 \cdot 2H_2O$	126.07
$Ba(OH)_2$	171.34	Cu_2O	143.09	HCl	36.461
$BaSO_4$	233.39	CuS	95.61	HF	20.006
$BiCl_3$	315.34	$CuSO_4$	159.60	HI	127.91
$BiOCl$	260.43	$CuSO_4 \cdot 5H_2O$	249.68	HIO_3	175.91
		CH_3COOH	60.052	HNO_3	63.013
CO_2	44.01	CH_3COONa	82.034	HNO_2	47.013
CaO	56.08	$CH_3COONa \cdot 3H_2O$	136.08	H_2O	18.015
$CaCO_3$	100.09	$C_4H_8N_2O_2$	116.12	H_2O_2	34.015
CaC_2O_4	128.10	（丁二酮肟）		H_3PO_4	97.995
$CaCl_2$	110.99	$C_6H_4 \cdot COOH \cdot$	204.23	H_2S	34.08
$CaCl_2 \cdot 6H_2O$	219.08	$COOK$		H_2SO_3	82.07
$Ca(NO_3)_2 \cdot 4H_2O$	236.15	（苯二甲酸氢钾）		H_2SO_4	98.07
$Ca(OH)_2$	74.09	$(C_9H_7N)_3H_3PO_4 \cdot$	2212.7	$Hg(CN)_2$	252.63
$Ca_3(PO_4)_2$	310.18	$12MoO_3$		$HgCl_2$	271.50
Hg_2Cl_2	472.09	（磷钼酸喹啉）			
HgI_2	454.40	$Mg(NO_3)_2 \cdot 6H_2O$	256.41	$NaHCO_3$	84.007
$Hg_2(NO_3)_2$	525.19	$MgNH_4PO_4$	137.32	$Na_2HPO_4 \cdot 12H_2O$	358.14
$Hg_2(NO_3)_2 \cdot 2H_2O$	561.22	MgO	40.304	$Na_2H_2Y \cdot 2H_2O$	372.24
$Hg(NO_3)_2$	324.60	$Mg(OH)_2$	58.32	$NaNO_2$	68.995
HgO	216.59	$Mg_2P_2O_7$	222.55	$NaNO_3$	84.995
		$MgSO_4 \cdot 7H_2O$	246.47	Na_2O	61.979

续表

化合物	相对分子质量	化合物	相对分子质量	化合物	相对分子质量
HgS	232.65	$MnCO_3$	114.95	Na_2O_2	77.978
$HgSO_4$	296.65	$MnCl_2 \cdot 4H_2O$	197.91	$NaOH$	39.997
Hg_2SO_4	497.24	$Mn(NO_3)_2 \cdot 6H_2O$	287.04	Na_3PO_4	163.94
		MnO	70.937	Na_2S	78.04
$KAl(SO_4)_2 \cdot 12H_2O$	474.38	MnO_2	86.937	$Na_2S \cdot 9H_2O$	240.18
KBr	119.00	MnS	87.00	Na_2SO_3	126.04
$KBrO_3$	167.00	$MnSO_4$	151.00	Na_2SO_4	142.04
KCl	74.551	$MnSO_4 \cdot 4H_2O$	223.06	$Na_2S_2O_3$	158.10
$KClO_3$	122.55			$Na_2S_2O_3 \cdot 5H_2O$	248.17
$KClO_4$	138.55	NO	30.006	$Ni(C_4H_7N_2O_2)_2$ （丁二酮肟镍）	288.91
KCN	65.116	NO_2	46.006		
$KSCN$	97.18	NH_3	17.03	$NiCl_2 \cdot 6H_2O$	237.69
K_2CO_3	138.21	CH_3COONH_4	77.083	NiO	74.69
K_2CrO_4	194.19	NH_4Cl	53.491	$Ni(NO_3)_2 \cdot 6H_2O$	290.79
$K_2Cr_2O_7$	294.18	$(NH_4)_2CO_3$	96.086	NiS	90.75
$K_3Fe(CN)_6$	329.25	$(NH_4)_2C_2O_4$	124.10	$NiSO_4 \cdot 7H_2O$	280.85
$K_4Fe(CN)_6$	368.35	$(NH_4)_2C_2O_4 \cdot H_2O$	142.11		
$KFe(SO_4)_2 \cdot 12H_2O$	503.24	NH_4SCN	76.12	P_2O_5	141.94
$KHC_2O_4 \cdot H_2O$	146.14	NH_4HCO_3	79.055	$PbCO_3$	267.20
$KHC_2O_4 \cdot H_2C_2O_4 \cdot 2H_2O$	254.19	$(NH_4)_2MoO_4$	196.01	PbC_2O_4	295.22
$KHC_4H_4O_3$	188.18	NH_4NO_3	80.043	$PbCl_2$	278.10
$KHSO_4$	136.16	$(NH_4)_2HPO_4$	132.06	$PbCrO_4$	323.20
KI	166.00	$(NH_4)_3PO_4 \cdot 12MoO_3$	1876.3	$Pb(CH_3COO)_2$	325.30

续表

化合物	相对分子质量	化合物	相对分子质量	化合物	相对分子质量
KIO_3	214.00	$(NH_4)_2S$	68.14	$Pb(CH_3COO)_2 \cdot 3H_2O$	379.30
$KIO_3 \cdot HIO_3$	389.91	$(NH_4)_2SO_4$	132.13	PbI_2	461.00
$KMnO_4$	158.03	NH_4VO_3	116.98	$Pb(NO_3)_2$	331.20
$KNaC_4H_4O_6 \cdot 4H_2O$	282.22	Na_3AsO_3	191.89	PbO	223.20
KNO_3	101.10	$Na_2B_4O_7$	201.22	PbO_2	239.20
KNO_2	85.104	$Na_2B_4O_7 \cdot 10H_2O$	381.37	$Pb_3(PO_4)_2$	811.54
K_2O	94.196	$NaBiO_3$	279.97	PbS	239.30
KOH	56.106	$NaCN$	49.007	$PbSO_4$	303.30
K_2SO_4	174.25	$NaSCN$	81.07		
		Na_2CO_3	105.99	SO_3	80.06
$MgCO_3$	84.314	$Na_2CO_3 \cdot 10H_2O$	286.14	SO_2	64.06
$MgCl_2$	95.211	$Na_2C_2O_4$	134.00	$SbCl_3$	228.11
$MgCl_2 \cdot 6H_2O$	203.30	$NaCl$	58.443	$SbCl_5$	299.02
MgC_2O_4	112.33	$NaClO$	74.442	Sb_2O_3	291.50
Sb_2S_3	339.68	SrC_2O_4	175.64	$Zn(CH_3COO)_2$	183.47
SiF_4	104.08	$SrCrO_4$	203.61	$Zn(CH_3COO)_2 \cdot 2H_2O$	219.50
SiO_2	60.084	$Sr(NO_3)_2$	211.63	$Zn(NO_3)_2$	189.39
$SnCl_2$	189.60	$Sr(NO_3)_2 \cdot 4H_2O$	283.69	$Zn(NO_3)_2 \cdot 6H_2O$	297.48
$SnCl_2 \cdot 2H_2O$	225.63	$SrSO_4$	183.68	ZnO	81.38
$SnCl_4$	260.50	$UO_2(CH_3COO)_2 \cdot 2H_2O$	424.15	ZnS	97.44
$SnCl_4 \cdot 5H_2O$	350.58			$ZnSO_4$	161.44
SnO_2	150.69	$ZnCO_3$	125.39	$ZnSO_4 \cdot 7H_2O$	287.54
SnS	150.75	ZnC_2O_4	153.40		
$SrCO_3$	147.63	$ZnCl_2$	136.29		

附录7　常见阳离子与常用试剂的反应

离子	HCl	H_2SO_4	NaOH		$NH_3 \cdot H_2O$		$c(H^+)$ = 0.3 mol·L^{-1} 下通 H_2S	$(NH_4)_2S$ 或硫化物沉淀后加入过量 $(NH_4)_2S$
			适量	过量	适量	过量		
Mg^{2+}			$Mg(OH)_2$↓（白）	（不溶）	$Mg(OH)_2$↓	（不溶）		
Ba^{2+}		$BaSO_4$（白）	$Ba(OH)_2$↓（白）①	（不溶）				
Sr^{2+}		$SrSO_4$（白）	$Sr(OH)_2$↓（白）①	（不溶）				
Ca^{2+}		$CaSO_4$（白）①	$Ca(OH)_2$↓（白）①	（不溶）				
Al^{3+}			$Al(OH)_3$↓（白）	$[Al(OH)_4]^-$	$Al(OH)_3$↓	（微溶）		$Al(OH)_3$↓
Sn^{2+}			$Sn(OH)_2$↓（白）	$[Sn(OH)_4]^{2-}$	$Sn(OH)_2$↓	（不溶）	SnS↓（褐）	（不溶）
Sn^{4+}			$Sn(OH)_4$↓（白）	$[Sn(OH)_6]^{2-}$	$Sn(OH)_4$↓	（不溶）	SnS_2↓（黄）	SnS_3^{2-}
Pb^{2+}	$PbCl_2$↓（白）①	$PbSO_4$（白）	$Pb(OH)_2$↓（白）	$[Pb(OH)_4]^{2-}$	$Pb(OH)_2$↓ 或碱式盐↓	（不溶）	PbS↓（黑）	（不溶）
Sb^{3+}			$Sb(OH)_3$↓（白）	$[Sb(OH)_4]^-$	$Sb(OH)_3$↓	（不溶）	Sb_2S_3↓（橙）	SbS_3^{3-}
Sb^{5+}			H_3SbO_4↓（白）	SbO_4^{3-}	H_3SbO_4↓	（不溶）	Sb_2S_5↓（橙）	SbS_4^{3-}
Bi^{3+}			$Bi(OH)$↓（白）	（不溶）	$Bi(OH)_3$↓	（不溶）	Bi_2S_3↓（黑褐）	（不溶）
Cu^{2+}			$Cu(OH)_2$↓（浅蓝）	$[Cu(OH)_4]^{2-}$（亮蓝）	碱式盐↓（浅蓝）	$[Cu(NH_3)_4]^{2+}$（深蓝）	CuS↓（黑）	（不溶）
Ag^+	$AgCl$↓（白）	Ag_2SO_4（白）①	Ag_2O↓（棕褐）	（不溶）	Ag_2O↓	$[Ag(NH_3)_2]^+$	Ag_2S↓（黑）	（不溶）
Zn^{2+}			$Zn(OH)_2$↓（白）	$[Zn(OH)_4]^{2-}$	$Zn(OH)_2$↓	$[Zn(NH_3)_4]^{2+}$		ZnS（白）

续表

离子	HCl	H₂SO₄	NaOH 适量	NaOH 过量	NH₃·H₂O 适量	NH₃·H₂O 过量	$c(H^+)=0.3$ mol·L⁻¹ 下通 H₂S	(NH₄)₂S 或硫化物沉淀后加入过量 (NH₄)₂S
Cd^{2+}			$Cd(OH)_2\downarrow$（白）	（不溶）	$Cd(OH)_2\downarrow$	$[Cd(NH_3)_4]^{2+}$	$CdS\downarrow$（黄）	（不溶）
Hg^{2+}			$HgO\downarrow$（黄）	（不溶）	$HgNH_2Cl\downarrow$（白）②	（不溶）	$HgS\downarrow$（黑）	$[HgS_2]^{2-}$（浓 Na₂S）
Hg_2^{2+}	$Hg_2Cl_2\downarrow$（白）	Hg_2SO_4（白）	$Hg_2O\downarrow\rightarrow HgO\downarrow + Hg\downarrow$（黑）	（不溶）	$HgNH_2Cl\downarrow + Hg\downarrow$（黑）	（不溶）	$HgS\downarrow + Hg\downarrow$	（不溶）
Cr^{3+}			$Cr(OH)_3\downarrow$（灰绿）	$[Cr(OH)_4]^-$（亮绿）	$Cr(OH)_3\downarrow$	（不溶）		$Cr(OH)_3$
Mn^{2+}			$Mn(OH)_2\downarrow$（肉）$\rightarrow MnO(OH)_2$（棕）$\downarrow$	（不溶）	$Mn(OH)_2\downarrow\rightarrow MnO(OH)_2$	（不溶）		MnS（肉）
Fe^{2+}			$Fe(OH)_2\downarrow$（白）$\rightarrow Fe(OH)_3$（红棕）$\downarrow$	（不溶）	$Fe(OH)_2\downarrow\rightarrow Fe(OH)_3\downarrow$	（不溶）		FeS（黑）
Fe^{3+}			$Fe(OH)_3\downarrow$（红棕）	（不溶）	$Fe(OH)_3$	（不溶）	$S\downarrow$	Fe_2S_3（黑）
Co^{2+}			$Co(OH)_2\downarrow$（粉红）$\rightarrow CoO(OH)\downarrow$（褐）	（不溶）	碱式盐↓（蓝）	$[Co(NH_3)_6]^{2+}$（土黄）$\rightarrow [Co(NH_3)_6]^{3+}$（棕红）		CoS（黑）
Ni^{2+}			$Ni(OH)_2\downarrow$（绿）	（不溶）	碱式盐↓（浅绿）	$[Ni(NH_3)_6]^{2+}$（蓝）		NiS（黑）

注：①浓度大时才会出现沉淀。

②Hg(NO₃)₂ 与 NH₃·H₂O 反应则生成 HgO·NH₂HgNO₃ 白色沉淀，Hg₂(NO₃)₂ 与 NH₃·H₂O 反应则生成 HgO·NH₂HgNO₃+Hg 黑色沉淀。

附录8 常见阳离子鉴定反应

离子	试剂	鉴定反应	介质条件	主要干扰离子
NH_4^+	NaOH	加热产生氨气	强碱性	CN^-,也会产生氨气
	奈斯勒试剂[四碘合汞（Ⅱ）酸钾的碱性溶液]	$NH_4^+ + 2[HgI_4]^{2-} + 4OH^- = Hg_2NI\downarrow$（棕色）$+ 7I^- + 4H_2O$	碱性	Fe^{3+}，Cr^{3+}，Co^{2+}，Ni^{2+}，Ag^+，Hg^{2+}等也能生成有色沉淀
Na^+	醋酸铀酰锌	$Na^+ + Zn^{2+} + 3UO_2^{2+} + 9OAc^- + 9H_2O = NaZn(UO_2)_3(OAc)_9 \cdot 9H_2O\downarrow$（淡黄绿色）	中性或乙酸溶液	大量 K^+ 存在会生成 $K(UO_2)(OAc)_3$ 针状晶体。Ag^+，Hg_2^{2+}，Sb^{3+} 也有干扰
	焰色反应	黄色火焰		
K^+	$Na_3[Co(NO_2)_6]$	$2K^+ + Na^+ + [Co(NO_2)_6]^{3-} = K_2Na[Co(NO_2)_6]\downarrow$（亮黄色）		Rb^+，Cs^+，NH_4^+
	焰色反应	紫色火焰		Na^+，其黄色火焰可遮盖紫色,可透过蓝色玻璃观察
Mg^{2+}	镁试剂	镁试剂被氢氧化镁吸附后呈天蓝色沉淀	强碱性	①能形成有色氢氧化物沉淀的 Ag^+，Hg^{2+}，Ni^{2+}，Co^{2+}，Cr^{3+}，Cu^{2+}，Mn^{2+}，Fe^{2+} ②大量的 NH_4^+ 存在减小 OH^- 浓度,降低鉴定反应灵敏度
Ba^{2+}	K_2CrO_4	$BaCrO_4\downarrow$（黄色,不溶于 HAc）	中性或弱酸性	Pb^{2+}，Ag^+，Hg^{2+} 也能生成有色沉淀,这些离子可加锌粉还原除去
	焰色反应	黄绿色火焰		

续表

离子	试剂	鉴定反应	介质条件	主要干扰离子
Ca^{2+}	$(NH_4)_2C_2O_4$	CaC_2O_4↓（白色，溶于强酸，不溶于HAc）	中性或弱酸性	Pb^{2+}，Ag^+，Cd^{2+}，Hg^{2+}，Hg_2^{2+}，可在氨性试液中加锌粉使之除去
	焰色反应	砖红色火焰		
Al^{3+}	铝试剂	水浴加热生成红色絮状沉淀	pH4～5	Fe^{3+}，Cr^{3+}，Ca^{2+}，Pb^{2+}，Cu^{2+}
Sb^{3+}	锡片	$2Sb^{3+}+3Sn=2Sb$↓（黑色）$+3Sn^{2+}$	酸性	Ag^+，Hg^{2+}，AsO_2^-，Bi^{3+}
Bi^{3+}	$Na_2[Sn(OH)_4]$	$2Bi^{3+}+3[Sn(OH)_4]^{2-}+6OH^-=2Bi$↓（黑色）$+3[Sn(OH)_6]^{2-}$	强碱性	Pb^{2+}，Ag^+，Hg^{2+}
Sn^{2+}	$HgCl_2$	$Sn^{2+}+2HgCl_2+4Cl^-=Hg_2Cl_2$↓（白色）$+[SnCl_6]^{2-}$ $Sn^{2+}+Hg_2Cl_2+4Cl^-=2Hg$↓（黑色）$+[SnCl_6]^{2-}$	酸性	
Pb^{2+}	K_2CrO_4	$PbCrO_4$↓（黄色，可溶于NaOH和浓HNO_3溶液，难溶于稀HNO_3和HAc，不溶于氨水）	中性或弱酸性	Ba^{2+}，Ag^+，Hg^{2+}
Cr^{3+}	用H_2O_2氧化为CrO_4^{2-}	$Cr^{3+}+4OH^-=[Cr(OH)_4]^-$ $2[Cr(OH)_4]^-+3H_2O_2+2OH^-=2CrO_4^{2-}+8H_2O$	碱性	

续表

离子	试剂	鉴定反应	介质条件	主要干扰离子
Cr^{3+}	加可溶性铅盐（或银盐或钡盐）	$PbCrO_4\downarrow$（黄色） $PbCrO_4\downarrow$（砖红色） $PbCrO_4\downarrow$（黄色）	中性或弱酸性（HAc酸化）	
	酸化后加 H_2O_2，燃后用戊醇（或乙醚）萃取	$2CrO_4^{2-}+2H^+=Cr_2O_7^{2-}+H_2O$ $Cr_2O_7^{2-}+4H_2O_2+2H^+=2CrO_5$（蓝）$+H_2O$ 较低温下进行，CrO_5在酸性溶液中分解： $4CrO_5+12H^+=4Cr^{3+}+7O_2+6H_2O$	酸性	
Mn^{2+}	$NaBiO_3$	$2Mn^{2+}+5NaBiO_3+14H^+=2MnO_4^-$（紫红色）$+5Na^++5Bi^{3+}+7H_2O$	HNO_3或H_2SO_4	Cr^{3+}浓度大时稍有干扰
Fe^{2+}	$K_3[Fe(CN)_6]$	$K^++Fe^{2+}+[Fe(CN)_6]^{3-}=KFe[Fe(CN)_6]\downarrow$（深蓝色）	酸性	
Fe^{3+}	$K_4[Fe(CN)_6]$	$K^++Fe^{3+}+[Fe(CN)_6]^{4-}=KFe[Fe(CN)_6]\downarrow$（深蓝色）	酸性	
	NH_4SCN	$Fe^{3+}+SCN^-=[Fe(CN)_6]^{3-n}$（血红色）	酸性	氟化物、磷酸、草酸、酒石酸、柠檬酸、含有α-或β-OH 的有机酸能与Fe^{3+}生成稳定的配合物，妨碍Fe^{3+}的检出；大量Cu^{2+}存在能与SCN^-生成墨绿色的$Cu(SCN)_2$沉淀，干扰Fe^{3+}检出

续表

离子	试剂	鉴定反应	介质条件	主要干扰离子
Co^{2+}	（饱和或固体）NH_4SCN，并用丙酮或戊醇萃取	$Co^{2+}+4SCN^-=[Co(SCN)_4]^{2-}$（艳蓝绿色）	酸性	Fe^{3+}干扰,可用NH_4F或NaF掩蔽
Ni^{2+}	丁二酮肟	鲜红色沉淀	氨性或醋酸钠溶液 $pH=5\sim10$	Co^{2+},Fe^{2+},Bi^{3+}分别成棕色、红色可溶物和黄色沉淀,Fe^{3+},Cr^{2+},Cu^{2+},Mn^{2+}与氨水反应生成有色沉淀或可溶物
Cu^{2+}	$K_4[Fe(CN)_6]$	$2Cu^{2+}+[Fe(CN)_6]^{4-}=Cu_2[Fe(CN)_6]\downarrow$（红褐色）	中性或酸性	Fe^{3+}
Ag^+	HCl	$Ag^++Cl^-=AgCl\downarrow$（白色）,溶于过量氨水,用硝酸酸化后沉淀重新析出,$AgCl+2NH_3\cdot H_2O=[Ag(NH_3)_2]^++Cl^-+2H_2O$ $[Ag(NH_3)_2]^++Cl^-+2H^+=2NH_4^++AgCl\downarrow$	酸性	Pb^{2+},Hg_2^{2+}与Cl^-形成$PbCl_2$,Hg_2Cl_2白色沉淀,但$PbCl_2$,Hg_2Cl_2难溶于氨水,可与$AgCl$分离
	K_2CrO_4	$CrO_4^{2-}+2Ag^+=Ag_2CrO_4\downarrow$（砖红色）	中性或微酸性	Pb^{2+},Hg^{2+},Ba^{2+}生成有色沉淀
Zn^{2+}	$(NH_4)_2S$	$Zn^{2+}+S^{2-}=ZnS\downarrow$（白色）	$c(H^+)<0.3$ mol·L^{-1}	凡能与S^{2-}生成有色硫化物的金属离子均有干扰
	双硫腙	振荡后水层呈粉红色	强碱性	中性或弱酸条件下,重金属离子多能与二苯硫腙生成有色配合物

续表

离子	试剂	鉴定反应	介质条件	主要干扰离子
Cd^{2+}	H_2S 或 Na_2S	$Cd^{2+}+H_2S=CdS\downarrow$（黄色）$+2H^+$	碱性	凡能与 S^{2-} 生成有色硫化物沉淀的金属离子均有干扰
Hg^{2+}	$SnCl_2$	见 Sn^{2+} 的鉴定	酸性	
	KI 和 $NH_3\cdot H_2O$	①先加入过量 KI：$Hg^{2+}+2I^-=HgI_2\downarrow$ $HgI_2+2I^-=[HgI_4]^{2-}$ ②再加入 $NH_3\cdot H_2O$ 或 NH_4^+ 并加入浓碱溶液：$NH_4^+ + 2[HgI_4]^{2-}+4OH^- =HgNI\downarrow$（棕色）$+7I^-+4H_2O$		凡能与 I^-,OH^- 生成深色沉淀的金属离子均有干扰

附录9　常用酸碱溶液的浓度和密度

酸或碱	分子式	密度/$g\cdot mL^{-1}$	溶质质量分数	浓度/$moL\cdot L^{-1}$
冰醋酸	CH_3COOH	1.05	0.995	17
稀醋酸		1.04	0.34	6
浓盐酸	HCl	1.18	0.36	12
稀盐酸		1.10	0.20	6
浓硝酸	HNO_3	1.42	0.72	16
稀硝酸		1.19	0.32	6
浓硫酸	H_2SO_4	1.84	0.96	18
稀硫酸		1.18	0.25	3
磷酸	H_3PO_4	1.69	0.85	15
浓氨水	$NH_3\cdot H_2O$	0.90	0.28～0.30（NH_3）	15
稀氨水		0.96	0.10	6
稀氢氧化钠	$NaOH$	1.22	0.20	6

附录 10　常见阴离子鉴定反应

离子	试剂	鉴定反应	介质条件	主要干扰离子
Cl^-	$AgNO_3$	$Cl^- + Ag^+ = AgCl\downarrow$（白色） AgCl 溶于过量氨水或（$NH_4$）$_2$$CO_3$，用 HNO_3 酸化后沉淀重新析出	酸性	SCN^- 也能生成白色 AgSCN，但它不溶于 $NH_3 \cdot H_2O$
Br^-	氯水，CCl_4（或苯）	$2Br^- + Cl_2 = Br_2 + 2Cl^-$ 析出的溴溶于 CCl_4（或苯）中呈橙黄色或橙红色	中性或酸性	
I^-	氯水，CCl_4（或苯）	$2I^- + Cl_2 = I_2 + 2Cl^-$ 析出的碘溶于 CCl_4（或苯）中呈紫红色	中性或酸性	
SO_4^{2-}	$BaCl_2$	$SO_4^{2-} + Ba^{2+} = BaSO_4\downarrow$（白色）（不溶于 HCl 或 HNO_3）	酸性	CO_3^{2-}，SO_3^{2-}，可加酸排除
SO_3^{2-}	稀 HCl	$SO_3^{2-} + 2H^+ = SO_2\uparrow + H_2O$ SO_2 可使蘸有 $KMnO_4$ 溶液，或淀粉-I_2 溶液，或品红溶液的试纸褪色	酸性	$S_2O_3^{2-}$，S^{2-}
	$Na_2[Fe(CN)_5NO]$ $ZnSO_4$ $K_4[Fe(CN)_6]$	生成红色沉淀	中性	S^{2-} 可生成紫色配合物，用 $PbCO_3$ 将 S^{2-} 转化为 PbS 除去

续表

离子	试剂	鉴定反应	介质条件	主要干扰离子
$S_2O_3^{2-}$	稀 HCl	$S_2O_3^{2-}+2H^+=SO_2\uparrow$ $+S\downarrow+H_2O$ 硫析出 使溶液变浑浊	酸性	$S_2O_3^{2-}$，S^{2-} 同时存在 时产生干扰
	$AgNO_3$	$2Ag^++S_2O_3^{2-}=Ag_2$ $S_2O_3\downarrow$（白色），Ag_2 S_2O_3 沉淀不稳定,极 易水解并伴随明显 颜色变化:白→黄→ 棕→黑色 $Ag_2S_2O_3+H_2O=$ $Ag_2S\downarrow$（黑色）+ $2H^++SO_4^{2-}$	中性	S^{2-}，可用 $PbCO_3$ 使其 转化为 PbS 除去
S^{2-}	稀 HCl	$S^{2-}+2H^+=H_2S\uparrow$, H_2S 气体可使蘸有 Pb $(NO_3)_2$ 或 $Pb(OAc)_2$ 的试纸变黑	酸性	SO_3^{2-}，$S_2O_3^{2-}$
	Na_2〔Fe（CN）$_5$ NO〕	$S^{2-}+[Fe(CN)_5NO]^{2-}$ $=[Fe(CN)_5NOS]^{4-}$ （紫红色）	碱性	
NO_2^-	对氨基苯磺酸 α- 萘胺	溶液呈现红色	中性或乙酸	MnO_4^- 等强氧化剂
NO_3^-	$FeSO_4$ 浓 H_2SO_4	$NO_3^-+3Fe+4H^+=$ $3Fe^{3+}+NO+2H_2O$ $Fe^{2+}+NO=$ $[FeNO]^{2+}$（棕色） 在混合液与浓硫酸 分层处形成棕色环	酸性	NO_2^- 有同样反应,可 加稀硫酸并加热除去

续表

离子	试剂	鉴定反应	介质条件	主要干扰离子
CO_3^{2-}	稀 HCl (稀 H_2SO_4)	$CO_3^{2-} + 2H^+ = CO_2\uparrow$ $+ H_2O$ CO_2 气体使饱和 Ba$(OH)_2$溶液变浑浊 $CO_2 + 2OH^- + Ba^{2+}$ $= BaCO_3\downarrow$(白色)$+$ H_2O	酸性	SO_3^{2-},$S_2O_3^{2-}$ 与 H^+ 作用后产生 SO_2 也使 Ba$(OH)_2$ 变浑,应在加酸前用 H_2O_2 或 $KMnO_4$ 使之氧化成 SO_4^{2-} 后除去
PO_4^{3-}	$AgNO_3$	$3Ag^+ + PO_4^{3-} =$ $Ag_3PO_4\downarrow$(黄色)	中性或弱酸性	CrO_4^{2-},S^{2-},AsO_4^{3-},AsO_3^{3-},I^-,$S_2O_3^{2-}$ 等能与 Ag^+ 生成有色沉淀
	$(NH_4)_2MoO_4$ (过量)	$PO_4^{3-} + 3NH_4^+ +$ $12MoO_4^{2-} + 24H^+ =$ $(NH_4)_3PO_4 \cdot 12MoO_3$ $\cdot 6H_2O\downarrow$(黄色)$+$ $6H_2O$ ①无干扰离子时不必加 HNO_3;②磷钼酸铵能溶于过量磷酸盐生成配合物,因此需要加入过量钼酸铵试剂	HNO_3	①SO_3^{2-},$S_2O_3^{2-}$,S^{2-},I^-,Sn^{2+} 等还原性离子易将钼酸铵还原为低价钼化合物钼蓝;②SiO_3^{2-},AsO_4^{3-} 与钼酸铵试剂也能形成相似的黄色沉淀;③大量 Cl^- 可与 Mo(Ⅵ)反应而降低反应敏度
SiO_3^{2-}	NH_4Cl(饱和)(加热)	$SiO_3^{2-} + 2NH_4^+ = H_2$ $SiO_3\downarrow$(白色胶状) $+ 2NH_3\uparrow$	碱性	

续表

离子	试剂	鉴定反应	介质条件	主要干扰离子
F⁻	H_2SO_4	$CaF_2 + H_2SO_4 =$ $2HF\uparrow + CaSO_4$ HF 与硅酸盐或 SiO_2 作用,生成 SiF_4 气体。当 SiF_4 与水作用时,立即转化为不溶于水的硅酸盐沉淀而使水变浊 $SiO_2 + 4HF = SiF_4 +$ $2H_2O$ $SiF_4 + 4H_2O = H_4SiO_4\downarrow + 4HF$ 用上述方法鉴定溶液中 F⁻ 时,应先将溶液蒸发至干或在乙酸存在下用 $CaCl_2$ 沉淀,将 CaF_2 离心分出后小心烘干,然后进行试验	酸性	

附录 11　配离子的标准稳定常数（298.15 K）

配离子	$K_稳$	配离子	$K_稳$
$[AgCl_2]^-$	1.84×10^5	$[Fe(CN)_6]^{3-}$	4.1×10^{52}
$[AgBr_2]^-$	1.93×10^7	$[Fe(CN)_6]^{4-}$	4.2×10^{45}
$[AgI_2]^-$	4.80×10^{10}	$[Fe(NCS)]^{2+}$	9.1×10^2
$[Ag(NH_3)]^+$	2.07×10^3	$[FeBr]^{2+}$	4.17
$[Ag(NH_3)_2]^+$	1.67×10^7	$[FeCl]^{2+}$	24.9
$[Ag(CN)_2]^-$	2.48×10^{20}	$[Fe(C_2O_4)_3]^{3-}$	(1.6×10^{20})
$[Ag(SCN)_2]^-$	2.04×10^8	$[Fe(C_2O_4)_3]^{4-}$	1.7×10^5
$[Ag(S_2O_3)_2]^{3-}$	(2.9×10^{13})	$[Fe(EDTA)]^{2-}$	(2.1×10^{14})
$[Ag(en)^2]^+$	(5.0×10^7)	$[Fe(EDTA)]^-$	(1.7×10^{24})
$[Ag(EDTA)]^{3-}$	(2.1×10^7)	$[HgCl]^+$	5.73×10^6
$[Al(OH)_4]^-$	3.31×10^{33}	$HgCl_2$	1.46×10^{13}
$[AlF_6]^-$	(6.9×10^{19})	$[HgCl_3]^-$	9.6×10^{13}
$[Al(EDTA)]^-$	(1.3×10^{16})	$[HgCl_4]^{2-}$	1.31×10^{15}
$[Ba(EDTA)]^{2-}$	(6.0×10^7)	$[HgBr_4]^{2-}$	9.22×10^{20}
$[Be(EDTA)]^{2-}$	(2×10^9)	$[HgI_4]^{2-}$	5.66×10^{29}
$[BiCl_4]^-$	7.96×10^6	$[Hg(NH_3)_4]^{2+}$	1.95×10^{19}
$[BiCl_6]^{3-}$	2.45×10^7	$[Hg(CN)_4]^{2-}$	1.82×10^{41}
$[BiBr_4]^-$	5.92×10^7	$[HgS_2]^{2-}$	3.36×10^{51}
$[BiI_4]^-$	8.88×10^{14}	$[Hg(CNS)_4]^{2-}$	4.98×10^{21}
$[Bi(EDTA)]^-$	(6.3×10^{22})	$[Hg(EDTA)]^{2-}$	(6.3×10^{21})
$[Ca(EDTA)]^{2-}$	(1×10^{11})	$[Ni(NH_3)_6]^{2+}$	8.97×10^8
$[Cd(NH_3)_4]^{2+}$	2.78×10^7	$[Ni(CN)_4]^{2-}$	1.31×10^{30}
$[Cd(CN)_4]^{2-}$	1.95×10^{18}	$[Ni(N_2H_4)_6]^{2+}$	1.04×10^{12}
$[Cd(OH)_4]^{2-}$	1.20×10^9	$[Ni(en)_3]^{2+}$	2.1×10^{18}
$[CdBr_4]^{2-}$	(5.0×10^3)	$[Ni(EDTA)]^{2-}$	(3.6×10^{18})

续表

配离子	$K_{稳}^{\ominus}$	配离子	$K_{稳}^{\ominus}$
$[CdCl_4]^{2-}$	(6.3×10^2)	$[Pb(OH)_3]^-$	8.27×10^{13}
$[CdI_4]^{2-}$	4.05×10^5	$[PbCl_3]^-$	27.2
$[Cd(en)_3]^{2+}$	(1.2×10^{12})	$[PbBr_3]^-$	15.5
$[Cd(EDTA)]^{2-}$	(2.5×10^{16})	$[PbI_3]^-$	2.67×10^3
$[Co(NH_3)_4]^{2+}$	1.16×10^5	$[PbI_4]^{2-}$	1.66×10^4
$[Co(NH_3)_6]^{2+}$	1.3×10^5	$[Pb(CH_3CO_2)]^+$	152.4
$[Co(NH_3)_6]^{3+}$	(1.6×10^{35})	$[Pb(CH_3CO_2)_2]$	826.3
$[Co(NCS)_4]^{2-}$	(1.0×10^3)	$[Pb(EDTA)]^{2-}$	(2×10^{18})
$[Co(EDTA)]^{2-}$	(2.0×10^{16})	$[PbCl_3]^-$	2.10×10^{10}
$[Co(EDTA)]^-$	(1.0×10^{36})	$[PdBr_4]^{2-}$	6.05×10^{13}
$[Cr(OH)_4]^-$	(7.8×10^{29})	$[PdI_4]^{2-}$	4.36×10^{22}
$[Cr(EDTA)]^-$	(1.0×10^{23})	$[Pd(NH_3)_4]^{2+}$	3.10×10^{25}
$[CuCl_2]^-$	6.91×10^4	$[Pd(CN)_4]^{2-}$	5.20×10^{41}
$[CuCl_3]^{2-}$	4.55×10^5	$[Pd(CNS)_4]^{2-}$	9.43×10^{23}
$[CuI_2]^-$	(7.1×10^8)	$[Pd(EDTA)]^{2-}$	(3.2×10^{18})
$[Cu(SO_3)_2]^{3-}$	4.13×10^8	$[PtCl_4]^{2-}$	9.86×10^{15}
$[Cu(NH_3)_4]^{2+}$	2.30×10^{12}	$[PtBr_4]^{2-}$	6.47×10^{17}
$[Cu(P_2O_7)_2]^{6-}$	8.24×10^8	$[Pt(NH_3)_4]^{2+}$	2.18×10^{35}
$[Cu(C_2O_4)_2]^{2-}$	2.35×10^9	$[Sc(EDTA)]^-$	1.3×10^{23}
$[Cu(CN)_2]^-$	9.98×10^{23}	$[Zn(OH)_3]^-$	1.64×10^{13}
$[Cu(CN)_3]^{2-}$	4.21×10^{28}	$[Zn(OH)_4]^{2-}$	2.83×10^{14}
$[Cu(CN)_4]^{3-}$	2.03×10^{30}	$[Zn(NH_3)_4]^{2+}$	3.60×10^8
$[Cu(EDTA)]^{2-}$	(5.0×10^{18})	$[Zn(CN)_4]^{2-}$	5.71×10^{16}
$[Cu(CNS)_4]^{3-}$	8.66×10^9	$[Zn(CNS)_4]^{2-}$	19.6
$[FeF]^{2+}$	7.1×10^6	$[Zn(C_2O_4)_2]^{2-}$	2.96×10^7
$[FeF_2]^+$	3.8×10^{11}	$[Zn(EDTA)]^{2-}$	(2.5×10^{16})

附录 12 常用缓冲溶液的配制

缓冲溶液的组成	pK_a	缓冲溶液的 pH 值	配置方法
氨基乙酸-HCl	2.35(pK_{a1})	2.3	取氨基乙酸 150 g 溶于 500 mLH₂O 中,加 80 mL 浓 HCl,水稀释至 1 L
H₃PO₄-柠檬酸盐		2.5	取 113 g Na₂HPO₄·12H₂O 溶于 200 mLH₂O 中,加 387 g 柠檬酸溶解,过滤后稀释至 1 L
ClCH₂COOH-NaOH	2.86	2.8	取 200 g ClCH₂COOH 溶于 200 mL H₂O 中,加 40 g NaOH 溶解后,稀释至 1 L
邻苯二甲酸氢钾-HCl	2.95(pK_{a1})	2.9	取 500 g 邻苯二甲酸氢钾溶于 500 m LH₂O 中,加 80 mL 浓 HCl,稀释至 1 L
HCOOH-NaOH	3.76	3.7	取 95 g HCOOH 和 40 g NaOH 溶于 500 mLH₂O 中,溶解,稀释至 1 L
NH₄Ac-HAc		4.5	取 77 g NH₄Ac 溶于 200 mLH₂O 中,加 59 mL 冰醋酸,稀释至 1 L
NaAc-HAc	4.74	4.7	取 83 g 无水 NaAc 溶于 H₂O 中,加 60 mL 冰醋酸,稀释至 1 L
NaAc-HAc	4.74	5.0	取 160 g 无水 NaAc 溶于 H₂O 中,加 60 mL 冰醋酸,稀释至 1 L
NH₄Ac-HAc		5.0	取 250 g NH₄Ac 溶于 H₂O 中,加 25 mL冰醋酸,稀释至 1 L
六次甲基四胺-HCl	5.15	5.4	取 40 g 六次甲基四胺溶于200 mL H₂O 中,加 10 mL 浓 HCl,稀释至 1 L
NH₄Ac-HAc		6.0	取 600 g NH₄Ac 溶于 H₂O 中,加 20 mL 冰醋酸,稀释至 1 L
NaAc-H₃PO₄盐		8.0	取 50 g 无水 NaAc 和 50 g Na₂HPO₄·12H₂O 溶于 H₂O 中,稀释至 1 L

续表

缓冲溶液的组成	pK_a	缓冲溶液的 pH 值	配置方法
三羟甲基氨基甲烷-HCl	8.21	8.2	取 25 g 三羟甲基氨基甲烷溶于H_2O中,加 8 mL 浓 HCl,稀释至 1 L
NH_3-NH_4Cl	9.26	9.2	取 54 g NH_4Cl 溶于 H_2O 中,加 63 mL 浓 $NH_3 \cdot H_2O$,稀释至 1 L
NH_3-NH_4Cl	9.26	9.5	取 54 g NH_4Cl 溶于 H_2O 中,加 126 mL 浓 $NH_3 \cdot H_2O$,稀释至 1 L
NH_3-NH_4Cl	9.26	10.0	取 54 g NH_4Cl 溶于 H_2O 中,加 350 mL 浓 $NH_3 \cdot H_2O$,稀释至 1 L

附录 13 常用基准物质

基准物	干燥后的组成	干燥温度/℃,时间/h
$NaHCO_3$	Na_2CO_3	260～270,至恒重
$Na_2B_4O_7 \cdot 10H_2O$	$Na_2B_4O_7 \cdot 10H_2O$	NaCl-蔗糖饱和溶液干燥器中室温保存
$KHC_6H_4(COO)_2$	$KHC_6H_4(COO)_2$	105～110
$Na_2C_2O_4$	$Na_2C_2O_4$	105～110,2
$K_2Cr_2O_7$	$K_2Cr_2O_7$	130～140,0.5～1
$KBrO_3$	$KBrO_3$	120,1～2
KIO_3	KIO_3	105～120
As_2O_3	As_2O_3	硫酸干燥器中,至恒重
$(NH_4)_2Fe(SO_4)_2 \cdot 6H_2O$	$(NH_4)_2Fe(SO_4)_2 \cdot 6H_2O$	室温空气
NaCl	NaCl	250～350,1～2
$AgNO_3$	$AgNO_3$	120,2
$CuSO_4 \cdot 5H_2O$	$CuSO_4 \cdot 5H_2O$	室温空气
$KHSO_4$	K_2SO_4	750℃以上灼烧
ZnO	ZnO	约 800,灼烧至恒重
无水 Na_2CO_3	Na_2CO_3	260～270,0.5
$CaCO_3$	$CaCO_3$	105～110

附录 14　常用酸碱指示剂

名称	变色(pH 值)范围	颜色变化	配制方法
0.1%百里酚蓝	1.2~2.8	红~黄	0.1 g 百里酚蓝溶于 20 mL 乙醇中,加水至 100 mL
0.1%甲基橙	3.1~4.4	红~黄	0.1 g 甲基橙溶于 100 mL 热水中
0.1%溴酚蓝	3.0~1.6	黄~紫蓝	0.1 g 溴酚蓝溶于 20 mL 乙醇中,加水至 100 mL
0.1%溴甲酚绿	4.0~5.4	黄~蓝	0.1 g 溴甲酚绿溶于 20 mL 乙醇中,加水至 100 mL
0.1%甲基红	4.8~6.2	红~黄	0.1 g 甲基红溶于 60 mL 乙醇中,加水至 100 mL
0.1%溴百里酚蓝	6.0~7.6	黄~蓝	0.1 g 溴百里酚蓝溶于 20 mL 乙醇中,加水至 100 mL
0.1%中性红	6.8~8.0	红~黄橙	0.1 g 中性红溶于 60 mL 乙醇中,加水至 100 mL
0.2%酚酞	8.0~9.6	无~红	0.2 g 酚酞溶于 90 mL 乙醇中,加水至 100 mL
0.1%百里酚蓝	8.0~9.6	黄~蓝	0.1 g 百里酚蓝溶于 20 mL 乙醇中,加水至 100 mL
0.1%百里酚酞	9.4~10.6	无~蓝	0.1 g 百里酚酞溶于 90 mL 乙醇中,加水至 100 mL
0.1%茜素黄	10.1~12.1	黄~紫	0.1 g 茜素黄溶于 100 mL 水中

附录 15　酸碱混合指示剂

指示剂溶液的组成	变色时 pH 值	颜色		备注
		酸色	碱色	
一份 0.1%甲基黄乙醇溶液 一份 0.1%亚甲基蓝乙醇溶液	3.25	蓝紫	绿	pH=3.2 蓝紫色 pH=3.4 绿色
一份 0.1%甲基橙水溶液 一份 0.25%靛蓝二硫酸水溶液	4.1	紫	黄绿	
一份 0.1%溴甲酚绿钠盐水溶液 一份 0.2%甲基橙水溶液	4.3	橙	蓝绿	pH=3.5 黄色 pH=4.05 绿色 pH=4.3 浅绿色
三份 0.1%溴甲酚绿乙醇溶液 一份 0.2%甲基红乙醇溶液	5.1	酒红	绿	
一份 0.1%溴甲酚绿钠盐水溶液 一份 0.1%氯酚钠盐水溶液	6.1	黄绿	蓝紫	pH=5.4 蓝绿色 pH=5.8 蓝色 pH=6.0 蓝带紫 pH=6.2 蓝紫色
一份 0.1%中性红乙醇溶液 一份 0.1%亚甲基蓝乙醇溶液	7.0	蓝紫	绿	pH=7.0 紫蓝
一份 0.1%甲酚红钠盐水溶液 三份 0.1%百里酚蓝钠盐水溶液	8.3	黄	紫	pH=8.2 玫瑰红 pH=8.4 清晰的紫色
一份 0.1%百里酚蓝 50%乙醇溶液 三份 0.1%酚酞 50%乙醇溶液	9.0	黄	紫	从黄到绿,再到紫
一份 0.1%酚酞乙醇溶液 一份 0.1%百里酚酞乙醇溶液	9.9	无	紫	pH=9.6 玫瑰红 pH=10 紫红
二份 0.1%百里酚酞乙醇溶液 一份 0.1%茜素黄乙醇溶液	10.2	黄	紫	

附录 16 沉淀及金属指示剂

名称	颜色		配制方法
	游离	化合物	
铬酸钾	黄	砖红	5%水溶液
硫酸铁铵,40%	无色	血红	$NH_4Fe(SO_4)_2 \cdot 12H_2O$ 饱和水溶液,加数滴浓 H_2SO_4
荧光黄,0.5%	绿色荧光	玫瑰红	0.50 g 荧光黄溶于乙醇,并用乙醇稀释至 100 mL
铬黑 T	蓝	酒红	(1)0.2 g 铬黑 T 溶于 15 mL 三乙醇胺及 5 mL 甲醇中 (2)1 g 铬黑 T 与 100 g NaCl 研细,混匀 (1∶100)
钙指示剂	蓝	红	0.5 g 钙指示剂与 100 g NaCl 研细,混匀
二甲酚橙,0.5%	黄	红	0.5 g 二甲酚橙溶于 100 mL 去离子水中
K-B 指示剂	蓝	红	0.5 g 酸性铬蓝 K 加 1.25 g 萘酚绿 B,再加 25 g K_2SO_4 研细,混匀
GA XL,混匀磺基水杨酸	无	红	10%水溶液
PAN 指示剂,0.2%	黄	红	0.2 g PAN 溶于 100 mL 乙醇中
邻苯二酚紫,0.1%	紫	蓝	0.1 g 邻苯二酚紫溶于 100 mL 去离子水中

附录 17　某些试剂的配制

试剂名称	浓度	配制方法
三氯化铋	$0.1\ mol \cdot L^{-1}$	31.6 g $BiCl_3$ 溶于 330 mL 6 mol $\cdot$ L^{-1} HCl 中,加水稀释至 1 L
三氯化锑	$0.1\ mol \cdot L^{-1}$	22.8 g $SbCl_3$ 溶于 330 mL 6 mol $\cdot$ L^{-1} HCl 中,加水稀释至 1 L
三氯化铁	$1\ mol \cdot L^{-1}$	90 g $FeCl_3 \cdot 6H_2O$ 溶于 80 mL 6 mol $\cdot$ L^{-1} HCl 中,加水稀释至 1 L
三氯化铬	$0.5\ mol \cdot L^{-1}$	44.5 g $CrCl_3 \cdot 6H_2O$ 溶于 40 mL 5 mol $\cdot$ L^{-1} HCl 中,加水稀释至 1 L
氯化亚锡	$0.1\ mol \cdot L^{-1}$	22.6 g $SnCl_2 \cdot 2H_2O$ 溶于 330 mL 16 mol $\cdot$ L^{-1} HCl 中,加水稀释至 1 L,加入数粒纯锡
氯化氧钒(VO_2Cl)		1 g 偏钒酸铵固体加入 20 mL 6 mol $\cdot$ L^{-1} HCl 和 10 mL 水中
硝酸汞	$0.1\ mol \cdot L^{-1}$	33.4 g $Hg(NO_3)_2 \cdot \frac{1}{2}H_2O$ 溶于 1 L 0.6 mol $\cdot$ L^{-1} HNO_3
硝酸亚汞	$0.1\ mol \cdot L^{-1}$	56.1 g $Hg_2(NO_3)_2 \cdot 2H_2O$ 溶于 1 L 0.6 mol $\cdot$ L^{-1} HNO_3 中,并加入少许金属汞
硫化钠	$1\ mol \cdot L^{-1}$	240 g $Na_2S \cdot 9H_2O$ 及 40 g NaOH 溶于一定量水中,稀释至 1 L
硫化铵	$3\ mol \cdot L^{-1}$	在 200 mL 浓氨水中通入 H_2S,直至不再吸收为止,然后加入 200 mL 浓氨水,稀释至 1 L

续表

试剂名称	浓度	配制方法
硫酸氧钛($TiOSO_4$)	$0.1\ mol \cdot L^{-1}$	19 g 液态 $TiCl_4$ 溶于 220 mL 1∶1 H_2SO_4 中,再用水稀释至 1 L(注意:液态 $TiCl_4$ 在空气中强烈发烟,因此必须在通风橱中配制)
钼酸铵$(NH_4)_6Mo_7O_{24}$	$0.1\ mol \cdot L^{-1}$	124 g $(NH_4)_6Mo_7O_{24} \cdot 4H_2O$ 溶于 1 L 水中。将所得溶液倒入 1 L 6 mol · L^{-1} HNO_3 中,放置 24 h,取其澄清液
硝酸银-氨溶液		1.7 g $AgNO_3$ 溶于水中,加 17 mL 浓氨水,稀释至 1 000 mL
氯水		在水中通入氯气直至饱和
溴水		在水中滴入液溴至饱和
碘水	$0.01\ mol \cdot L^{-1}$	2.5 g 碘和 3 g KI 溶于尽可能少量的水中,加水稀释至 1 L
镁试剂		0.01 g 对-硝基苯偶氮-间苯二酚溶于 1 L 1 mol · L^{-1} NaOH 溶液中
铝试剂	0.2%	0.2 g 铝试剂溶于 100 mL 水中
硫代乙酰胺	5%	5 g 硫代乙酰胺溶于 100 mL 水中,如混浊需过滤
磺基水杨酸	10%	10 g 磺基水杨酸溶于 65 mL 水中,加入 35 mL 2 mol · L^{-1} NaOH 溶液,摇匀
淀粉溶液	1%	将 1 g 淀粉和少量冷水调成糊状,倒入 100 mL 沸水中,煮沸后,冷却
奈斯勒试剂		115 g HgI_2 和 80 g KI 溶于水中,稀释至 500 mL,加入 500 mL 6 mol · L^{-1} NaOH 溶液静置后,取其清液,保存在棕色瓶中
二苯硫腙		溶解 0.1 g 二苯硫腙于 1 000 mL CCl_4 或 $CHCl_3$ 中

续表

试剂名称	浓度	配制方法
铬黑 T		将铬黑 T 和烘干的 NaCl 按 1∶100 的比例研细,均匀混合,贮于棕色瓶中备用
钙指示剂		将钙指示剂和烘干的 NaCl 按 1∶50 的比例研细,均匀混合,贮于棕色瓶中备用
紫脲酸铵指示剂		1 g 紫脲酸铵加 100 g 氯化钠,研匀
亚硝酰铁氰化钠 $Na_2[Fe(CN)_5NO]$	1%	1 g 亚硝酸铁氰化钠溶于 100 mL 水中,如溶液变成蓝色,则需重新配制(只能保存数天)
甲基橙	0.1%	1 g 甲基橙溶于 1 L 热水中
甲基红	0.1%	0.1 g 甲基红溶于 60 mL 乙醇中,加水稀释至 100 mL。
石蕊	0.5%～1%	5～10 g 石蕊溶于 1 L 水中
酚酞	0.1%	1 g 酚酞溶于 900 mL 乙醇与 100 mL 水的混合液中
淀粉-碘化钾		0.5% 淀粉溶液中含 $0.1\ mol \cdot L^{-1}$ 碘化钾
二乙酰二肟		1 g 二乙酰二肟溶于 100 mL 95% 乙醇中
甲醛		1 份 40% 甲醛溶液与 7 份水混合

附录 18　氧化还原指示剂

指示剂溶液的组成	变色电势 φ/V	颜色		配制方法
		氧化态	还原态	
二苯胺，1%	0.76	紫	无色	1 g 二苯胺在搅拌下溶于 100 mL 浓硫酸和 100 mL 浓磷酸，贮于棕色瓶中
二苯胺磺酸钠，0.5%	0.85	紫	无色	0.5 g 二苯胺磺酸钠溶于 100 mL 水中，必要时过滤
邻菲罗啉硫酸亚铁，0.5%	1.06	淡蓝	红	0.5 g $FeSO_4 \cdot 7H_2O$ 溶于100 mL水中，加2滴硫酸，加 0.5 g 邻菲罗啉
邻苯氨基苯甲酸，0.2%	1.08	红	无色	0.2 g 邻苯氨基苯甲酸加热溶解在 100 mL 0.2%Na_2CO_3溶液中，必要时过滤
淀粉，0.2%				2 g 可溶性淀粉，加少许水调成浆状，在搅拌下注入 1 000 mL 沸水中，微沸 2 min，放置，取上层溶液使用（若要保持稳定，可在研磨淀粉时加入 10 mg HgI_2）

参考文献

［1］南京大学《无机及分析化学实验》编写组. 无机及分析化学实验［M］. 4版. 北京：高等教育出版社，2006.

［2］武汉大学. 分析化学实验［M］. 4版. 北京：高等教育出版社，2001.

［3］青岛海洋大学，等. 无机化学实验［M］. 青岛：青岛海洋大学出版社，1991.

［4］北京师范大学无机化学教研室，等. 无机化学实验［M］. 3版. 北京：高等教育出版社，2001.

［5］崔学桂，张晓丽. 基础化学实验（Ⅰ）——无机及分析化学实验［M］. 2版. 北京：化学工业出版社，2007.

［6］周其镇，方国女，樊行雪. 大学基础化学实验［M］. 北京：化学工业出版社，2000.

［7］大连理工大学无机化学教研室. 无机化学实验［M］. 2版. 北京：高等教育出版社，2004.

［8］北京大学普通化学教研室. 普通化学实验［M］. 2版. 北京：北京大学出版社，2000.

［9］吴建中. 无机化学实验［M］. 北京：化学工业出版社，2008.

［10］北京大学. 基础化学实验［M］. 北京：北京大学出版社，1999.

［11］刘珍. 化验员读本（化学分析）［M］. 4版. 北京：化学工业出版社，2004.

［12］童吉灶，王钊. 四氧化三铅组成的测定方法研究［J］. 上饶师范学院学报，2007，6：31-34.

化学元素周期表

族\周期	IA		IIA		IIIB	IVB	VB	VIB	VIIB		VIIIB		IB	IIB	IIIA	IVA	VA	VIA	VIIA	0
1	1 H 氢 1.0079																			2 He 氦 4.0026
2	3 Li 锂 6.941		4 Be 铍 9.0122												5 B 硼 10.811	6 C 碳 12.011	7 N 氮 14.007	8 O 氧 15.999	9 F 氟 18.998	10 Ne 氖 20.17
3	11 Na 钠 22.989		12 Mg 镁 24.305												13 Al 铝 26.982	14 Si 硅 28.085	15 P 磷 30.974	16 S 硫 32.06	17 Cl 氯 35.453	18 Ar 氩 39.94
4	19 K 钾 39.098		20 Ca 钙 40.08		21 Sc 钪 44.956	22 Ti 钛 47.9	23 V 钒 50.9415	24 Cr 铬 51.996	25 Mn 锰 54.938	26 Fe 铁 55.84	27 Co 钴 58.9332	28 Ni 镍 58.69	29 Cu 铜 63.54	30 Zn 锌 65.38	31 Ga 镓 69.72	32 Ge 锗 72.5	33 As 砷 74.922	34 Se 硒 78.9	35 Br 溴 79.904	36 Kr 氪 83.8
5	37 Rb 铷 85.467		38 Sr 锶 87.62		39 Y 钇 88.906	40 Zr 锆 91.22	41 Nb 铌 92.9064	42 Mo 钼 95.94	43 Tc 锝* (99)	44 Ru 钌 101.07	45 Rh 铑 102.906	46 Pd 钯 106.42	47 Ag 银 107.868	48 Cd 镉 112.41	49 In 铟 114.82	50 Sn 锡 118.6	51 Sb 锑 121.7	52 Te 碲 127.6	53 I 碘 126.905	54 Xe 氙 131.3
6	55 Cs 铯 132.905		56 Ba 钡 137.33		57-71 La-Lu 镧系	72 Hf 铪 178.4	73 Ta 钽 180.947	74 W 钨 183.8	75 Re 铼 186.207	76 Os 锇 190.2	77 Ir 铱 192.2	78 Pt 铂 195.08	79 Au 金 196.967	80 Hg 汞 200.5	81 Tl 铊 204.3	82 Pb 铅 207.2	83 Bi 铋 208.98	84 Po 钋* (209)	85 At 砹* (201)	86 Rn 氡* (222)
7	87 Fr 钫* (223)		88 Ra 镭* (226)		89-103 Ac-Lr 锕系	104 Rf 鑪* (261)	105 Db 𨧀* (262)	106 Sg 𨭎* (263)	107 Bh 𨨏* (264)	108 Hs 𨭆* (265)	109 Mt 䥑* (268)	110 Ds 𫟼* (269)	111 Uuu 鿏* (272)	112 Uub* (277)			......			

镧系:

57 La 镧 138.91	58 Ce 铈 140.12	59 Pr 镨 140.91	60 Nd 钕 144.24	61 Pm 钷* (145)	62 Sm 钐 150.36	63 Eu 铕 151.96	64 Gd 钆 157.25	65 Tb 铽 158.93	66 Dy 镝 162.50	67 Ho 钬 164.93	68 Er 铒 167.26	69 Tm 铥 168.93	70 Yb 镱 173.04	71 Lu 镥 174.97

锕系:

89 Ac 锕* (227)	90 Th 钍 232.04	91 Pa 镤 231.04	92 U 铀 238.03	93 Np 镎* (237)	94 Pu 钚* (244)	95 Am 镅* (243)	96 Cm 锔* (247)	97 Bk 锫* (247)	98 Cf 锎* (251)	99 Es 锿* (252)	100 Fm 镄* (257)	101 Md 钔* (258)	102 No 锘* (259)	103 Lr 铹* (260)

图例说明：

19 ← 原子序数
K ← 元素符号
钾 ← 元素名称
39.098 ← 原子量

注*的是人造元素

- p区元素
- ds区元素
- 稀有气体
- s区元素
- d区元素
- f区元素

注：1. 原子量录自1985年国际原子量表，以 $^{12}C=12$ 为基准。原子量的末位数的准确度注在其后括弧内，未加注者准至±1。

2. 括弧内数据是天然放射性元素较重要的同位素的质量数或人造元素半衰期最长的同位素的质量数。